U0211843

市政与环境工程设计系列丛书

北方地区 CAST 污水处理工程示例

崔海　贾学斌　洪军　常松　郭少昱　编著

哈爾濱工業大學出版社

内容简介

本书主要介绍了我国北方地区CAST污水处理工程的污水处理厂设计计算内容及设计细部的图纸表达。全书共分两部分：第1部分涉及污水处理的设计计算说明，主要为工程设计依据，污水处理厂设计（厂址选择、工艺流程选择、平面布局、高程设计、处理单体构筑物设计、总图设计），附属专业设计（建筑设计、结构设计、采暖设计、消防设计、环境保护设计、道路设计）等内容；第2部分是以附录形式出现的污水处理厂的主体工艺设计部分图纸，共约百余张，主要包括：污水处理厂的平面布置、水力高程布置、管道系统布置、粗格栅及提升泵房、格栅及沉砂池、CAST生物反应池等主体工艺图。

本书可作为高等学校市政工程专业和环境工程专业的教学及毕业设计参考用书，同时也可供从事市政工程、环境工程工作的技术人员在设计、施工和运行管理中参考使用。

图书在版编目(CIP)数据

北方地区CAST污水处理工程示例/崔海等编著.—哈尔滨：哈尔滨工业大学出版社，2015.10

ISBN 978-7-5603-5554-2

Ⅰ.①北… Ⅱ.①崔… Ⅲ.①污水处理工程-案例-中国 Ⅳ.①X703

中国版本图书馆CIP数据核字(2015)第181388号

策划编辑 贾学斌
责任编辑 王桂芝 任莹莹
出版发行 哈尔滨工业大学出版社
社　　址 哈尔滨市南岗区复华四道街10号 邮编150006
传　　真 0451-86414749
网　　址 http://hitpress.hit.edu.cn
印　　刷 哈尔滨工业大学印刷厂
开　　本 880mm×1230mm 1/16 印张11.5 插页5 字数300千字
版　　次 2015年10月第1版 2015年10月第1次印刷
书　　号 ISBN 978-7-5603-5554-2
定　　价 35.00元

前　言

近年来，由于人口增长和工农业的快速发展，水已成为21世纪最有争议的城市问题。随着城市规模的不断扩大和人口的增加，水环境污染成了一个重要问题，国家越来越重视城市基础设施、环境保护工程设施的建设及运行管理，"环境保护"已是我国的基本国策，是维持社会经济可持续发展的必要组成部分。对此，相关部门给予了高度重视，加大了对城市污水处理工程的投资力度，新建造的城市污水处理工程数量倍增，为我国城市污水处理事业迅速发展起到了推动作用。基于以上背景，为推进我国环境保护事业的进一步发展，我们将曾经设计的北方地区CAST污水处理厂的设计计算内容及部分主体工艺设计图纸撰写出来，以期为我国污水处理工程建设提供一点经验。

本书介绍的内容是北方地区某城市污水处理厂项目，目前该城市尚无污水处理厂，该市是以食品、建材、医药、化学工业和旅游为主的城市，随着经济的飞速发展，工业大量增加，人口快速增长，居民生活水平日益提高，污水的排放量也在不断增加，由于城市生活污水和工业废水未经处理直接排放在该城附近水体中，多个断面的水质已出现严重超标现象，如不尽快解决这一问题，将会严重影响市容，危害居民身体健康，制约经济发展。设计污水处理厂日处理能力为40 000 m^3/d，其中一期工程日处理能力为20 000 m^3/d，设计工程包括兴建污水处理厂一座（二级处理工艺采用间歇式活性污泥法，处理能力为20 000 m^3/d），铺设截流干管和污水管线，以及一座污水中途提升泵站。

参与本书撰写及修改的人员有哈尔滨西部地区开发建设有限责任公司崔海，黑龙江大学贾学斌，哈尔滨市市政工程设计院洪军、常松、郭少昱等。同时也要感谢在本书撰写过程中整理图表和格式编排的徐冬冬、高鑫鑫、戴小康、广一泽、任莹莹、张荣、王桂芝等大力支持和帮助。

值得说明的是，由于本书主要介绍主体工艺，不是全部的图纸，因此在选图时只筛选了主要内容的图纸，图示、图剖面难免会有不连贯的地方；又由于在当时的工程设计工程中有很多细节考虑不周，且后来部分变更图纸也未能及时收纳在整体的设计文件中，在后期整理时也未能全部收集，所以会有部分细节存在纰漏，敬请读者和相关专家给予批评指正。

作　者

2015年6月

目　　录

第1章　设计依据、规范和标准

1.1　设计依据

(1)《关于××市城市污水处理工程可行性报告的批复》(黑发改地区[2006]×××号);

(2)《关于××市城市污水处理工程环境影响评价报告书的批复》(黑环评[2006]×××号);

(3)《××市城市总体规划》(2000～2020年);

(4)工程地质勘测报告。

1.2　设计规范和标准

采用的主要规范和标准如下:

(1)《室外给水设计规范》(GB 50013—2006);

(2)《室外排水设计规范》(GB 50014—2006);

(3)《建筑给水排水设计规范》(GBJ 50015—2002);

(4)《给排水构筑物施工及验收规范》(GBJ 141—90);

(5)《给水排水管道工程施工及验收规范》(GBJ 50268—97);

(6)《城市排水工程规划规范》(GB 50318—2000);

(7)《给水排水制图标准》(GB/T 50106—2001);

(8)《泵站设计规范》(GB/T 50265—97);

(9)《城市工程管线综合规划规范》(GB 50289—98);

(10)《建筑地基基础设计规范》(GB 50007—2002);

(11)《混凝土结构设计规范》(GB 50010—2002);

(12)《建筑抗震设计规范》(GB 50011—2001);

(13)《总图制图标准》(GB/T 50103—2001);

(14)《建筑制图标准》(GB/T 50104—2001);

(15)《建筑结构制图标准》(GB/T 50105—2001);

(16)《屋面工程技术规范》(GB 50207—2002);

(17)《建筑内部装修设计防火规范》(GB 50222—95);

(18)《建筑设计防火规范》(GB 50016—2006);

(19)《房屋建筑制图统一标准》(GB/T 50001—2001);

(20)《民用建筑设计通则》(GB 50352—2005);

(21)《办公建筑设计规范》(JGJ 67—89);

(22)《岩土工程勘察规范》(GB 50021—2001);

(23)《构筑物抗震设计规范》(GB 50191—93);

(24)《供配电系统设计规范》(GB 50052—95);

(25)《低压配电设计规范》(GB 50054—95);

(26)《建筑物防雷设计规范》(GB 50057—94,2000 版);

(27)《建筑项目环境保护设计规定》(〈87〉国环字第 002 号);

(28)《砌体结构设计规范》(GB 50003—2001);

(29)《建筑结构荷载规范》(GB 5009—2001);

(30)《工业建筑防腐设计规范》(GB 50046—95);

(31)《建筑桩基技术规范》(JGJ 94—94);

(32)《公共建筑节能设计标准》(GB 50189—2005);

(33)《建筑采光设计标准》(GB/T 50033—2001);

(34)《电力装置的继电保护和自动装置设计规范》(GB 50062—92);

(35)《通用用电设备配电设计规范》(GB 50054—95);

(36)《电力工程电缆设计规范》(GB 50217—94,2000 版);

(37)《电力设备接地设计技术规范》(SDJ 8—79);

(38)《工业与民用电力装置的接地设计规范》(GBJ 65—83);

(39)《10 kV 及以下变电所设计规范》(GB 50053—94);

(40)《仪表系统接地设计规定》(HG/T 20513—2000);

(41)《仪表供电设计规定》(HG/T 20509—2000);

(42)《并联电容器装置设计规范》(GB 50227—95);

(43)《建筑物防雷设计规范》(GB 50057—94,2000 版);

(44)《建筑物电子信息系统防雷技术规范》(GB 50343—2004);

(45)《建筑电气工程施工质量验收规范》(GB 50303—2002);

(46)《爆炸和火灾危险环境电力装置设计规范》(GB 50058—92);

(47)《城市道路绿化规划与设计规范》(CJJ 75—97);

(48)《城市绿化工程施工及验收规范》(CJJ/T 82—99);

(49)《城市绿地分类标准》(CJJ/T 85—2002);

(50)《城市绿化和园林绿地用植物材料——木本苗》(CJ/T 34—91)。

第2章　工程总体论证

2.1　工程规模和水质要求

本工程服务区域在城市中心区，该市地势中间高，四周低，以境泊街为界，主要分为南北两个排水区。南部排水区为老城区，近期采用合流体制，远期另设雨水管线；北部排水区为雨、污分流制，新建污水管线排入污水处理厂，雨水就近排入五里河。

2.1.1　本项目服务区排水量预测

1. 规划年限

根据《××市总体规划》近期规划年限为2010年，远期年限为2020年。

2. 中心区人口预测

该市中心区现有人口11万人，根据《××市总体规划》规定，规划近期（2010年）人口13万人，远期（2020年）人口18万人。

3. 排水量预测

该市中心区现有人口11万人，属《室外给水设计规范》（GB 50013—2006）中规定的二区中小城市，居民平均日综合生活用水定额为110～180 L/（人·d）。

该市工业产值根据收集的基础资料确定，结合《××市总体规划》和城市发展布局,对不同年限内中心区工业产值预测如下:2010 年为 25.5 亿元,2020 年为 108.8 亿元。考虑到工业水重复利用的情况,根据现状工业废水量,可推算出各规划年限内工业用水量。

未预见水量包括管网漏失量、消防水量、浇洒道路等。

城市污水量的发生与城市的供水量密切相关(表 2.1、2.2),本次工程污水定额按用水定额的 80% 计取(表 2.3、2.4)。

表 2.1　居民综合生活用水量预测

年　限 项　目	2010 年	2020 年
居民综合生活用水量标准/(L·人$^{-1}$·d^{-1})	110	150
总人口/万人	13	18
用水普及率/%	97	99
每日需水量/万 t	1.39	2.67

表 2.2　工业用水量预测

年　限 项　目	2010 年	2020 年
中心区工业总产值/(亿元·a^{-1})	25.5	108.8
万元产值综合耗水量/t	60	56
重复利用率/%	80	90
需水量/(万 t·d^{-1})	0.84	1.67

表 2.3　总用水量预测

年　限 项　目	2010 年	2020 年
居民综合生活需水量/(万 t·d^{-1})	1.39	2.67
工业需水量/(万 t·d^{-1})	0.84	1.67
未预见水量/(万 t·d^{-1})(以上总量的 10%)	0.22	0.43
总需水量/(万 t·d^{-1})	2.45	4.77

表 2.4 总污水量预测

项目 \ 年限	2010 年	2020 年
总需水量/(万 t·d^{-1})	2.45	4.77
总排水量/(万 t·d^{-1})(按需水量 80%计)	1.96	3.82

2.1.2 工程设计规模

根据以上水量预测分析,确定该市污水处理厂近期(2010 年)处理规模为 20 000 m^3/d,远期(2020 年)处理规模为 40 000 m^3/d。

本次初步设计内容包括新铺污水截流干管、中途提升泵站、污水处理厂以及污水处理厂至水体的出水干管。

污水截流干管设计按远期规模(40 000 m^3/d)一次完成。污水处理厂分近、远期建设,本次设计内容为近期(20 000 m^3/d)污水处理厂设计。

2.1.3 进厂水质及出厂水质要求

根据该市环境保护监测站提供的各个排出口的水质参数,并根据类似规模城市的污水水质报告和当地实际情况,确定进入污水处理厂的进水水质:

BOD_5≤200 mg/L, CODcr≤350.0 mg/L, SS≤90.0 mg/L;

TP≤5.0 mg/L ,NH_3-N≤35.0 mg/L ,TN≤45.0 mg/L。

处理后出水排入牡丹江,污水厂处理水排放标准执行《城镇污水处理厂污染物排放标准》(GB 18918—2002)中的一级 B 标准,即:

BOD_5≤20 mg/L ,CODcr≤60 mg/L ,SS≤20 mg/L;

TP≤1.0 mg/L, NH_3-N ≤15 mg/L ,TN≤20.0 mg/L。

污水处理厂各项污染物的去除率分别为：

BOD_5≥90% ,CODcr≥83%，SS≥78%；

TP≥80%，NH_3-N ≥58%，TN≥56%。

为保证污水处理厂建成后能够正常运行,有关部门应加强对工业废水水质排放指标的控制,使其各项指标达到《污水排入城市下水道水质标准》(CJ 3082—1999)要求后,方可进入污水处理厂。

2.2 污水处理厂方案论证

根据水量预测,确定该市污水处理厂近期规模为20 000 m^3/d。

2.2.1 污水处理厂位置确定

基于以下考虑,将污水处理厂选在糖厂东侧：

(1)根据城市总体规划确定的位置,该位置处在城市的下游,适宜建设污水处理厂。

(2)该位置为原有的排水管道和五里河的汇合口,朝向城市下游,污水处理厂设置位置有利于原有排水设施发挥作用。

(3)厂区地势比较低,处于城市夏季主导风向的下风向。

(4)厂区位置地势开阔,为以后发展留有余地。

(5)电源从10 kV临江支线接入,距污水处理厂400 m。

(6)该位置为国有土地,不涉及基本农田,符合国家土地政策。

2.2.2 污水处理厂工艺处理方案

可研报告中比较了污水处理厂的两种污水处理工艺,即A/O活性污泥法和间歇式活性污泥法。

1. A/O 活性污泥法处理工艺

A/O 活性污泥法处理工艺,预处理后的污水进入 A/O 生物反应池。此法是活性污泥法的一种高级形式,是对活性污泥法的完善。它是在普通活性污泥法曝气池的前端隔出一段作为厌氧段,厌氧段和好氧段的容积比为 1∶3。回流污泥中磷的代谢包括两个部分:厌氧区磷的释放和好氧区磷的吸收,并通过排放剩余污泥达到除磷的目的。

A/O 活性污泥法处理工艺为连续流,工艺流程如下:

泵站来水经过粗格栅、提升泵房、细格栅、沉砂池、初沉池一级处理,进入 A/O 生化池、二沉池进行二级处理,加氯消毒后排入牡丹江,工艺流程如图 2.1 所示。

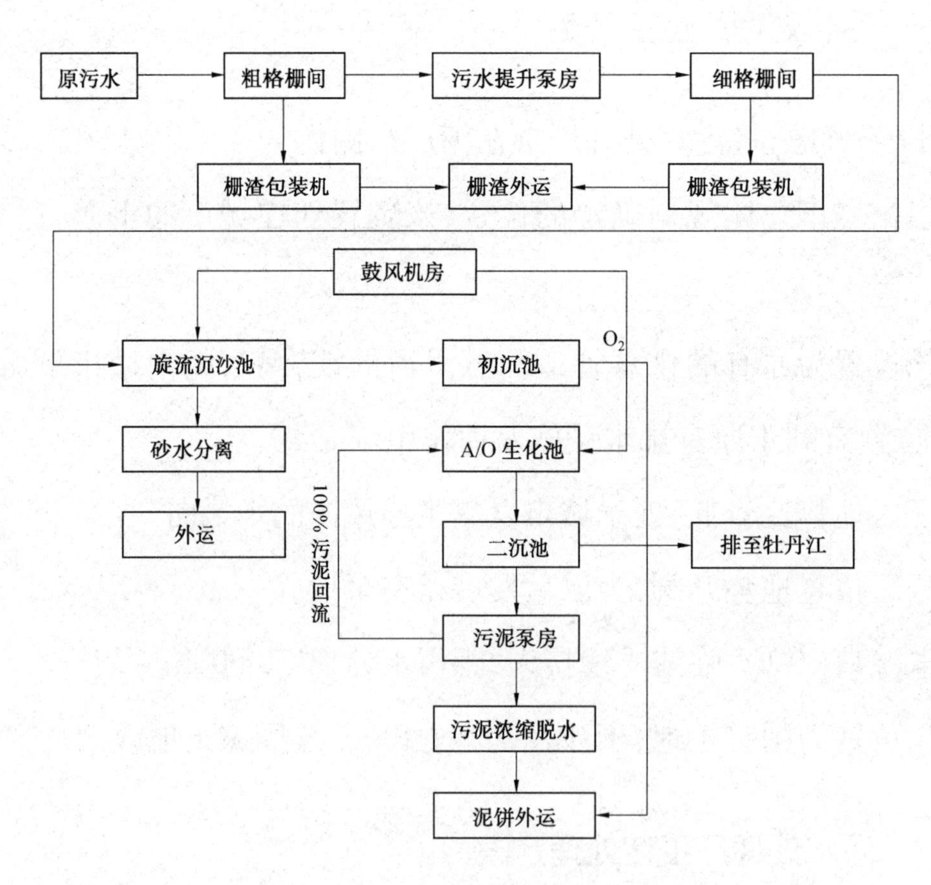

图 2.1 A/O 活性污泥法处理工艺流程简图

2. 间歇式活性污泥法处理工艺

间歇式活性污泥法处理工艺是将曝气和静止沉淀进行周期性循环运行的污水处理工艺(图2.2),主要特点如下:

(1)间歇式活性污泥法由于曝气和静止沉淀间歇运行,基质浓度随时间的变化梯度加大,增加了生化反应的推动力,提高了处理效率。

(2)工艺流程简单,运行方式灵活,无初沉池和二沉池,取消了大型刮泥机械和污泥设备。

(3)进水水量、水质的波动可用改变曝气时间的简单方法予以缓冲,具有较强的适应性。

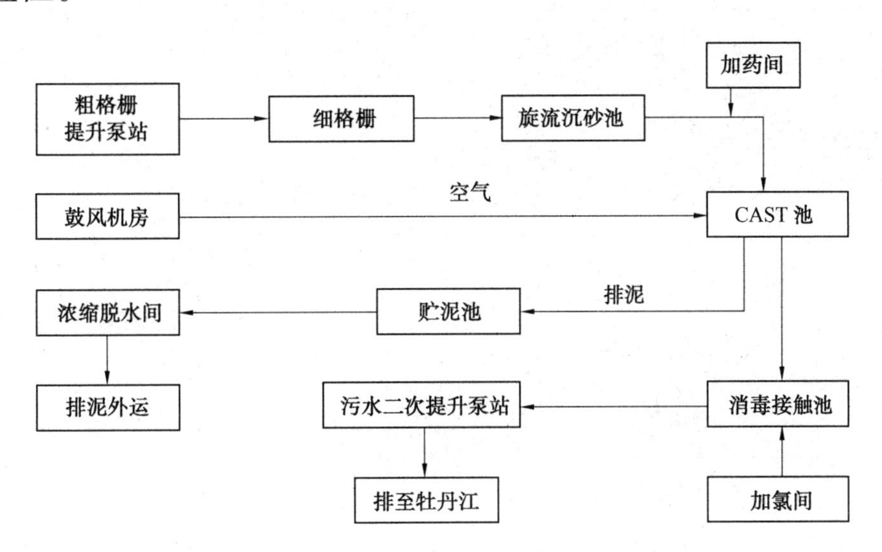

图2.2　间歇式活性污泥法处理工艺流程简图

2.2.3　污水处理厂工艺处理方案比较

1. 经济比较

(1)投资估算比较见表2.5。

表 2.5　污水处理厂处理方案直接费用投资比较　　单位:万元

序号	项目名称	A/O 活性污泥法	间歇式活性污泥法
1	厂区平面布置	363.42	357.29
2	粗格栅提升泵房	239.36	239.36
3	细格栅间及沉砂池	133.34	133.34
4	初沉池	230.20	—
5	A/O 池或 CAST 池	1 045.2	1 382.87
6	二沉池	268.06	—
7	鼓风机房	514.12	514.12
8	消毒接触池及污水二次提升泵房	164.53	164.53
9	加药间	30.88	30.88
10	加氯间	61.28	61.28
11	污泥浓缩脱水间及贮泥池	230.96	230.96
12	回流污泥泵房	80	—
13	变电所	42.88	42.88
14	办公楼	66.46	66.46
15	机修间及车库	14.04	14.04
16	锅炉房	54.37	54.37
17	门卫室	2.77	2.77
18	其他	543.78	543.78
19	合计	3 736.38	3 489.25

(2)经营成本比较见表2.6。

表2.6　方案经营成本对比

项目名称	指　　标	第一方案(CAST工艺)		第二方案(A/O工艺)	
		数量	金额(万元/年)	数量	金额(万元/年)
动力费	180元/kVA	800 kVA	14.40	800 kVA	14.40
	0.73元/kWh	309万kWh	223.80	352万kWh	256.96
药剂费	3 000元/t	F_eCl_3:382 t/年	114.6	F_eCl_3:410 t/年	123.0
	1 600元/t	氯:43.8 t/年	7	氯:43.8 t/年	7
工资福利费	15 000元/(年·人$^{-1}$)	56人	84	60人	90
修理费			181.36		184.99
检修维护费			41.22		42.04
其他费用			85.12		86.82
经营成本			751.5		804.18

2.技术和管理比较

从技术上看A/O活性污泥法和间歇式活性污泥法,都能达到出水标准;从管理上看A/O活性污泥法构筑物数量比间歇式活性污泥法多,管理相对繁杂,处理方案技术比较见表2.7。

表2.7　污水处理厂处理方案技术比较

	A/O活性污泥法	间歇式活性污泥法
优点	运行管理方式有成熟的经验,运行稳定	1.处理单元少,运行方式灵活 2.抗冲击负荷能力强 3.占地少,投资省 4.抑制污泥膨胀,剩余污泥稳定
缺点	1.占地面积大,投资多 2.处理单元多,增加了管理困难 3.易发生污泥膨胀	自动控制要求高,对操作人员素质有较高要求

通过工程技术和经济运行优缺点的比较，最终确定污水处理厂工艺为间歇式活性污泥法。另外，要保证本工程出水要求的总磷指标，还需要投加化学药剂强化除磷。

第3章　污水处理厂设计

3.1　污水处理厂厂址

污水处理厂建在糖厂东侧，处于河流的末端，地面标高249.5～247.5 m。

该位置能使污水截流干管汇合后，直接进入污水处理厂前端，并且使得污水截流管线距离短，中途提升次数少，可以提高设施运行安全性。

厂区近期用地3.02 hm^2。该处地势平坦，交通便利，便于施工。

3.2　工艺流程

根据进水水质条件及出水水质要求，污水处理厂采用的工艺流程如下：

1. 污水处理工艺流程

污水处理工艺流程如图3.1所示。

污水→粗格栅及污水提升泵房→细格栅→旋流沉砂池→CAST反应池→消毒接触池→污水二次提升泵房→排入水体

图3.1　污水处理工艺流程图

2. 污泥处理工艺流程

污泥处理工艺流程如图3.2所示。

CAST反应池→污泥浓缩脱水间→泥饼外运

图3.2　污泥处理工艺流程图

3.3　污水处理厂平面布局

根据规划给定的用地范围,本工程建设在糖厂东侧,靠近五里河与牡丹江交汇处。在厂区平面布置上充分考虑处理厂的自然条件及功能分区要求,形成污水预处理区、污水处理区、污泥处理区、生产管理区。预处理区主要有粗格栅间及提升泵房、细格栅间、旋流沉砂池,位于厂区南侧,污水处理区包括CAST反应池、消毒接触池、污水二次提升泵房和鼓风机房,依次向北布置。污泥处理临近预处理区,建在厂区东南侧,远离生产管理区。生产管理区设在厂区西北端,上风向,整个处理厂各功能分区通过厂区道路得以明确。

3.4　污水处理厂高程设计

3.4.1　污水处理厂水力高程设计

污水处理厂出水排入牡丹江,该江达到50年一遇水位时,排放口水位高程可达到249.5 m,显然按上述高程要求,确定污水处理厂的水力高程设计,势必造成起端处理构筑物水面高程抬高,一方面污水需要进厂提升泵站常年高扬程提升,增加电耗,另一方面增加构筑物基础处理费用及加大厂区土方回填量。经过调查,该江水位在每年10月初至下一年6月末主汛期来到之前,水位基本在245.0 m以下,根据上述水位情况,本工程确定污水处理厂的水力流程按水位245.0 m控制,当主汛期来临时,处理后的出水不能自流排放时,经过污水二次提升泵房压力排放,泵站提升水位标准按50年一遇水位249.5 m考虑,确保在洪水期污水处理厂正常运行。

3.4.2 污水处理厂地面高程设计

根据厂区地形测量资料,现有厂址自然地面标高为247.5~249.5 m,平整后地面标高为249.8~250.2 m,自然地形偏低,因此需要对污水处理厂现有地面进行土方回填。

结合污水处理厂的水力高程设计,考虑厂区内道路路基要求,本工程确定厂区回填最低处高程为249.8 m,根据厂区竖向设计,厂区回填最高处高程为250.2 m,因此,污水处理厂的设计高程控制在249.5~250.2 m范围内。

3.5 处理单体设计流量

根据技术经济比较,本工程采用间歇式活性污泥法。本次初步设计只进行近期20 000 m^3/d设计。由于本工程污水管线采用的时变化系数为1.5,截流管线的截流倍数为0.5,因此,流量系数采用1.5。

综合考虑各处理单元缓冲能力及技术经济等因素,确定污水处理厂内各处理单元的设计流量,见表3.1。

表3.1 各单元设计规模及设计水量表

序号	单体名称	规模/($m^3 \cdot d^{-1}$)	流量系数	设计水量/($m^3 \cdot h^{-1}$)
1	粗格栅	20 000	1.5	1 250
2	污水提升泵房	20 000	1.5	1 250
3	细格栅	20 000	1.5	1 250
4	旋流沉砂池	20 000	1.5	1 250
5	CAST反应池	20 000	1.0	833
6	消毒接触池	20 000	1.0	833
7	二次提升泵房	20 000	1.5	1 250

3.6 单体工艺设计

3.6.1 粗格栅间

建设粗格栅间 1 座,平面尺寸为 10.5 m×9.0 m。

设计水量: 1 250 m^3/h;

细格栅形式:回转格栅;

格栅数量:2 台;

单台格栅宽:0.8 m;

栅条间距:20 mm;

栅前水深:0.8 m;

过栅流速:0.6 m/s;

安装角度:75°。

3.6.2 污水提升泵房

建设污水提升泵房 1 座,与粗格栅间相连,平面尺寸为 9.0 m×7.5 m,泵房采用半地下式结构,地下部分深 8.85 m。

设计水量:1 250 m^3/h;

水泵类型:潜水排污泵;

水泵数量:选用 3 台,2 用 1 备;

性能参数:Q=625 m^3/h,H=14 m,N=45 kW;

检测仪表:超声波液位计 1 个,温度计 1 个,pH 计 1 个。

3.6.3 细格栅间

建设细格栅间 1 座,平面尺寸为 9.0 m×12.0 m。

设计水量:1 250 m^3/h;

细格栅形式:回转格栅;

格栅数量:2 台;

单台格栅宽:0.7 m;

栅条间距:3 mm;

栅前水深:0.8 m;

过栅流速:0.75 m/s;

安装角度:75°。

在细格栅间设 1 台起重质量为 2 t 的电动单梁悬挂起重机。

3.6.4 旋流沉砂池

选用 2 组直径 2.43 m 的沉砂池,池深 2.7 m,采用砂泵进行排砂。

设计水量:1 250 m^3/h;

沉砂池数量:2 座;

单池直径:2.43 m;

有效水深:0.5 m;

砂泵(2 台):Q=36 m^3/h,H=7 m,N=2.2 kW;

砂水分离器:1 台。

3.6.5 CAST 反应池

CAST 反应池采用间歇式反应池,按周期运行。一个周期的时间可根据进水量的变化进行调整。设计为6.0 h一个周期,分为4组,每组包括生物选择器、厌氧区、好氧区3部分。每个周期进水0.5 h,边进水边曝气1.0 h,曝气2.0 h,沉淀1.0 h,滗水1.5 h。每组内设污泥回流泵和排泥泵,排水采用滗水器。进水和排水根据时间和液位控制。

设计水量:833 m^3/h;

池子数量:4组;

单格尺寸:48 m×27 m×6.25 m;

BOD_5 污泥(MLSS)负荷:0.1 kg/(kg·d);

污泥浓度:MLSS=3 500 mg/L;

潜水搅拌器:单组6台,N=2.5 kW;

管式曝气器:单格池400 m,曝气器直径100 mm;

滗水器:Q=1 300 m^3/h;

污泥回流泵:Q=160 m^3/h,H=4 m,N=3.1 kW;

排泥泵(2台):Q=100 m^3/h,H=9.6 m,N=4.7 kW。

3.6.6 消毒接触池

消毒接触池设2组,有效水深为3.5 m,消毒接触时间为30 min。

单个消毒接触池尺寸:9.6 m×6.3 m×3.8 m;

设计水量:833 m^3/h;

在接触池前加氯;

在消毒接触池内设有两台潜水泵提供厂区内生产用水;

水泵类型:潜水排污泵;

水泵数量:选用2台,1用1备;

性能参数:Q=40 m^3/h,H=18 m,N=5.5 kW。

3.6.7 二次提升泵房

二次提升泵房集水池深为6.7 m,平面尺寸为7.5 m×9.0 m。

设计水量:1 250 m^3/h;

水泵类型:潜水排污泵;

水泵数量:选用3 台,2 用1 备;

性能参数:$Q=630\ m^3/h$,$H=11\ m$,$N=30\ kW$。

3.6.8 鼓风机房

设1 间鼓风机房,平面尺寸为9.0 m×18 m。

鼓风机形式:离心鼓风机;

鼓风机数量:3 台,2 用1 备;

单台流量:$Q=50\ m^3/min$,$H=6.5\ mH_2O$;

单台功率:$N=90\ kW$。

3.6.9 贮泥池

污泥来自CAST 反应池污泥提升泵,在此贮存浓缩脱水机间断工作时泵送的污泥量,同时起调节流量的作用。贮泥池平面尺寸为24.3 m×6.0 m,池深为3.0 m。

污泥泵(2 台):$Q=15\sim30\ m^3/h$,$H=20\ m$,$N=5.5\ kW$;

潜水搅拌器(2 台):$N=2.0\ kW$。

3.6.10 污泥浓缩脱水间

污泥调节池内的污泥经潜水泵提升进入污泥浓缩脱水一体机。同时投加

PAM 溶液使污泥絮凝。

房间平面尺寸:36 m×12 m;

进泥量:30 m^3/h;

进泥含水率:99.6%;

设备形式:污泥浓缩脱水一体机;

设备数量:2 台;

单台处理能力:25 m^3/h;

投加 PAM 量:干污泥重的 0.35%,干粉投加量为 12.6 kg/d;

投加药液浓度:0.1%。

3.6.11 加氯间

设加氯间 1 座,平面尺寸为 16.5 m×9.0 m,内设 2 台墙挂式真空加氯机(1 用 1 备),单台加氯量 0~8 kg/h。氯气吸收间内设氯气吸收装置 1 套,吸收量为 1 000 kg/h,配套设备有离心风机和耐腐蚀泵。加氯间内 1 台 2 t 的电动单梁悬挂起重机。

3.6.12 加药间

设加药间 1 座,投加 $FeCl_3$ 药剂。加药间平面尺寸为 12 m×9 m。内设 2 座 $FeCl_3$ 玻璃钢药剂调制罐,单罐参数:φ=2.0 m,H=2.0 m。

每座药剂调制罐配 1 台隔膜计量泵,共 2 台,1 用 1 备,单泵参数:Q=0.05 m^3/h,H=40 m,N=0.12 kW。

由泵将 $FeCl_3$ 药剂投加至 CAST 池前的生产管线,进行化学除磷。

加药间内设 1 台 1 t 的电动单梁悬挂起重机。

3.6.13 厂区生活给水

厂区给水引自市政供水 DN100 管线。

3.7 总图设计

总平面设计充分考虑了工艺流程的通畅,全厂分为两部分:生活区和生产区。

厂内设环形道把各个区联系起来。

厂区内生活污水通过管道收集到进水粗格栅,通过泵提升进入细格栅与城市污水一并处理。

厂内雨水采用有组织排放。周围地势低,因此雨水考虑向厂外地势低处排放。

厂区内设消火栓;消防用水由市政供水 DN100 管线供给。

第4章　附属专业设计

4.1　建筑设计

4.1.1　设计依据

设计中主要依据建设单位提供的城市规划部门的用地批准文件和相应的地形图，以及建设单位提供的设计要求，国家及地方颁布的现行规范和有关标准。

(1)《总图制图标准》(GB/T 50103—2001)；

(2)《建筑制图标准》(GB/T 50104—2001)；

(3)《民用建筑设计通则》(GB 50352—2005)；

(4)《建筑设计防火规范》(GB 50016—2006)；

(5)《建筑采光设计标准》(GB/T 50033—2001)；

(6)《城镇污水处理厂附属建筑和附属设备设计标准》(CJJ 31—89)；

(7)《公共建筑节能设计标准》(GB 50189—2005)；

(8)《市政公用工程设计文件编制深度规定》；

(9)《建筑灭火器配置设计规范》(GB 50140—2005)；

(10)《屋面工程技术规范》(GB 50207—94)；

(11)《建筑设计文件编制深度规定》。

4.1.2 总平面设计

污水处理厂位于城市东北部,工程总占地面积3.02 hm^2。厂区分为生活区和生产区。生活区由综合楼、附属建筑和门卫室及厂前区广场组成,与生产区用绿化带、道路隔开。厂区绿化系数达到38%。生产区建筑物在满足工艺流程的基础上基本采用对称式布置方法,统一中有变化,体现了工业建筑的特色。锅炉房设置于厂区下风向一角,以减少对厂区内的污染。

厂区车行道为水泥混凝土路面,宽6~9 m,转弯半径为6 m。人行道采用彩色水泥预制方砖铺砌。

4.1.3 主要单体建筑物设计

在单体设计中重视工作人员工作和生活的舒适性,重视房间朝向、面积及生活配套设施的建设,为工作人员创造安全、卫生、便利、舒适的室内工作环境。在建筑材料的选用上,根据当地的情况合理采用建筑材料,并同时兼顾创新和工业建筑的特色。

1. 办公楼

办公楼建筑面积为692 m^2,包括厂区管理人员的办公室、中心控制室、各种实验化验室、会议室、职工食堂等。平面设计简洁,功能清晰合理。立面设计以厂区中突出的综合楼为主题,结合当地的特点,加强了屋面保温防水的设计,综合楼为平屋面,外墙面装饰材料以粉红色涂料为主,白色线条为辅。立面造型简单明快,高低错落,色彩对比强烈,有很强的艺术效果。

2. 生产区建筑物

在工艺流程合理的前提下,主要采用合二为一的手法,减少单体个数,能合并的尽量合并。主要生产厂房有粗格栅间、污水提升泵房、细格栅间、旋流沉砂池、鼓风机房及变电所、污泥浓缩脱水间及加药间、加氯间及二次提升泵房等。生产区的外装饰材料的色彩与综合楼形成对比，主要以粉红色涂料为主，白色水泥抹面为辅，在变化中求统一，与管理区相互辉映。在大面积绿化的衬托下，形成花园式污水处理厂的风貌。

4.1.4 装修情况、主要材料的使用

建筑物均为砌体结构，墙厚370~490 mm。建筑物外墙面采用高级涂料饰面，室外勒脚采用条型灰色瓷砖饰面，室外台阶为糙面斩假石面层。内墙刮大白，外门为白钢或木质材料，外窗为单框双玻塑钢窗。室内栏杆均采用不锈钢管材料。卫生间、化验室均采用内墙砖贴面。中控室采用铝合金吊棚及抗静电地板。门厅、控制室、走廊、值班休息室、卫生间均采用铝合金条板吊棚。

池体外露出地面部分采用防冻瓷砖贴面，池体栏杆、扶手为不锈钢材料制作。

厂区大门采用电动伸缩门，围墙采用欧式铸铁透空式栏杆。

4.1.5 绿化美化设计及要点

本厂区绿化面积为12 300 m^2，采用混栽高大落叶乔木和灌木，以形成较宽的绿化带，有效保护厂区，减少风沙的侵袭，降低噪声干扰。

在厂区大门口处，建有花池，从整体设计考虑，厂区主入口花园绿地及其他适宜地方，设庭园灯等建筑小品与绿化紧密结合，创造情趣、意境既满足生产使用要求，又起到装饰、美化作用。

道路两侧以观赏型乔木、灌木、绿篱交错布置，创造幽美宜人的环境。

4.2 结构设计

4.2.1 设计依据

1. 设计规范及标准

在本工程设计中采用及参考的设计规范和标准如下：

(1)《建筑结构荷载规范》(GB 50009—2001)；

(2)《建筑地基基础设计规范》(GB 50007—2002)；

(3)《建筑地基处理技术规范》(JGJ 79—2002)；

(4)《建筑桩基础技术规范》(JGJ 94—94)；

(5)《建筑桩基检测技术规范》(JGJ 106—2003)；

(6)《混凝土结构设计规范》(GB 50010—2002)；

(7)《砌体结构设计规范》(GB 50003—2001)；

(8)《地下工程防水技术规范》(GB 50108—2001)；

(9)《给水排水工程构筑物结构设计规范》(GB 50069—2002)；

(10)《给水排水工程钢筋混凝土水池结构设计规程》(CECS 138:2002)；

(11)《建筑抗震设计规范》(GB 50011—2001)；

(12)《构筑物抗震设计规范》(GB 50191—93)；

(13)《室外给水排水和煤气热力工程抗震设计规范》(GB 50032—2003)；

(14)《钢结构设计规范》(GB 50017—2003)；

(15)目前其他国家、地方正在执行的规范、标准。

2. 其他依据

(1)基本风压：0.50 kN/m^2；

(2)基本雪压:0.60 kN/m^2;

(3)其他各专业提供的设计条件;

(4)××市明月岩土有限责任公司提供的《××市城市污水处理工程岩土工程初步勘察报告》。

4.2.2 地基处理

1. 地质情况概述

(1)地震基本烈度为6度,基本地震加速度值为0.05g;

(2)标准冻深为1.8~2.0 m;

(3)地下水对混凝土无分解性侵蚀;

(4)地下水位1.5~2.0 m;

(5)工程地质分层综述:

杂填土,呈杂色,主要由碎石、黏性土、炉渣等组成,结构松散,厚度2.40~4.70 m。

淤泥质粉质黏土,分布普遍,呈灰黑色,饱和,软塑状,厚度为0.30~2.70 m,fak=80 kPa。

中砂,分布不均,呈灰褐色,分选好,厚度为0.50~2.90 m, fak=180 kPa。

圆砾,分布普遍,呈灰褐色,分选差,最大粒径为80 mm,一般为20~40 mm,厚度为0.30~2.10 m,fak=380 kPa。

泥质粉砂岩,分布普遍,下伏于圆砾层下,呈灰白色,粉细粒结构,岩石质量指标RQD为差,质量等级分类为V类, fak=400 kPa。

2. 地基处理方法

根据该市明月岩土有限责任公司提供的《××市城市污水处理工程岩土工程初步勘察报告》及现场踏勘,该工程所处区域的中砂层和圆砾层具有较好的地基承载力，可以作为持力层。

4.2.3 建(构)筑物结构方案

1. 粗格栅间、提升泵站

池体采用现浇钢筋混凝土自防水结构，池体埋深较大，达到8.85 m，采用池体自重抗浮。

尺寸为16.5 m×9.0 m，建筑采用框架结构及砌体结构，屋面为钢筋混凝土现浇板结构。

2. 细格栅间、旋流沉砂池

池体采用现浇钢筋混凝土自防水结构，池体埋深局部4.15 m，采用池体自重抗浮。

尺寸为9.0 m×12.0 m，建筑采用砖砌体结构，屋面采用现浇钢筋混凝土屋面梁板结构。柱下独立基础，局部基础由池体兼做。

3. CAST池

共有48 m×27 m的池子4组，池深6.25 m，埋深6.4 m，采用现浇钢筋混凝土自防水结构，横向设伸缩缝4道，竖向设伸缩缝1道，池体自重抗浮，采用天然地基作为持力层。

4. 接触池

尺寸为13.2 m×9.0 m×3.8 m，采用现浇钢筋混凝土自防水结构，无梁楼盖体系，天然地基作为持力层，池体自重抗浮。

5. 污泥贮池

尺寸为24.3 m×6.0 m×4.1 m，采用现浇钢筋混凝土自防水结构，天然地基作为持力层，池体自重抗浮。

6. 鼓风机室及变电所

尺寸为42.0 m×12.0 m，主体采用框架结构及砌体结构，屋面采用现浇钢筋混凝土屋面梁板结构，天然地基作为持力层，基础采用柱下独立基础及墙下混凝土条形基础。

7. 加药间及污泥浓缩脱水间

尺寸为45.0 m×12.0 m，主体采用框架结构及砌体结构，屋面采用现浇钢筋混凝土屋面梁板结构，天然地基作为持力层，基础采用柱下独立基础及墙下条形混凝土基础。

8. 锅炉房

尺寸为10.2 m×15.3 mm，主体采用砌体结构，屋面为钢筋混凝土现浇板结构，天然地基作为持力层，基础采用墙下条形混凝土基础。

9. 办公楼

尺寸为22.8 m×11.4 m，共两层，采用砌体结构，屋面为现浇钢筋混凝土屋面梁板结构形式，天然地基作为持力层，基础采用墙下条形混凝土基础。

10. 机修间及车库

尺寸为21.0 m×6.3 m，共一层，采用砌体结构，屋面为现浇钢筋混凝土屋面梁板结构形式，天然地基作为持力层，基础采用墙下条形混凝土基础。

11. 加氯间及污水二次提升泵房

池体采用现浇钢筋混凝土自防水结构，池体埋深局部6.25 m，采用池体自重抗浮。

地面建筑采用砖砌体结构，屋面采用现浇钢筋混凝土屋面梁板结构。柱下独立基础，局部基础由池体兼做。尺寸为33.0 m×9.0 m，共一层，采用砌体结构，屋面采用现浇钢筋混凝土屋面梁板结构形式，天然地基作为持力层，基础采用墙下条形混凝土基础。

12. 门卫室

尺寸为 5.0 m×4.2 m,主体采用砌体结构,屋面为钢筋混凝土现浇板结构,天然地基作为持力层,基础采用墙下条形混凝土基础。

4.2.4 材料

混凝土及砂石技术要求必须符合现行国家规定,在条件准许的环境下化验砂石的含碱量。

水泥采用低碱水泥,水泥进场时必须有质量合格证。水泥出厂超过三个月,应复查试验并按检验结果使用。

混凝土外加剂的质量应符合现行国家标准要求,其品种及掺量必须符合混凝土性能要求。

钢筋、钢板的化学成分,物理力学性能必须满足冶金工业部颁布的标准要求,并有出厂质量证明及化验报告。

混凝土的强度标号,抗渗标号,抗冻标号具体为:

(1)露天的大型构筑物混凝土。

强度标号:C30;

抗渗标号:S8;

抗冻标号:F250。

(2)室内或地下构筑物混凝土。

强度标号:C30;

抗渗标号:S8。

(3)其他材料。

建筑物,框架,梁、柱、板及基础均采用 C30 混凝土;

墙体:地面以上采用 MU10 红砖,M10 混合砂浆砌筑;

地面以下采用MU10红砖,M10水泥砂浆砌筑;

陶粒混凝土砌块采用CL10;

苯板表观密度不小于18 kg/m^3;

钢筋ϕ为HRP235级钢;

预埋件采用Q235B钢板,E43型焊条焊接。

根据混凝土碱含量限值标准(CECS 53—93)规定,混凝土中碱含量限定标准为3.0 kg/m^3。

4.2.5 抗震设计

1.抗震设计原则

根据《建筑抗震设计规范》(GB 50011—2001)附录A查得:该地区抗震设防烈度为6度,设计基本地震加速度值为0.05g。污水处理工程属乙类建筑,根据以上情况,该工程地震作用应按6度抗震设防烈度进行设计。

2.抗震措施

(1)对主要建(构)筑物按提高1度,即7度设防烈度要求采取抗震措施。

(2)增设钢筋混凝土构造柱、圈梁、墙体转角配筋等措施,加强房屋的整体刚度,提高房屋的抗震能力。

(3)建筑设计应符合抗震设计要求,平面、竖向设计尽量整齐、规则。

(4)结构体系具有明确的设计简图及合理的地震作用传递途径。

(5)埋地排水管道的接口尽量采用柔性接口,管道设基础,增强管道的整体性。

4.2.6 结构构件标准图的应用

主要选用黑龙江省标准图及全国通用标准图。

4.3 采暖设计

4.3.1 设计依据

(1)《锅炉房设计规范》(GB 50041—92);

(2)《低压锅炉水质标准》(GB 1576—2001);

(3)《锅炉大气污染物排放标准》(GB 13271—2001);

(4)《供热工程制图标准》(CJJ/T 78—97)等国家标准及规范。

4.3.2 设计范围

(1)热源:污水处理厂低温热水供热锅炉房一座,设水泵间、除尘室、风机室、配电值班室。锅炉容量0.7 MW,供污水处理厂冬季采暖。

(2)管道:污水处理厂厂区内室外供热管网。

4.3.3 锅炉房

锅炉房内安装一台0.7 MW热水锅炉。锅炉房设浴室,供污水处理厂职工洗浴,热水加热采用电加热器作为热源。

锅炉房及其辅助间均为单层布置。烟囱为砖砌烟囱,高25 m,出口内径750 mm×620 mm。

锅炉除尘采用湿式脱硫除尘器。锅炉补水采用炉外化学水处理方式。

4.3.4 热网

厂区供热管网采用直埋敷设,管材用无缝钢管,聚氨酯泡沫塑料发泡保温,外套黄夹克管作保护层。管道热补尝采用自然弯和方形伸缩器。管道平均埋深为1.0 m。

4.3.5 通风

氯库、浓缩脱水间、泵房等生产建筑物,设轴流风机进行换气和通风。

4.4 消防设计

4.4.1 设计依据

本工程消防设计主要包括建筑消防和厂区消防设计,主要依据《建筑设计防火规范》(GBJ 16—87,2001 版)和《建筑灭火器配置设计规范》(GBJ 140—90)的要求进行设计。

4.4.2 建筑消防设计

本工程各建筑物的耐火等级均为二级,厂房的安全出口均为两个。

厂房的安全疏散:厂房内设有两个以上安全出口,疏散走道宽度、距离均符合消防规范要求,各建筑物内还设有卤代烷(1211)手提式灭火器,厂区内设置环形消防车道,路宽为6.0 m。

4.4.3 厂区消防设计

厂区消防按同一时间内一次火灾考虑,一次灭火用水量为25 L/s,火灾延续时间为2 h,消防用水量为180 m^3。消防水来自市政水管。本项目厂区道路呈环状,可兼做消防车道。厂区内共设室外消火栓井3座,沿厂区道路布置,有明显标志，每个消火栓设有直径 100 mm 和 65 mm 的栓口各一个，消防水压力按厂区不利点地面上 0.1 MPa 设计。

厂区主干路以及主要建筑物处呈环状布置。主干道可兼做消防车道，所有建筑物均与道路相临，建筑物之间的防火通道均满足消防规定要求。

4.4.4　电气消防设计

本工程供电电压等级为二级负荷，电源电压为 10 kV，采用专用电源供电。

厂区可燃易爆场所，在电气设备选型和布置防护要求上采取防爆措施，所有电气配线采用电缆穿钢管暗设。火灾事故照明和疏散指示标志采用蓄电池作备用电源，连续工作时间不少于 20 min。

为扑救带电火灾，本工程选用干粉型灭火器，分设在厂区内各变配电间值班室，每处干粉型灭火器不少于两具。按有关规定，建筑物防雷采用避雷带防护措施。厂区中心控制室采用防静电地板。

4.5　环境保护设计

4.5.1　工程实施过程中的环境影响及对策

1. 对交通的影响

本工程埋管经过市区主要道路，这些道路交通比较繁忙，工程建设时，有些道路会被挖开，会造成道路交通中的车辆运输被阻；同时由于堆土、建筑材料的占地，使道路变窄，晴天尘土飞扬，雨天泥泞路滑，使交通变得拥挤和混乱，极易造成交通事故。但这种影响是暂时性的，会随着工程的结束而消失。

2. 缓解措施

工程建设不可避免地将道路挖开，这会严重影响该地区的交通。建设及施工单位在制定实施方案时应充分考虑这个因素，对于交通繁忙的主要道路要设计临时便道，并要求施工分段进行，在尽可能短的时间内完成开挖、排管、回填工作；在施工过程中也尽量避开交通高峰时间（如采取夜间施工，以保证白天畅通）。

挖出的泥土除作为回填土外，要及时运走，堆土应尽可能少占道，以保证开挖道路的交通运行。

施工后应搞好环境卫生，做好恢复工作。

管线工程施工开挖沟渠声、运输车辆喇叭声、发动机声、混凝土搅拌声以及覆土压路机声等均会产生施工噪声。为了减少施工对周围居民的影响，工程在距民舍 200 m 的区域内不允许在晚上 11：00 时至次日清晨 6：00 时内施工，同时应在施工设备和方法中加以考虑，尽量采用低噪声机械。对夜间一定要施工且会影响周围居民环境的工地，应对施工机械采取降噪措施，同时也可在工地周围或居民集中地周围设立临时声障之类的装置，以保证居民区的环境质量。

3. 厂外环境的保护

污水管道由于常年运行，管内渣粒磨损，地形变化和外来压力，都会使管道破损或堵塞，使管中污水泄漏或外溢，造成周围环境污染。对管道系统应做好日常维护和清通工作，无论在什么季节都能做到不堵、不冒，排水畅通。

有关污水处理工程对环境的影响及评价由环评报告作为专题进行研究和论述。在此对该问题不再赘述。

4.5.2 污水处理厂建成后产生的影响

污水处理厂正常运转后，会产生如下污染源和污染物。

1. 污水

污水处理厂的净化对象是城市污水，厂区本身也产生一些废水，包括厂区内生活污水以及各处理构筑物排出的废水。

2. 大气

在污水处理厂中，设置了消毒设施，消毒剂为液氯，氯是有毒的药剂，在运转过程中，可能会有极微量氯气外泄；同时锅炉房也有烟尘排出。

3. 噪声

噪声主要污染源是泵房和鼓风机房。这两处噪声源均属点声源稳定噪声，根据以往类似工程的监测结果，鼓风机房室内噪声可达 105 dB(A)。

4. 固体废物

本污水处理厂的固体废弃物主要是来自污水处理过程的栅渣、沉砂及脱水后的污泥。

4.5.3 处理措施

1. 污水

厂内生活污水以及各处理构筑物排出的废水统一收集进入粗格栅，与城市污水一并处理。

2. 大气

在加氯间内设漏氯中和装置，锅炉房内设除尘和脱硫设备。

3. 噪声

噪声的主要污染源是泵房和鼓风机房。在设备选择上采用低噪音设备。

4. 固体废物

运出厂外与城市生活垃圾一并处理。

4.6 道路设计

4.6.1 设计依据及主要技术标准

1. 设计依据

(1)《公路水泥混凝土路面设计规范》(JTGD 40—2002);

(2)《厂矿道路设计规范》(GBJ 22—87);

(3)建设单位提供的平面、竖向测量结果及道路工程勘察报告。

2. 设计标准

(1)道路等级:厂内主干道;

(2)设计计算行车速度:15 km/h;

(3)交通设计年限:15 年。

4.6.2 道路工程

1. 平面设计

污水处理厂厂区道路工程总面积为 7 410 m^2,道路宽度为 6 ~9 m。

2. 纵断面设计

纵断竖向最小纵坡为 0.3%。

3. 横断面设计

该工程设计机动车道宽度为 6 ~9 m,道路横坡为单向坡,坡度均为 1.5%。

4. 道路结构设计

新建水泥混凝土路面道路结构由上至下为:

(1)24 cm 厚水泥混凝土(抗折强度为 4.5 MPa);

(2)15 cm 厚6% 水泥稳定砂砾；

(3)15 cm 厚5% 水泥稳定砂砾；

(4)15 cm 厚天然砂砾。

4.7 职业安全卫生

4.7.1 设计依据

(1)《关于生产性建设项目职业安全卫生监察的暂行规定》的通知(劳动部劳字[88]48 号文)；

(2)《工业企业设计卫生标准》(TJ 36—79)；

(3)《关于低压用电设备漏电保护装置》(劳动部 96—16 号文)；

(4)《工业车间的采光标准》；

(5)其他设计规范与手册。

4.7.2 生产过程中职业危害因素的分析

1. 生产过程中使用和产生的主要物质

污水处理厂主要是净化城市污水,其原料为城市下水道的污水,在生产过程中,原料会散发一定的臭味。处理后的产品为达到标准的排放水,同时满足设计要求,要使用一定数量的氯气消毒。处理厂的副产品是经过浓缩脱水后的污泥,它们也会散发一定的臭味,在本工程设计中均应采取防范措施。

2. 生产过程中使用较大的设备和产生噪声的生产部位和数量

污水处理厂产生噪声的工艺生产部位有污水提升泵房和鼓风机房等,这些设备的电气容量较大,在运行时会产生一定的振动和噪音,在本工程的设计中应采取防范措施。

4.7.3　职业安全卫生设计中将采用的主要防范措施

1. 工艺生产简介及产品去向

城市污水经粗格栅拦污，由污水泵站提升，通过细格栅二次拦污和沉砂池，再经二级处理，最后经接触池（加氯消毒）后排放，使之达到排放标准的处理水（产品）。

工艺生产的副产品是栅渣和污泥。其中，栅渣经压榨脱水后外运与生活垃圾一并处理。污泥经浓缩脱水处理后，运送至垃圾填埋场进行卫生填埋。

2. 工艺生产中的设备选用和必要的安全检测和检查设施

本工程在工艺生产中，对于主要设备将优选采用国外先进设备。对选用的设备要求具有性能优良、安全可靠、制作精密、节省能耗、噪音量小、便于维护等优点，以便在生产运行中保证安全。

对各工艺构筑物的池体，均考虑安全措施。如设置能抗冲击的金属护栏，池子边缘设防滑的踢脚台；对需要检查和清扫的池子，均设置不锈钢防滑型爬梯；对池体和建筑物之间有连接的钢梯、混凝土梯等，均考虑防滑和栏杆、扶手等保护措施。

对工艺生产中能释放有害或难闻气体的车间，如机械格栅间、水泵间、加氯间和污泥处理间等，均考虑设置检测仪表，并使检测仪表与相应的处理装置联动，如加氯间安装漏氯检测仪。当仪表检测到漏氯量超过允许值时，检测仪表会发出声、光报警，并自动开启漏氯回收中和装置，及时吸收漏氯，以确保生产和人员安全。另外，对有危害气体的车间均配置防毒面具和防毒工作服等。

3. 电气设备的安全措施

污水处理厂最大的电气部位是变电所和高、低压配电室，有电气设备的车间均设置各自的配电系统。

电气设备的安全措施在本工程中将考虑以下内容:

(1)对室外变电所和厂区内较高的构筑物均设置防雷装置。

(2)对低压用电设备,均考虑设置漏电保护器。

(3)对有危害气体的车间,电气部件采用防爆型。

(4)对低压照明和检修临时用电,采用安全电压。

(5)对所有电气设备均考虑有足够的安全操作距离,并设置安全出口。

(6)对不同电压等级的电气设备均设标准的能容易识别和醒目的安全标志,并设置保护网等。

4.8 节 能

4.8.1 能耗

1. 能耗指标

污水处理厂用电总量为309 (kW·h)/a(含中途提升泵站用电量)。

2. 能耗分析

污水处理的吨水能耗指标受很多因素的影响,如水质情况、地理位置、处理工艺流程等。本污水处理厂的吨水能耗指标处于合理范围内。

4.8.2 节能措施综述

1. 水处理工艺

在本工程中,采用了多项新技术和新工艺,以确保真正做到降低能耗。

首先,污水二级处理方案采用工艺简单有效的处理流程,节省了建设费用。

其次，选用的污水泵、鼓风机等，均选用高效节能型号，以最大限度的节省能源消耗。

2. 总体布置

综合考虑本工程服务区域的特点，将污水厂选在服务区域的较低位置，既可以减小排水管的埋深以降低基本建设投资，又可以减小污水提升泵的扬程，从而最大限度地节约能源。

3. 建筑节能措施

在采光允许的情况下，减少开窗面积，适当增加构筑物墙壁厚度，或采用益于保温的建筑材料。

附录　主体工艺设计部分示例图

为了更好地展示设计思想和表达工程设计的思路，我们将污水处理厂主体工艺设计图中的部分图纸作为样图和案例展示给大家，以期能够给予各位同仁在以后的污水处理厂设计中有些许的提示和帮助。当然这些图纸中会有部分不足和纰漏，这都是由于设计想象的过程和实际工程环境不一致造成的，虽然我们在后续的施工过程中都一一做了图纸变更，但由于设计院的繁杂事物和众多的设计工作量，使我们难于将这些内容一一存档，虽然大部分是修改过的，但也肯定存在一些疏漏的地方，希望大家不要把这些图纸当成标准图，这些图纸仅供设计参考。

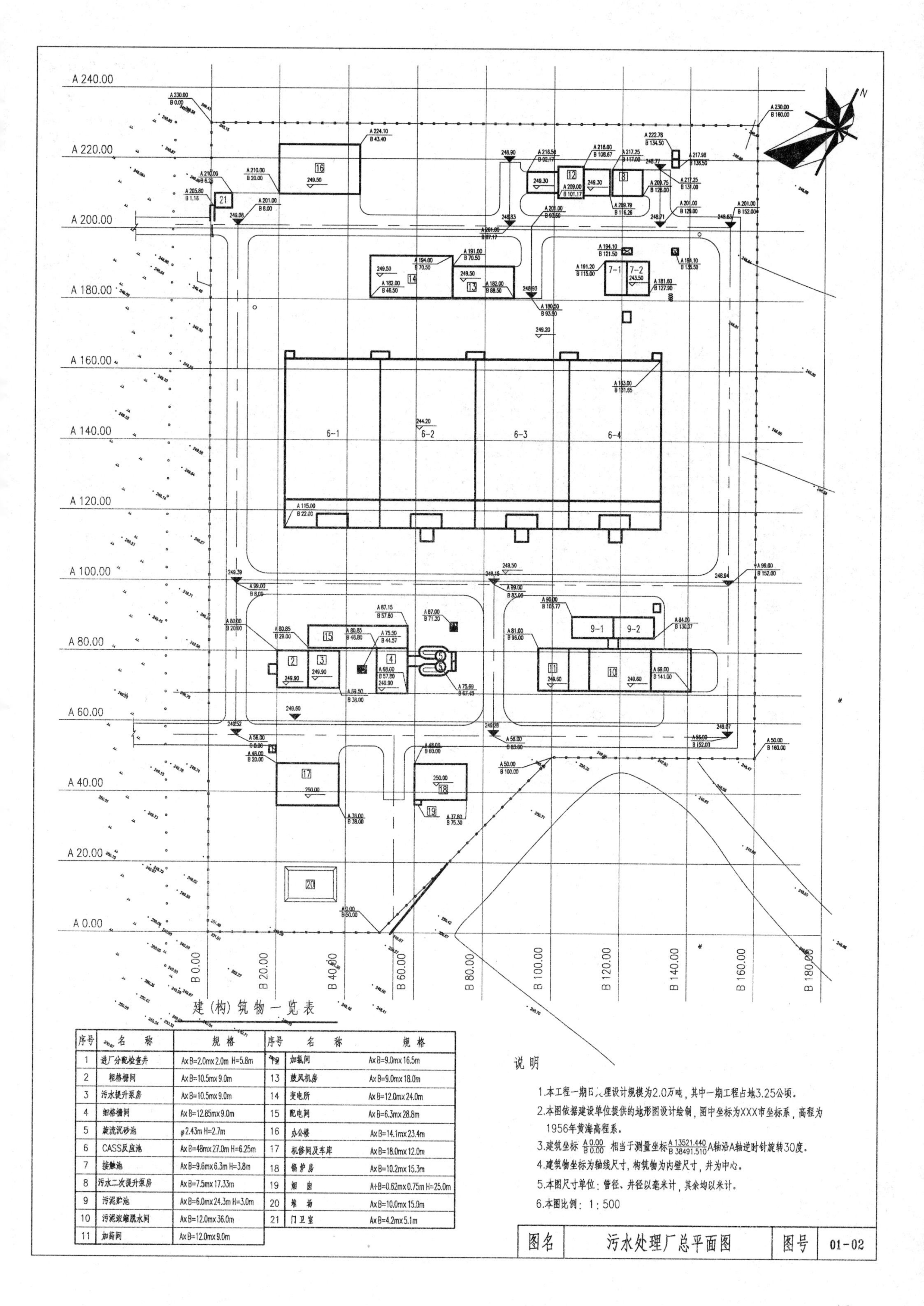

建（构）筑物一览表

序号	名称	规格	序号	名称	规格
1	进厂分配检查井	AxB=2.0mx2.0m H=5.8m	12	加氯间	AxB=9.0mx16.5m
2	粗格栅间	AxB=10.5mx9.0m	13	鼓风机房	AxB=9.0mx18.0m
3	污水提升泵房	AxB=10.5mx9.0m	14	变电所	AxB=12.0mx24.0m
4	细格栅间	AxB=12.85mx9.0m	15	配电间	AxB=6.3mx28.8m
5	旋流沉砂池	φ2.43m H=2.7m	16	办公楼	AxB=14.1mx23.4m
6	CASS反应池	AxB=48mx27.0m H=6.25m	17	机修间及车库	AxB=18.0mx12.0m
7	接触池	AxB=9.6mx6.3m H=3.8m	18	锅炉房	AxB=10.2mx15.3m
8	污水二次提升泵房	AxB=7.5mx17.33m	19	烟囱	A+B=0.62mx0.75m H=25.0m
9	污泥贮池	AxB=6.0mx24.3m H=3.0m	20	堆场	AxB=10.0mx15.0m
10	污泥浓缩脱水间	AxB=12.0mx36.0m	21	门卫室	AxB=4.2mx5.1m
11	加药间	AxB=12.0mx9.0m			

说明

1.本工程一期日处理设计规模为2.0万吨，其中一期工程占地3.25公顷。

2.本图依据建设单位提供的地形图设计绘制，图中坐标为XXX市坐标系，高程为1956年黄海高程系。

3.建筑坐标 $\frac{A\,0.00}{B\,0.00}$ 相当于测量坐标$\frac{A\,13521.440}{B\,38491.510}$A轴沿A轴逆时针旋转30度。

4.建筑物坐标为轴线尺寸，构筑物为内壁尺寸，井为中心。

5.本图尺寸单位：管径、井径以毫米计，其余均以米计。

6.本图比例：1：500

图名	污水处理厂总平面图	图号	01-02

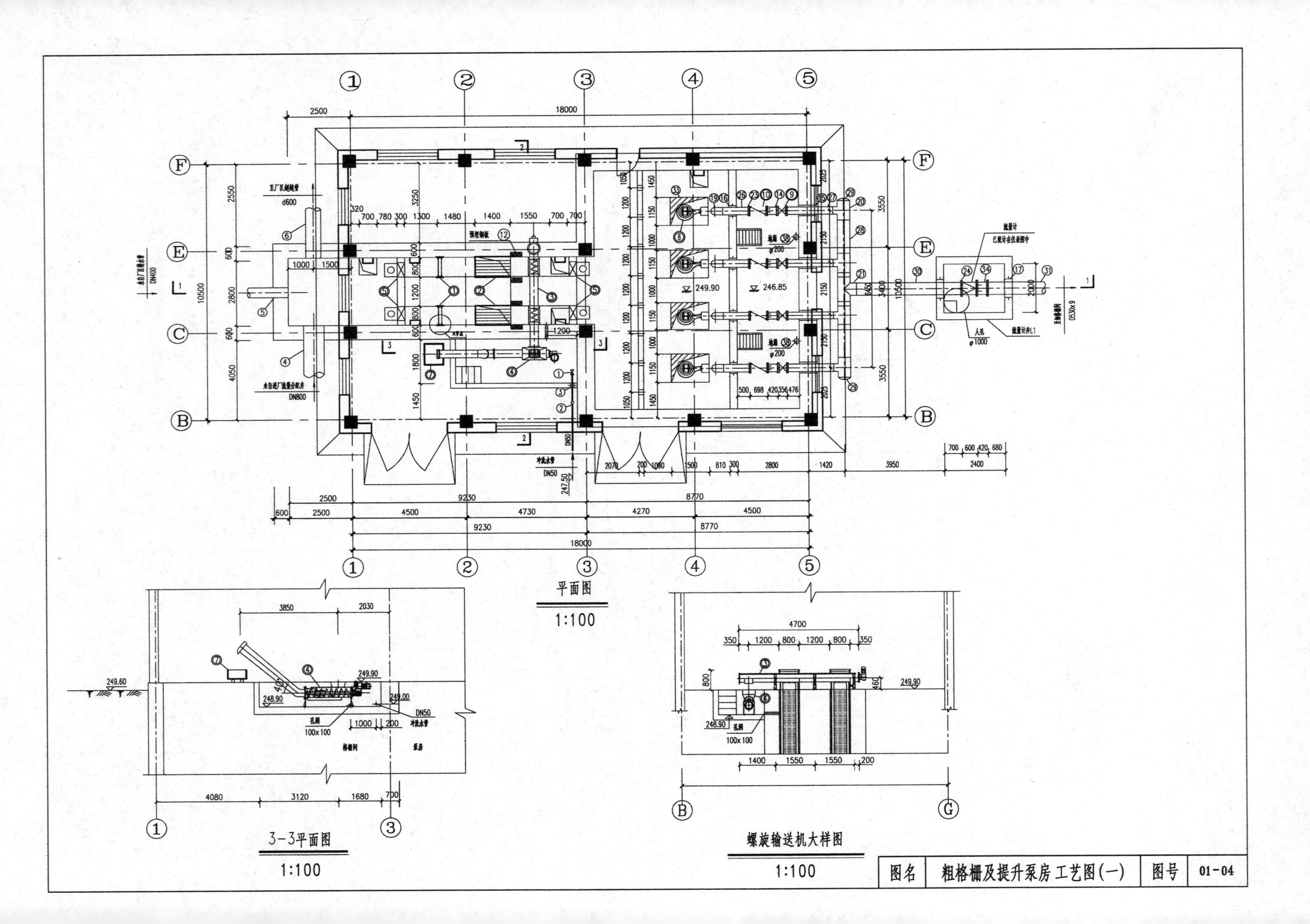
平面图
1:100
3-3平面图
1:100
螺旋输送机大样图
1:100
至厂区超越管
d600
来自厂区排水管
DN400
来自进厂流量分配井
DN800
预埋钢板
冲洗水管
DN50
地漏
φ200
流量计
已统计在仪表图中
人孔
φ1000
流量计井L1
至细格栅间
D530x9
249.90
246.85
247.50
249.60
248.90
249.00
孔洞
100x100
格栅间
泵房
图名
粗格栅及提升泵房工艺图(一)
图号
01-04

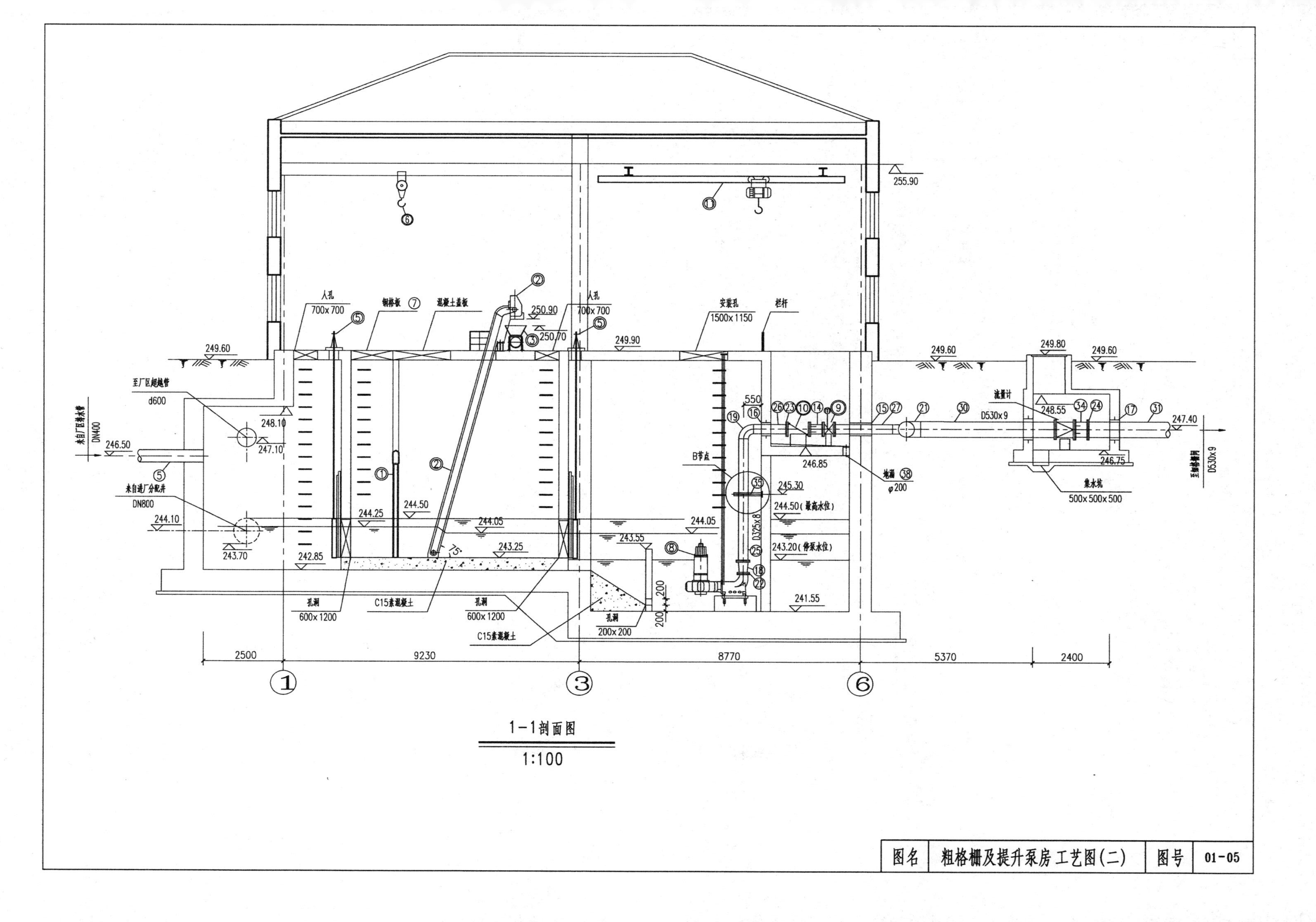
人孔
700x700
钢格板
混凝土盖板
250.90
250.70
安装孔
1500x1150
栏杆
255.90
249.60
249.90
249.80
至厂区超越管
d600
来自厂区排水管
DN400
246.50
248.10
247.10
来自进厂分配井
DN800
244.10
243.70
242.85
244.25
244.50
244.05
243.25
243.55
245.30
244.50(最高水位)
243.20(停泵水位)
241.55
246.85
246.75
248.55
247.40
550
B节点
D325x8
D530x9
流量计
地漏
φ200
集水坑
500x500x500
孔洞
600x1200
C15素混凝土
孔洞
200x200
200
75°
2500
9230
8770
5370
2400
图名
粗格栅及提升泵房工艺图(二)
图号
01-05

1-1剖面图

1:100

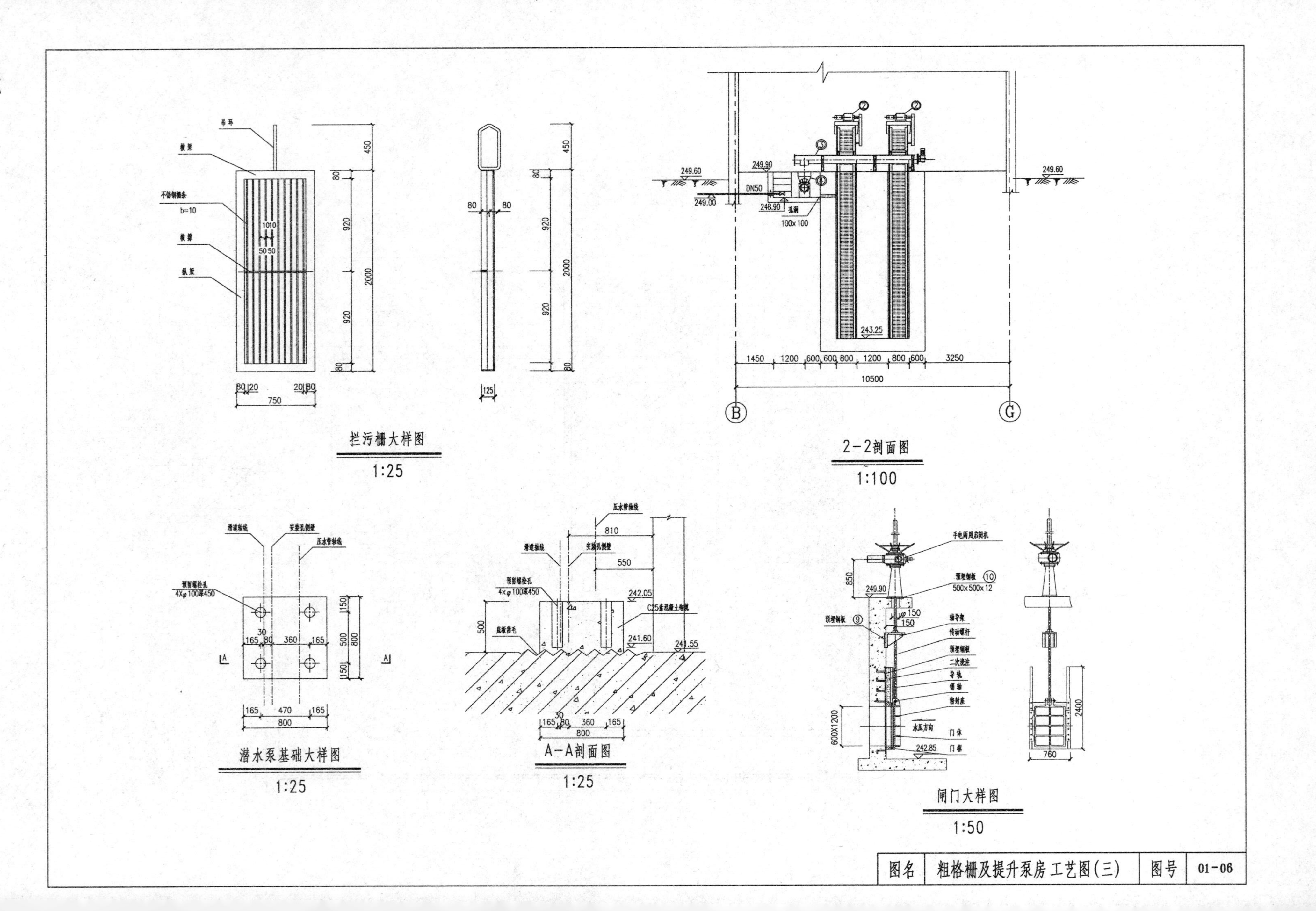
吊环
横梁
不锈钢栅条
b=10
横撑
纵梁
拦污栅大样图
1:25
2-2剖面图
1:100
249.60
249.90
249.00
248.90
DN50
孔洞
100x100
243.25
1450
1200
600
800
3250
10500
潜水泵基础大样图
1:25
滑道轴线
安装孔侧壁
压水管轴线
预留螺栓孔
4Xφ100深450
A-A剖面图
1:25
底板凿毛
C25素混凝土垫层
242.05
241.60
241.55
闸门大样图
1:50
手电两用启闭机
预埋钢板
500x500x12
抽导架
传动螺杆
二次浇注
导轨
锁轴
密封座
水压方向
门体
门框
242.85
600X1200
2400
760
图名
粗格栅及提升泵房工艺图(三)
图号
01-06

工程数量表

部位	序号	名称	规格	材料	单位	数量	重(Kg)量 单重	重(Kg)量 总重	备注
粗格栅间	①	手动球阀	DN50		个	1			
	②	uPVC 管	DN50	uPVC	米	5			
	③	刚性防水套管(B型)	DN50 L=200	钢	个	1	4.49	4.49	02S404/18,19
	④	钢管	DN800 L=1500	钢	根	1	270	270	
	⑤	HDPE管	DN400 L=1500	HDPE	根	1			
	⑥	混凝土管	d600 L=1500	混凝土	根	1			
	⑦	钢格板	700X900X40	钢	块	4	28.3	113.2	
	⑧	预埋钢板	6350X300X14	钢	块	4	208.1	832.4	
	⑨	预埋钢板	250X250X12	钢	块	4	5.85	23.4	
	⑩	预埋钢板	500X500X12	钢	块	4	23.4	93.6	
	⑪	预埋钢板	2520X120X12	钢	块	8	28.35	226.8	
	⑫	预埋钢板	500X200X12	钢	块	4	9.36	37.44	
	⑬	槽钢	18a L=6350	根	根	4	128.1	512.4	
提升泵房	⑭	可拆式双钢制法兰松套传力接头	DN300 1.0MPa		个	4			
	⑮	刚性防水套管(A型)	DN300 L=700	钢	个	4	58.67	234.68	02S404/16,17
	⑯	刚性防水套管(A型)	DN300 L=300	钢	个	4	33.65	134.6	02S404/16,17
	⑰	刚性防水套管(A型)	DN500 L=300	钢	个	2	66.9	133.8	02S404/16,17
	⑱	异径管	DN300X250	钢	个	4	14.41	57.46	02S403/52,53
	⑲	90°弯头	DN300	钢	个	4	31.1	124.4	02S403/8,9
	⑳	三通	DN500X300	钢	个	4	97.2	388.8	02S403/40,41
	㉑	三通	DN500X500	钢	个	1	133	133	02S403/48,49
	㉒	钢制法兰	DN250 1.0MPa	钢	个	4	10.7	42.8	02S403/78,79
	㉓	钢制法兰	DN300 1.0MPa	钢	个	8	12.9	103.2	02S403/78,79
	㉔	钢制法兰	DN500 1.0MPa	钢	个	2	27.7	55.4	02S403/78,79
	㉕	钢管	D325X8 L=3930	钢	根	4	245.8	983.2	立管
	㉖	钢管	D325X8 L=1040	钢	根	4	65.1	260.4	
	㉗	钢管	D325X8 L=1821	钢	根	4	113.9	455.6	
	㉘	钢管	D530X9 L=1350	钢	根	2	149.2	298.4	
	㉙	椭圆封头	DN500	钢	个	2	15	30	02S403/89,90
提升泵房	㉚	钢管	D530X9 L=4150	钢	根	1	479.8	479.8	至流量计井
	㉛	钢管	D530X9 L=2280	钢	根	1	252	252	
	㉜	钢盖板	800X800X10	钢	块	4	54.9	219.6	人孔
	㉝	钢盖板	1250X1600X10	钢	块	4	171.6	686.4	
	㉞	可拆式双钢制法兰松套传力接头	DN500 1.0MPa		个	1			
	㉟	管卡	DN300	钢	套	4	1.52	6.08	03S402/33 每套带4个M14膨胀螺栓
	㊱	钢板	200X200X14	钢	块	4	4.4	17.6	
	㊲	角钢	L50X5 L=760	钢	根	4			
	㊳	地漏	DN200	PVC	个	2			

主要设备表

编号	名称	规格	单位	数量
①	拦污栅	2000x750 栅条间隙50 栅条宽度10	个	2
②	栅条式回转格栅除污机	a=75° b=20 B=800 H=6650 N=1.5kW	台	2
③	水平无轴螺旋输送机	W=1.0m^3/h L=4.6m N=1.5kW	台	1
④	40°螺旋压榨机	W=1.0m^3/h N=2.2kW	台	1
⑤	镶铜铸铁方闸门及启闭机	阀门BxH=600x1200 启闭力5t N=1.5kW	台	4
⑥	电动单梁悬挂起重机	Gn=2.0t H=13.0m Lk=7.5m	台	1
⑦	活动式栅渣存放箱	2000x1000x1100	套	2
⑧	潜水泵200WQ400-13-30(DF)	Q=417m^3/h H=11.5m N=30kW	台	4
⑨	电动偏心旋塞阀	DN300 PN1.0MPa N=1.1kW	台	3
⑩	橡胶瓣止回阀	DN300 PN1.0MPa	个	3
⑪	电动单梁悬挂起重机	Gn=2.0t H=14.0m Lk=6.0m	台	1

图名	粗格栅及提升泵房工艺图(四)	图号	01-07

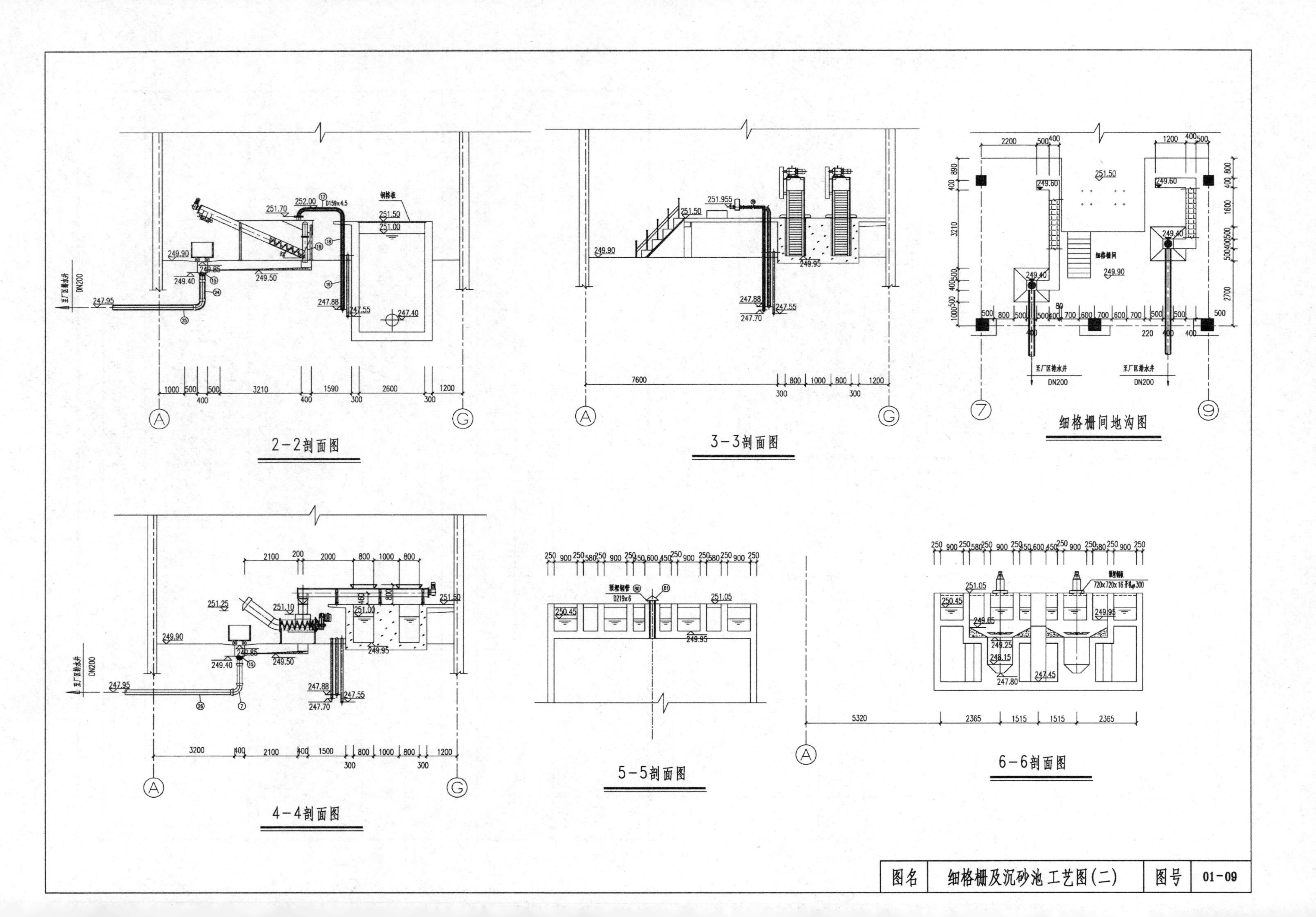

2－2剖面图
3－3剖面图
细格栅间地沟图
4－4剖面图
5－5剖面图
6－6剖面图
图名
细格栅及沉砂池工艺图(二)
图号
01-09

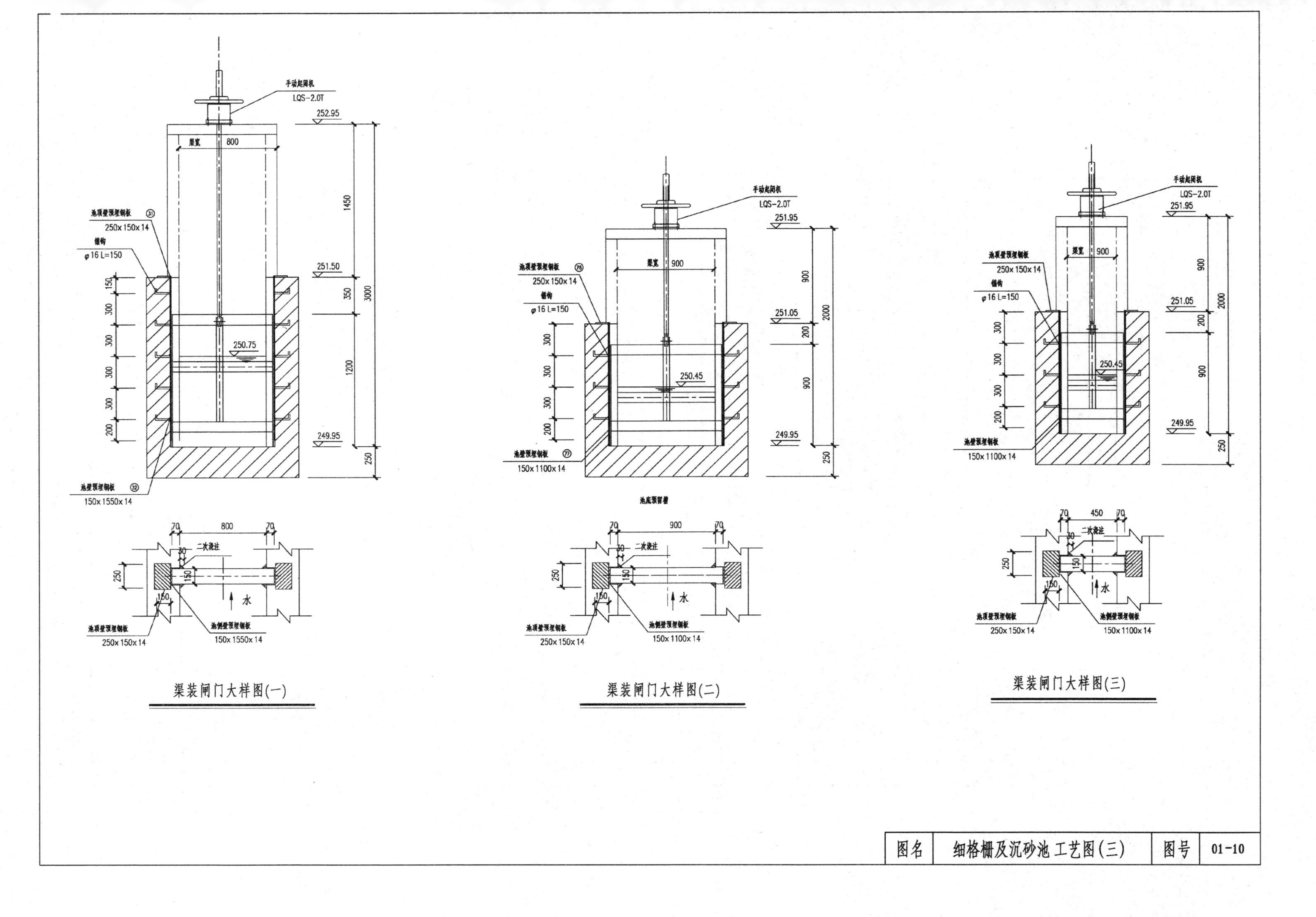

渠装闸门大样图(一)

渠装闸门大样图(二)

渠装闸门大样图(三)

图名	细格栅及沉砂池 工艺图(三)	图号	01-10

工程数量表

区域	序号	名称	规格	材料	单位	数量	重(Kg)量 单重	重(Kg)量 总重	备注
细格栅间	①	手动球阀	DN50 PN1.0MPa		个	2			冲洗水
	②	90°弯头	DN50	不锈钢	个	4	0.99	3.96	水管 02S403/6.7
	③	90°弯头	DN80	不锈钢	个	3	2.33	6.99	水管 02S403/6.7
	④	90°弯头	DN80	不锈钢	个	4	2.33	9.32	风管 02S403/6.7
	⑤	90°弯头	DN150	不锈钢	个	4	7.1	28.4	砂水分离器进水管 02S403/6.7
	⑥	90°弯头	DN200	不锈钢	个	1	15.2	15.2	砂水分离器排水管 02S403/6.7
	⑦	90°弯头	DN200	PVC	个	2			地沟排水管
	⑧	三通	DN80x80	不锈钢	个	1	3.3	3.3	风管 02S403/48.49
	⑨	三通	DN80x50	不锈钢	个	2	3	6	水管 02S403/36.37
	⑩	异径管	DN80x65	不锈钢	个	2	1.9	3.8	风管 02S403/52.53
	⑪	钢制法兰	DN65 PN1.0MPa	不锈钢	个	2	2.84	5.68	风管 02S403/78.79
	⑫	钢制法兰	DN80 PN1.0MPa	不锈钢	个	4	3.24	12.96	风管 02S403/78.79
	⑬	钢制法兰	DN150 PN1.0MPa	不锈钢	个	1	6.12	6.12	砂水分离器进水管 02S403/78.79
	⑭	钢制法兰	DN200 PN1.0MPa	不锈钢	个	1	8.24	8.24	砂水分离器排水管 02S403/78.79
	⑮	地漏	DN200	PVC	个	2			地沟
	⑯	不锈钢管	D219x4 L=1200	不锈钢	根	1	68.88	68.88	砂水分离器排水管
	⑰	不锈钢管	D159x3 L=1800	不锈钢	根	1	59.51	59.51	砂水分离器进水管
	⑱	不锈钢管	D159x3 L=1600	不锈钢	根	1	52.90	52.90	砂水分离器进水管
	⑲	不锈钢管	D159x3 L=2200	不锈钢	根	1	72.73	72.73	砂水分离器进水管
	⑳	不锈钢管	D159x3 L=6700	不锈钢	根	1	221.5	221.5	砂水分离器进水管
	㉑	不锈钢管	D89x2	不锈钢	米	10	10.99	109.9	风管
	㉒	不锈钢管	D89x2	不锈钢	米	20	10.99	219.8	水管
	㉓	不锈钢管	D57x1.3	不锈钢	米	5	4.40	22.0	水管
	㉔	PVC排水管	DN200 L=800	PVC	根	2			地沟排水管
	㉕	PVC排水管	DN200 L=2840	PVC	根	1			地沟排水管
	㉖	PVC排水管	DN200 L=4540	PVC	根	1			地沟排水管
	㉗	刚性防水套管(A型)	DN500 L=300	钢	个	1	44.54	44.54	02S404/15,16,17
	㉘	钢格板	1300x900x40	钢	块	3	52.6	157.8	竖井
	㉙	钢格板	1000x900x40	钢	块	4	40.5	81	细格栅前
	㉚	钢格板	500x300x25	钢	块	35	4.6	161	地沟
	㉛	预埋钢板	250x150x14	钢	块	8	4.12	32.96	
	㉜	预埋钢板	150x1550x14	钢	块	8	25.55	204.4	
	㉝	吸入消声器(带过滤器)			个	2			设备带
	㉞	安全阀			个	2			设备带
	㉟	压力表			个	2			设备带
	㊱	立式排出消声器	DN65		个	2			设备带
	㊲	弹性接头	DN65		个	2			设备带
	㊳	单向阀	DN65		个	2			设备带
沉砂池	㊴	手动球阀	DN50 PN1.0MPa		个	4			冲洗水管
	㊵	手动闸阀	DN150 PN1.0MPa		个	5			排砂管
	㊶	不锈钢伸缩器	DN150 PN1.0MPa		个	6			
	㊷	手动球阀	DN50 PN1.0MPa		个	2			风管
	㊸	90°弯头	DN150	不锈钢	个	8	7.1	56.8	排砂管 02S403/6.7
	㊹	90°弯头	DN80	不锈钢	个	4	2.33	9.32	风管 02S403/6.7
	㊺	90°弯头	DN80	不锈钢	个	2	2.33	4.66	冲洗水管 02S403/6.7
	㊻	90°弯头	DN50	不锈钢	个	10	0.99	9.9	冲洗水管 02S403/6.7
	㊼	90°弯头	DN38	不锈钢	个	6	0.9	5.4	风管 02S403/6.7
	㊽	三通	DN150x150	不锈钢	个	3	11.3	33.9	排砂管 02S403/48.49
	㊾	三通	DN80x80	不锈钢	个	1	3.3	3.3	风管 02S403/48.49
	㊿	三通	DN80x80	不锈钢	个	1	3.3	3.3	冲洗水管 02S403/48.49
	51	三通	DN50x50	不锈钢	个	2	1.9	3.8	风管 02S403/48.49
	52	三通	DN150x50	不锈钢	个	2	7.4	14.8	排砂管 02S403/36.37
	53	四通	DN80x80	不锈钢	个	1	4	4	冲洗水管 02S403/48.49
	54	异径管	DN80x50	不锈钢	个	4	1.42	5.68	风管、冲洗水管 02S403/52.53
	55	异径管	DN50x38	不锈钢	个	2	1.4	2.8	风管 02S403/52.53
	56	钢制法兰	DN50 PN1.0MPa	不锈钢	个	8	1.42	11.36	冲洗水管 02S403/78.79
	57	钢制法兰	DN50 PN1.0MPa	不锈钢	个	8	1.42	11.36	风管 02S403/78.79
	58	钢制法兰	DN150 PN1.0MPa	不锈钢	个	17	6.12	104.1	排砂管 02S403/78.79
	59	预埋不锈钢管	D159x3 L=1190	不锈钢	根	2	39.34	78.68	排砂管
	60	不锈钢管	D159x3 L=2530	不锈钢	根	1	83.64	83.64	排砂管
	61	不锈钢管	D159x3 L=4200	不锈钢	根	1	138.9	138.9	排砂管
	62	不锈钢管	D159x3 L=1670	不锈钢	根	1	55.21	55.21	排砂管
	63	不锈钢管	D89x2	不锈钢	米	21	10.99	230.8	风管、水管
	64	不锈钢管	D57x1.3	不锈钢	米	4	4.40	17.6	风管、水管
	65	不锈钢管	D45x1.2	不锈钢	米	3	2.7	8.1	风管
	66	预埋不锈钢管	D45x1.2	不锈钢	米	2	2.7	5.4	风管
	67	PVC排水管	DN200 L=800	PVC	根	1			地沟排水管
	68	PVC排水管	DN200 L=3440	PVC	根	1			地沟排水管
	69	90°弯头	DN200	PVC	个	1			地沟排水管
	70	刚性防水套管(A型)	DN600 L=300	钢	个	1	54.5	54.5	02S404/15,16,17
	71	钢盖板	2400x900x20	钢	块	2	339.2	678.4	
	72	钢盖板	450x800x20	钢	块	2	56.52	113.1	
	73	钢盖板	900x800x20	钢	块	2	113.1	226.2	
	74	钢盖板	r=540 R=1440 b=20 180°	钢	块	2	439.2	878.4	
	75	钢盖板	r=1515 R=2415 b=20 90°	钢	块	2	435.9	871.8	
	76	预埋钢板	250x150x14	钢	块	8	4.12	32.96	
	77	预埋钢板	150x1100x14	钢	块	8	18.14	65.12	
	78	预埋钢板	500x500x14	钢	块	2	27.48	54.96	
	79	预埋钢板	120x1000x14	钢	块	2	13.19	26.38	
	80	预埋钢管	D319x5 L=1600	钢	根	2	100.8	201.6	
	81	通风帽	DN300		个	2			
	82	钢盖板	700x700x20	钢	块	1	76.93	76.93	

主要设备表

序号	名称	规格	单位	数量	备注
①	细格栅机除污机	α=60° b=3mm W=700mm Q=625m³/h N=1.1kW	台	2	
②	无轴螺旋输送机	W=1.5m³/h L=5.0m N=2.2kW	台	1	
③	螺旋压榨机	安装角度 α=45° N=3kW	台	1	
④	渠装不锈钢闸门及手动启闭机	BxH=800x1200	台	4	框架高 H=3.0m
⑤	渠装不锈钢闸门及手动启闭机	BxH=900x900	台	2	框架高 H=2.0m
⑥	渠装不锈钢闸门及手动启闭机	BxH=450x900	台	2	框架高 H=2.0m
⑦	调节堰门及手动启闭机	BxH=1800x500	台	2	
⑧	旋流式除砂机	旋转区直径 D=1.0m 轴长 L=1.20m N=0.55kW	台	2	
⑨	螺旋砂水分离器	Q=68m³/h N=0.37kW	台	1	
⑩	鼓风机	Q=2m³/min H=39.2kPa N=3kW	台	2	一用一备
⑪	排砂泵	Q=68m³/h H=7.0m N=5.5kW	台	2	
⑫	电动通风蝶阀	DN50 PN1.0MPa N=0.05kW	个	2	
⑬	电动通风蝶阀	DN80 PN1.0MPa N=0.05kW	个	2	
⑭	电动偏心旋塞阀	DN150 PN1.0MPa N=0.05kW	个	6	
⑮	电动单梁悬挂起重机	T=2t Lk=6.0m	套	1	带电动葫芦
⑯	屋顶风机	n=1450r/min Q=2710m³/h N=0.25KW	个	1	

图名	细格栅及沉砂池工艺图(四)	图号	01-11

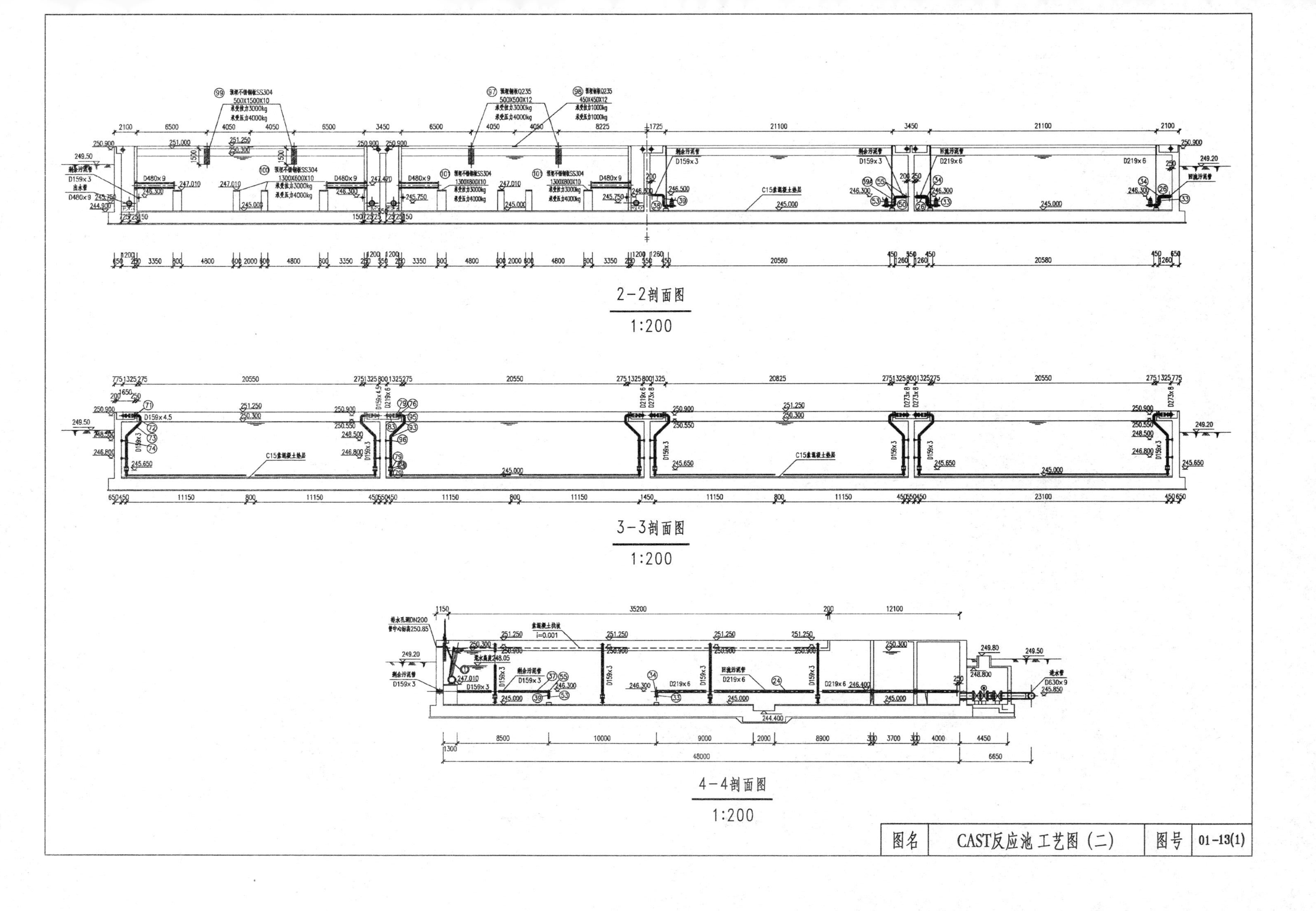
2-2剖面图
1:200
3-3剖面图
1:200
4-4剖面图
1:200
图名
CAST反应池 工艺图（二）
图号
01-13(1)

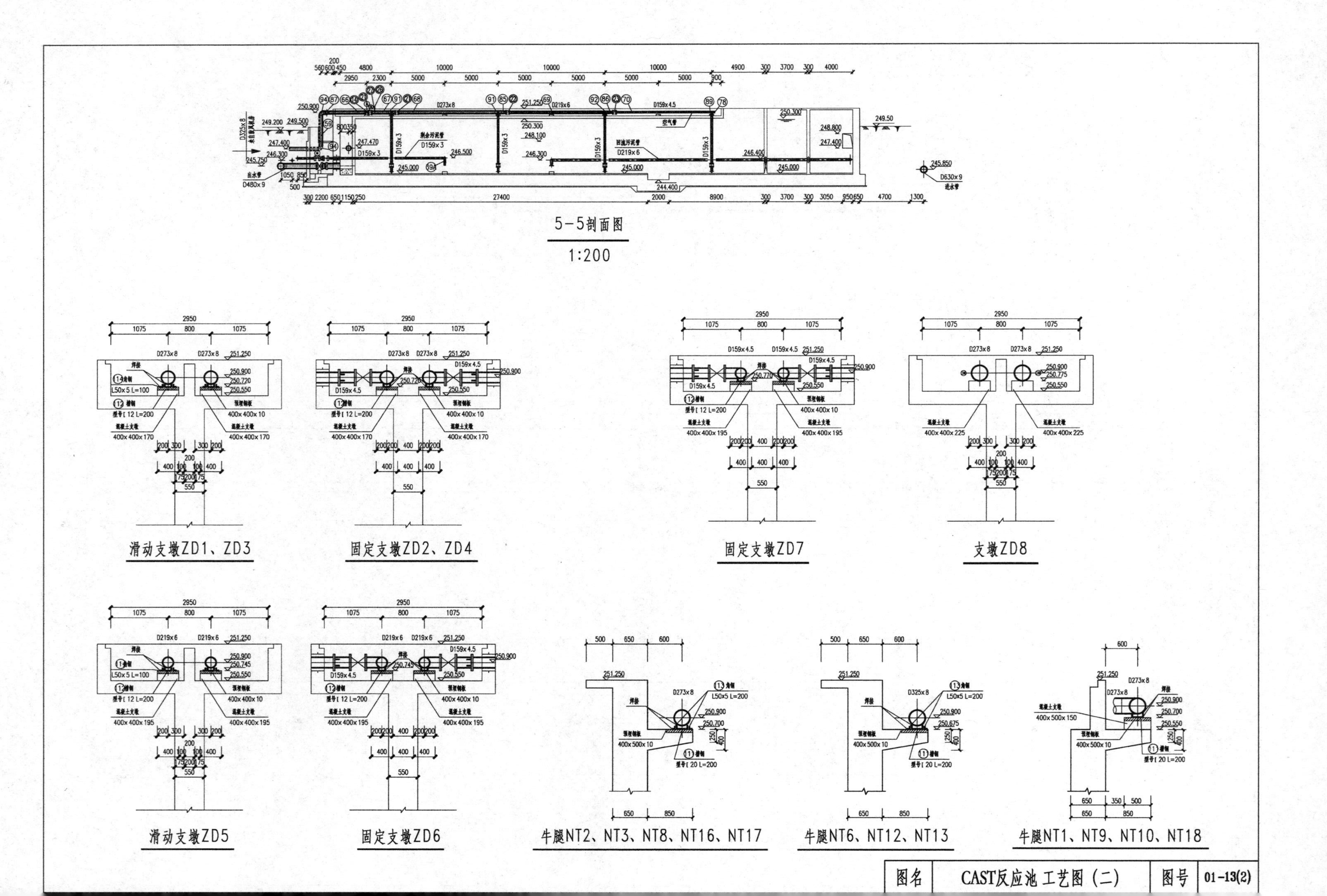
5-5剖面图
1:200
滑动支墩ZD1、ZD3
固定支墩ZD2、ZD4
固定支墩ZD7
支墩ZD8
滑动支墩ZD5
固定支墩ZD6
牛腿NT2、NT3、NT8、NT16、NT17
牛腿NT6、NT12、NT13
牛腿NT1、NT9、NT10、NT18
图名
CAST反应池工艺图（二）
图号
01-13(2)

工程数量表

序号	名称	规格	材料	单位	数量	重(Kg)量	
						单重	总重
①	钢管	D630x9 L=5650	钢	根	1	789.5	789.5
②	钢管	D630x9 L=23550	钢	根	2	3258.7	6517.4
③	钢管	D630x9 L=16900	钢	根	1	2330.0	2330.0
④	钢管	D630x9 L=2190	钢	根	4	303.0	1212.0
⑤	钢管	D630x9 L=1170	钢	根	4	161.9	647.6
⑥	刚性防水套管（A型）	DN600 L=300	钢	个	4	81.8	327.2
⑦	刚性防水套管（A型）	DN600 L=650	钢	个	4	177.1	708.5
⑧	椭圆封头	DN600	钢	个	2	27.0	54.0
⑨	钢制法兰	DN600 PN=1.0MPa	钢	个	8	39.4	315.2
⑩	等径三通	DN600	钢	个	5	156.2	781.0
⑪	钢管	D630x9 L=21650	钢	根	3	2995.7	8987.1
⑫	钢管	D630x9 L=1100	钢	根	1	152.2	456.6
11A	钢管	D630x9 L=18150	钢	根	1	2511.4	2511.4
12A	钢管	D630x9 L=2500	钢	根	1	345.9	345.9
⑬	钢管	D480x9 L=2770	钢	根	8	256.8	2054.7
⑭	钢管	D480x9 L=1170	钢	根	8	108.5	867.9
⑮	钢管	D480x9 L=3667	钢	根	8	347.4	2779.4
⑯	刚性防水套管（A型）	DN450 L=300	钢	个	8	56.8	454.2
⑰	刚性防水套管（A型）	DN450 L=650	钢	个	8	123.0	984.1
⑱	刚性防水套管（A型）	DN450 L=250	钢	个	8	47.3	378.5
⑲	椭圆封头	DN600	钢	个	2	27.0	54.0
⑳	钢制法兰	DN450 PN=1.0MPa	钢	个	16	24.4	390.4
㉑	三通	DN600x450	钢	个	8	133.8	1070.4
㉒	等径三通	DN600	钢	个	1	156.2	156.2
㉓	不锈钢管	D219x6 L=10030	不锈钢	根	8	575.7	4605.6
㉔	不锈钢管	D219x6 L=33025	不锈钢	根	8	1895.3	15162.0
㉖	不锈钢管	D219x6 L=470	不锈钢	根	8	26.9	215.8
㉗	不锈钢管	D219x6 L=1520	不锈钢	根	8	87.2	697.9
㉘	不锈钢管	D219x6 L=1970	不锈钢	根	8	113.1	904.5
㉙	刚性防水套管（A型）	DN200 L=300	钢	个	8	23.8	190.8
㉚	刚性防水套管（A型）	DN200 L=650	钢	个	16	51.7	826.8
㉛	不锈钢法兰	DN200 PN=1.0MPa	不锈钢	个	16	8.2	131.8
㉜	胀锚螺栓及C5型管卡	DN200 PN=1.0MPa	钢	个	40		
㉝	异径管	DN200x150	不锈钢	个	8	6.8	52.2
㉞	90°弯头	DN200	不锈钢	个	32	15.2	486.4
㉟	不锈钢管	D159x3 L=2460	不锈钢	根	8	81.3	650.6
㊱	不锈钢管	D159x3 L=980	不锈钢	根	8	32.4	259.2
㊲	不锈钢管	D159x3 L=7780	不锈钢	根	8	257.2	2057.6
㊳	不锈钢管	D159x3 L=640	不锈钢	根	8	21.2	169.3
㊴	不锈钢管	D159x3 L=410	不锈钢	根	4	13.58	54.31
39A	不锈钢管	D159x3 L=210	不锈钢	根	4	6.96	27.82
㊵	PVC管	DN150 L=1400	PVC	根	8		
㊶	PVC管	DN150 L=44850	PVC	根	3		
㊷	PVC管	DN150 L=3250	PVC	根	3		
㊸	PVC管	DN150 L=5225	PVC	根	1		
㊹	PVC管	DN150 L=25525	PVC	根	1		
㊺	PVC管	DN150 L=60800	PVC	根	1		

工程数量表

序号	名称	规格	材料	单位	数量	重(Kg)量	
						单重	总重
㊻	PVC管	DN150 L=60300	PVC	根	1		
㊼	刚性防水套管（A型）	DN150 L=300	钢	个	8	15.1	120.7
㊽	刚性防水套管（A型）	DN150 L=650	钢	个	8	32.7	261.6
㊾	PVC椭圆封头	DN150	PVC	个	4		
㊿	不锈钢法兰	DN100 PN=1.0MPa	不锈钢	个	8	4.0	32.0
51	不锈钢法兰	DN150 PN=1.0MPa	不锈钢	个	8	6.1	49.0
52	PVC法兰	DN150 PN=1.0MPa	PVC	个	8		
53	异径管	DN150x100	不锈钢	个	8	3.6	28.5
54	PVC等径三通	DN150	PVC	个	10		
55	90°弯头	DN150	不锈钢	个	32	7.1	227.2
56	钢管	D325x8 L=11165	钢	根	1	672.9	672.9
57	钢管	D325x8 L=16665	钢	根	1	1067.9	1067.9
58	钢管	D325x8 L=2500	钢	根	2	156.4	312.7
59	钢管	D325x8 L=2980	钢	根	2	223.9	447.9
60	钢管	D325x8 L=200	钢	根	2	12.5	25.0
61	钢管	D273x8 L=20000	钢	根	2	1045.6	2091.2
62	钢管	D273x8 L=2500	钢	根	3	130.7	392.1
63	钢管	D273x8 L=5335	钢	根	1	305.8	305.8
64	钢管	D273x8 L=1250	钢	根	1	65.4	65.4
65	钢管	D273x8 L=1050	钢	根	1	31.4	31.4
66	钢管	D273x8 L=3250	钢	根	8	169.9	1359.3
67	钢管	D273x8 L=1500	钢	根	8	78.4	627.4
68	钢管	D273x8 L=9000	钢	根	8	470.5	3764.2
69	钢管	D219x6 L=8595	钢	根	8	270.8	2166.6
70	钢管	D159x4.5 L=8650	钢	根	8	148.3	1186.8
71	不锈钢管	D159x3 L=450	不锈钢	根	32	14.9	119.0
72	不锈钢管	D159x3 L=400	不锈钢	根	32	13.2	105.8
73	不锈钢管	D159x3 L=1630	不锈钢	根	32	53.9	431.1
74	不锈钢管	D159x3 L=2840	不锈钢	根	32	82.3	658.6
75	刚性防水套管（A型）	DN250 L=200	钢	个	8	18.68	149.4
76	刚性防水套管（A型）	DN150 L=250	钢	个	32	12.6	402.4
77	椭圆封头	DN250	钢	个	4	4.0	16.0
78	椭圆封头	DN150	钢	个	8	3.0	24.0
79	不锈钢法兰	DN150 PN=1.0MPa	不锈钢	个	96	6.1	587.5
80	钢制法兰	DN300 PN=1.0MPa	钢	个	4	12.9	51.6
81	钢制法兰	DN250 PN=1.0MPa	钢	个	42	10.7	449.4
82	钢制法兰	DN200 PN=1.0MPa	钢	个	16	8.2	131.8
83	钢制法兰	DN150 PN=1.0MPa	钢	个	48	6.1	293.8
84	异径管	DN300x250	钢	个	4	14.4	57.6
85	异径管	DN250x200	钢	个	8	11.8	94.3
86	异径管	DN200x150	钢	个	8	6.8	54.6
87	等径三通	DN300	钢	个	2	43.5	87.0
88	等径三通	DN250	钢	个	4	35.6	142.4
89	等径三通	DN150	钢	个	8	11.3	90.4
90	三通	DN300x250	钢	个	4	42.4	169.6
91	三通	DN250x150	钢	个	16	22.2	355.2
92	三通	DN200x150	钢	个	8	14.1	112.8

图名	CAST反应池 工艺图（三）	图号	01-14(1)

工程数量表

序号	名称	规格	材料	单位	数量	重(Kg)量 单重	重(Kg)量 总重
93	45°弯头	DN150	不锈钢	个	64	4.4	282.2
94	90°弯头	DN300	钢	个	4	31.1	124.4
95	90°弯头	DN150	不锈钢	个	32	7.1	227.2
96	胀锚螺栓及C5型管卡	DN150 PN=1.0MPa	钢	个	88		
97	预埋钢板	500X500X12	钢	块	8	23.4	187.2
98	预埋钢板	450X450X12	钢	块	4	19.0	75.8
99	预埋不锈钢板	500X1500X10	钢	块	8	58.5	468.0
100	预埋不锈钢板	1300X600X10	钢	块	8	60.8	486.7
101	预埋不锈钢板	1300X800X10	钢	块	8	81.1	649.0
102	钢格板	BxL=1800x6500	钢	块	2	351.0	702.0
103	钢格板	BxL=1800x2250	钢	块	4	121.5	486.0
104	钢格板	BxL=1800x1950	钢	块	2	105.3	210.6
105	钢格板	BxL=3200x6500	钢	块	3	624.0	1872.0
106	钢格板	BxL=3200x2250	钢	块	6	216.0	1296.0
107	钢格板	BxL=3200x1950	钢	块	3	187.2	561.6
108	钢筋混凝土矩形阀门井	3800x3800x4300	钢混	座	4		
109	钢筋混凝土矩形阀门井	2600x2200x4300	钢混	座	2		
110	钢筋混凝土矩形阀门井	5250x2200x4300	钢混	座	3		
111	槽钢	型号[20 L=200	钢	块	18	3.59	64.6
112	槽钢	型号[12 L=200	钢	块	56	1.97	110.3
113	角钢	L50x5 L=200	钢	块	16	0.78	12.4
114	角钢	L50x5 L=100	钢	块	48	0.39	18.7

主要设备表

序号	名称	规格	单位	数量
1	滗水器	Q=1600m^3/h,N=2.2kW	对	4
2	内回流泵	Q=160m^3/h,H=4.0m,N=7.5kW	台	8
3	剩余污泥泵	Q=100m^3/h,H=8.0m,N=5.5kW	台	8
4	液下搅拌器	直径 φ370,N=1.1kW	个	12
5	液下搅拌器	直径 φ370,N=2.5kW	个	12
6	液下搅拌器	直径 φ2500,N=5kW	个	8
7	电动偏心旋塞阀	DN600,PN1.0Mpa,N=2.0kW	个	4
8	污水用手动蝶阀	DN600,PN1.0Mpa	个	8
9	污水用手动蝶阀	DN450,PN1.0Mpa	个	8
12	电动偏心旋塞阀	DN150,PN1.0Mpa,N=0.09kW	个	8
13	污水用手动蝶阀	DN150,PN1.0Mpa	个	8
14	电动通风调节蝶阀	DN250,PN1.0Mpa, N=0.37kW	个	8
15	手动通风调节蝶阀	DN150,PN1.0Mpa	个	32
16	可拆式双法兰松套传力接头	DN600,PN1.0Mpa L=440±50	个	4
17	可拆式双法兰松套传力接头	DN450,PN1.0Mpa L=440±50	个	8
19	可拆式双法兰松套传力接头	DN150,PN1.0Mpa L=400±40	个	8
20	不锈钢波纹补偿器	DN300,PN1.0Mpa L=350±65	个	2
21	不锈钢波纹补偿器	DN250,PN1.0Mpa L=340±50	个	12
22	不锈钢波纹补偿器	DN200,PN1.0Mpa L=340±50	个	8
23	不锈钢波纹补偿器	DN150,PN1.0Mpa L=340±50	个	40
24	不锈钢波纹补偿器	DN150,PN1.0Mpa L=340±50	个	32
25	管式曝气器	DN100	米	1428
26	电磁阀	DN32,PN1.0Mpa, N=0.05kW	个	8
27	手动球阀	DN32,PN1.0Mpa	个	8
28	放空泵	Q=200m^3/h,H=9m,N=7.5kW	台	2

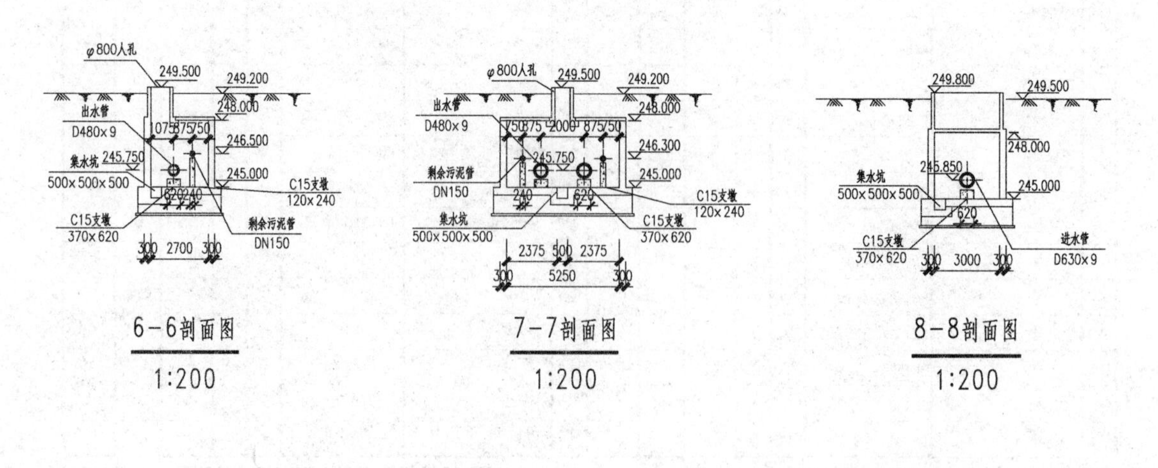

6-6剖面图 1:200

7-7剖面图 1:200

8-8剖面图 1:200

图名	CAST反应池 工艺图(三)	图号	01-14(2)

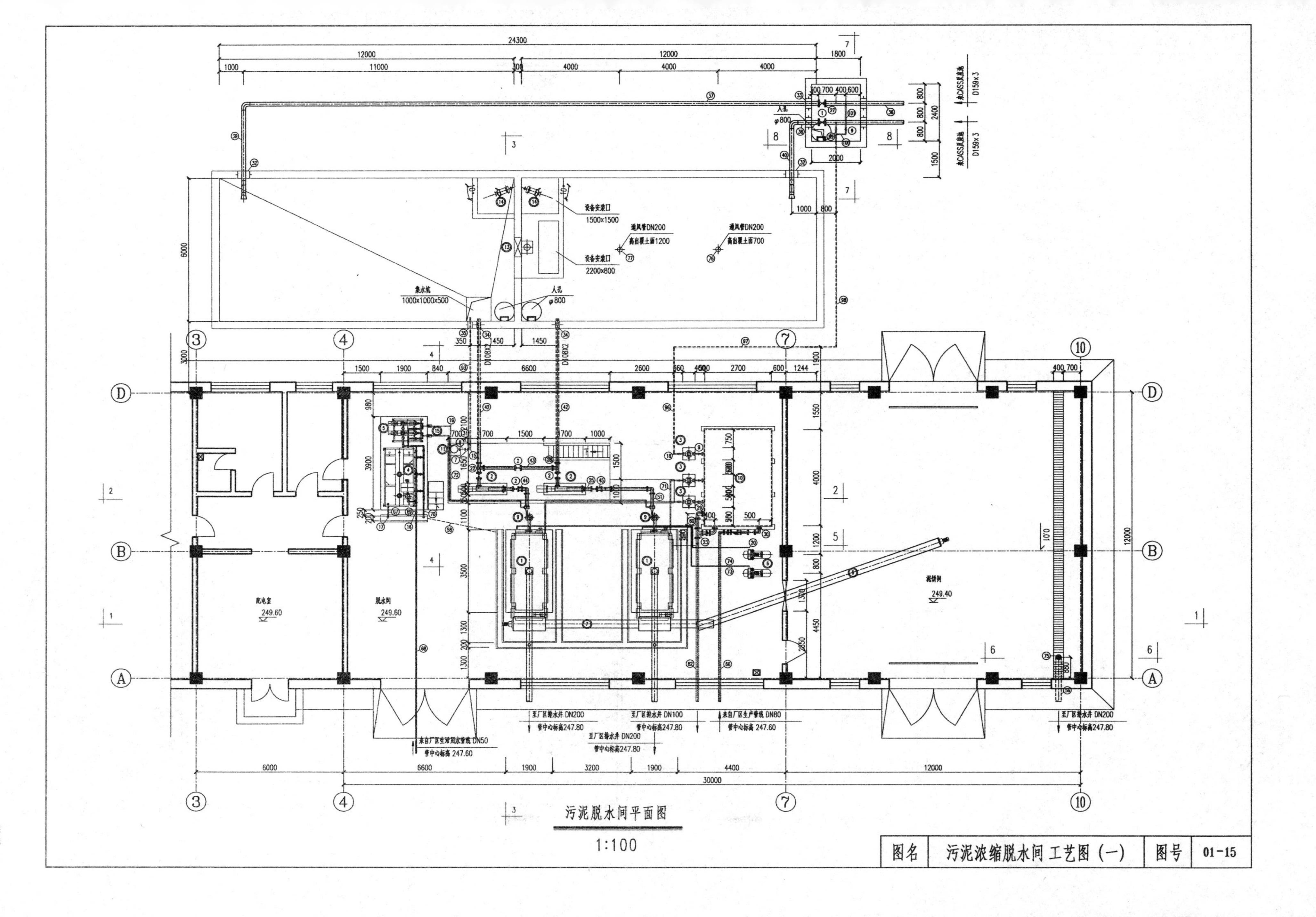
设备安装口
1500x1500
通风管DN200
高出覆土面1200
通风管DN200
高出覆土面700
设备安装口
2200x800
集水坑
1000x1000x500
人孔
φ800
来CASS反应池
D159x3
配电室
249.60
脱水间
249.60
泥饼间
249.40
至厂区排水井 DN200
管中心标高247.80
至厂区排水井 DN100
管中心标高247.80
来自厂区生产管线 DN80
管中心标高 247.60
至厂区排水井 DN200
管中心标高247.80
来自厂区生活用水管线 DN50
管中心标高 247.60
污泥脱水间平面图
1:100
图名
污泥浓缩脱水间工艺图（一）
图号
01-15

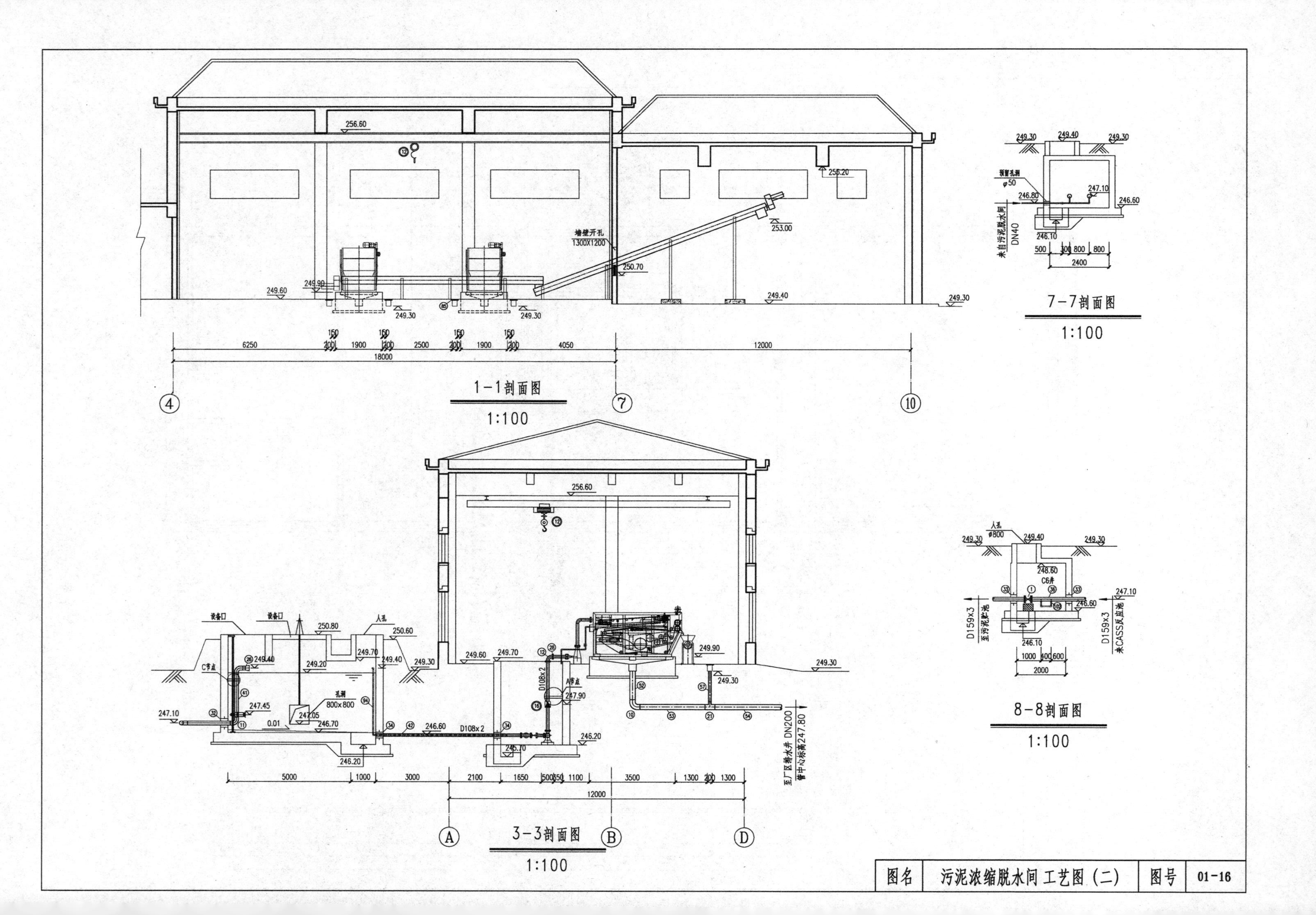

1-1剖面图
1:100
7-7剖面图
1:100
3-3剖面图
1:100
8-8剖面图
1:100
墙壁开孔
1300X1200
来自污泥脱水间
DN40
预留孔洞
φ50
人孔
φ800
C6井
D159x3
至污泥贮池
来CASS反应池
设备口
孔洞
800x800
C节点
A节点
D108x2
至厂区排水井 DN200
管中心标高247.80
图名
污泥浓缩脱水间工艺图（二）
图号
01-16

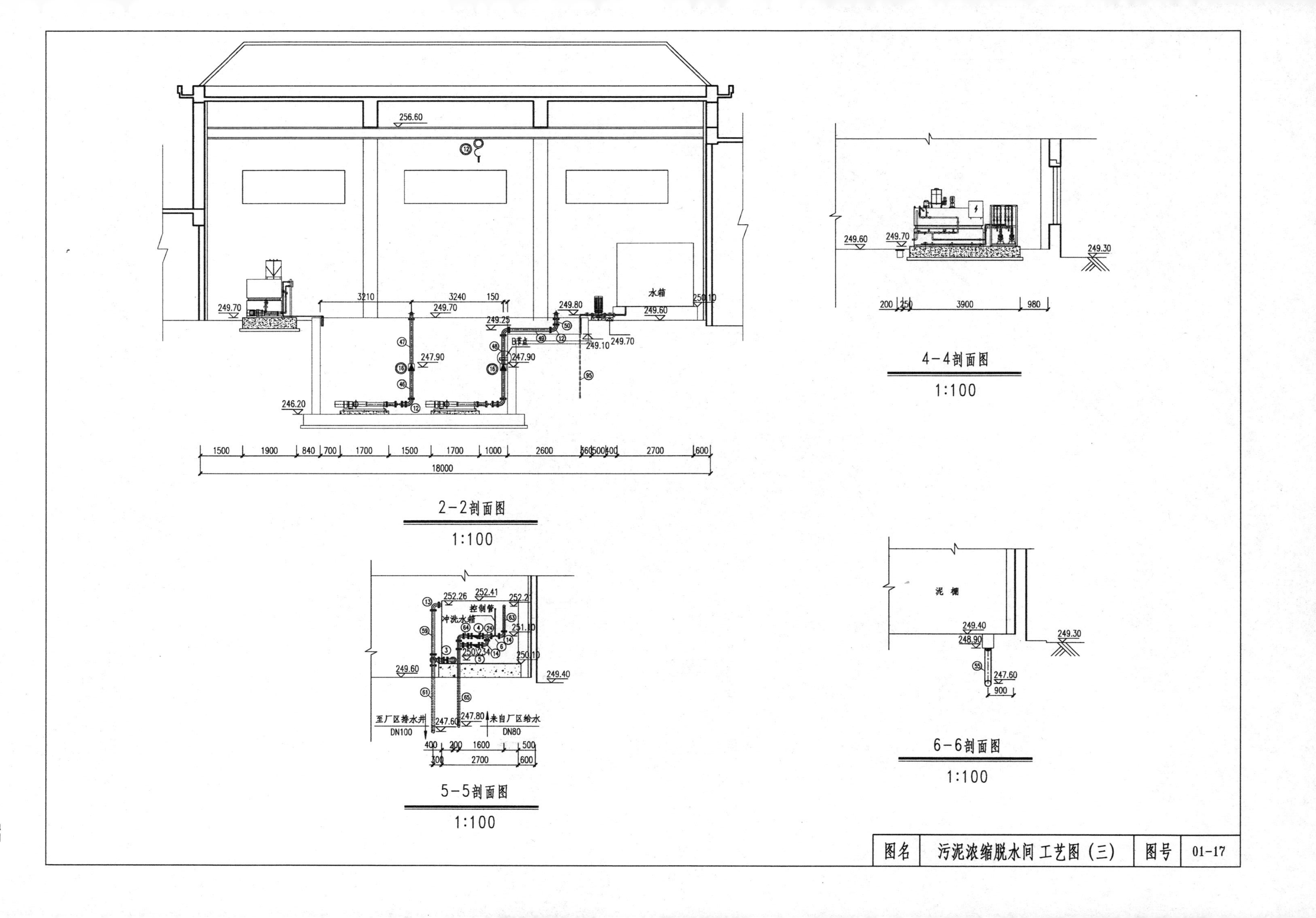

2-2剖面图
1:100
4-4剖面图
1:100
5-5剖面图
1:100
6-6剖面图
1:100
水箱
泥棚
冲洗水箱
控制管
至厂区排水井
DN100
来自厂区给水
DN80
图名
污泥浓缩脱水间工艺图(三)
图号
01-17

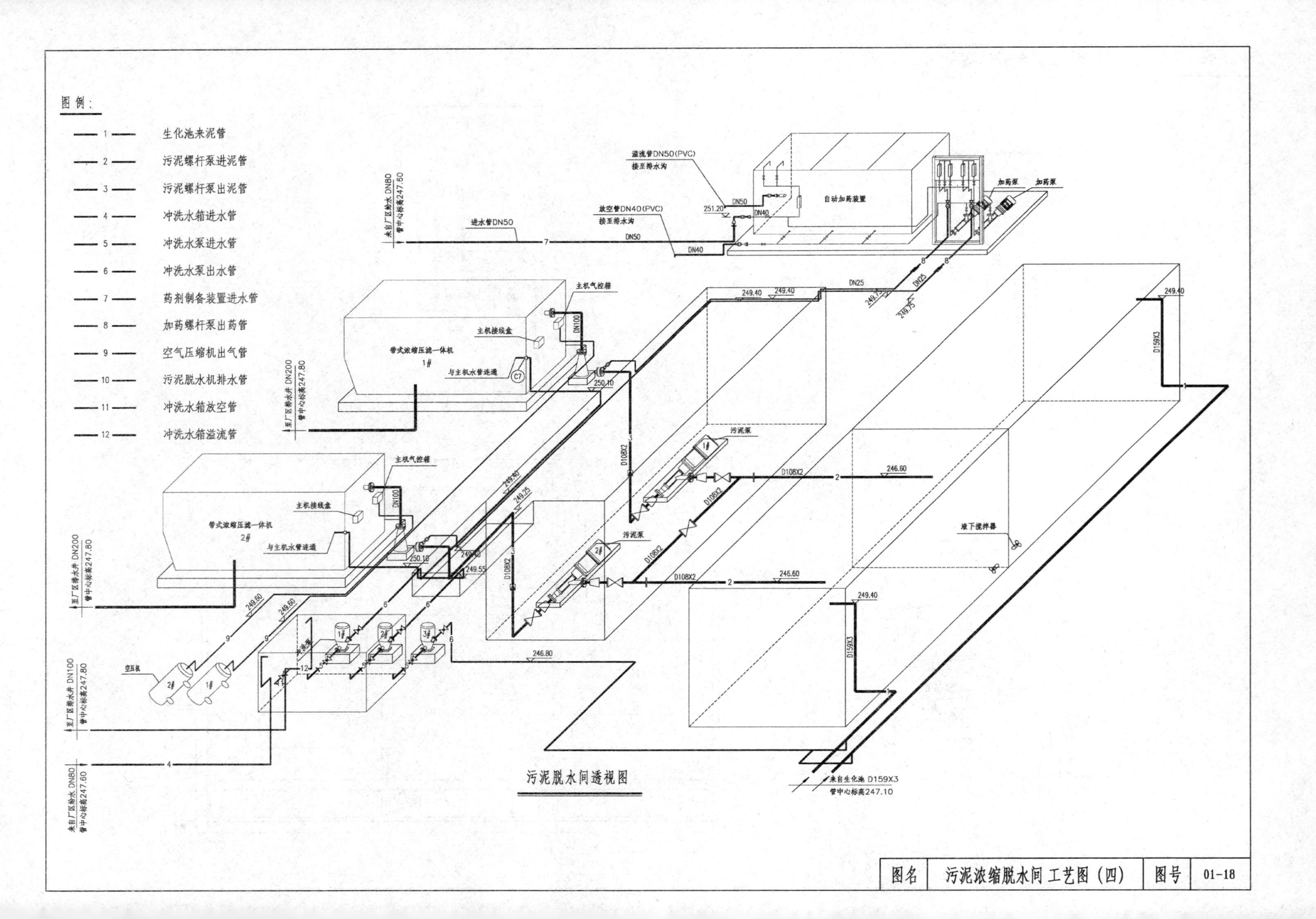

污泥脱水间透视图

图名	污泥浓缩脱水间工艺图（四）	图号	01-18

工程数量表

序号	名称	规格	材料	单位	数量	重(Kg)量 单重	重(Kg)量 总重	备注
①	双法兰偏心旋塞阀	DN150 PN1.0MPa		个	2			
②	双法兰偏心旋塞阀	DN100 PN1.0MPa		个	5			
③	双法兰手动蝶阀	DN100 PN=1.0MPa		个	1			
④	双法兰手动蝶阀	DN80 PN=1.0MPa		个	4			
⑤	Y型过滤器	DN80 PN=1.0MPa		个	2			
⑥	双法兰水力控制阀	DN80 PN1.0MPa		个	1			冲洗水箱进水接配套浮球阀
⑦	蝶阀	DN50 PN=1.0MPa		个	1			排污泵配套
⑧	止回阀	DN50 PN=1.0MPa		个	1			排污泵配套
⑨	球阀	DN40 PN1.0MPa		个	8			与冲洗泵配套
⑩	90°弯头	DN200	PVC	个	3			2个脱水机排水 1个泥槽排水
⑪	90°弯头	DN150	不锈钢	个	6	7.1	42.6	参见02S403/7
⑫	90°弯头	DN100	不锈钢	个	6	3.34	20.04	参见02S403/7
⑬	90°弯头	DN100	PVC	个	5			排水
⑭	90°弯头	DN80	UPVC	个	5			给水
⑮	90°弯头	DN50	PVC	个	8			3个絮凝装置溢流 5个排污泵排水
⑯	90°弯头	DN50	UPVC	个	2			加药装置给水
⑰	90°弯头	DN40	PVC	个	3			絮凝装置放空
⑱	90°弯头	DN40	PVC	个	7			冲洗水管路
⑲	90°弯头	DN25	PVC	个	16			加药管
⑳	90°弯头	DN25	不锈钢	个	14			空气管
㉑	三通	DN200x100	PVC	个	2			脱水机排水
㉒	等径三通	DN100x100	不锈钢	个	2	5.5	11	参见02S403/49
㉓	等径三通	DN100x100	PVC	个	1			溢流排水
㉔	等径三通	DN80x80	PVC	个	2			给水管
㉕	异径管	DN100x80	不锈钢	个	4	1.86	7.44	参见02S403/53
㉖	喇叭口	DN150	不锈钢	个	2	4.05	8.1	参见02S403/71
㉗	法兰	DN150,PN=1.0MPa	不锈钢	个	4	6.12	24.48	参见02S403/79
㉘	法兰	DN100,PN=1.0MPa	不锈钢	个	44	4.01	176.44	参见02S403/79
㉙	法兰	DN100,PN=1.0MPa	PVC	个	16			排水管
㉚	法兰	DN80,PN=1.0MPa	UPVC	个	21			给水管
㉛	法兰	DN50,PN=1.0MPa	PVC	个	7			排水管
㉜	刚性防水套管(A型)	DN150 L=300	钢	个	2	10.06	20.12	参见02S404/17
㉝	刚性防水套管(A型)	DN150 L=250	钢	个	4	10.06	40.24	参见02S404/17
㉞	刚性防水套管(A型)	DN100 L=300	钢	个	4	6.36	25.44	参见02S404/17
㉟	刚性防水套管(A型)	DN50 L=300	钢	个	2	4.49	8.98	参见02S404/17
㊱	不锈钢管	D159x3 L=3185	钢	根	2	105.30	210.59	
㊲	不锈钢管	D159x3 L=23150	钢	根	1	756.34	756.34	
㊳	不锈钢管	D159x3 L=850	钢	根	1	28.10	28.10	
㊴	不锈钢管	D159x3 L=2950	钢	根	1	97.53	97.53	
㊵	不锈钢管	D159x3 L=2150	钢	根	1	71.08	71.08	
㊶	不锈钢管	D159x3 L=1800	钢	根	2	59.51	119.02	
㊷	不锈钢管	D108x2 L=6000	钢	根	2	90.90	181.80	
㊸	不锈钢管	D108x2 L=1285	钢	根	2	19.47	38.94	
㊹	不锈钢管	D108x2 L=140	钢	根	1	2.12	2.12	

序号	名称	规格	材料	单位	数量	重(Kg)量 单重	重(Kg)量 总重	备注
㊺	不锈钢管	D108x2 L=180	钢	根	1	2.73	2.73	
㊻	不锈钢管	D108x2 L=1015	钢	根	2	15.38	30.76	
㊼	不锈钢管	D108x2 L=1675	钢	根	1	25.38	25.38	
㊽	不锈钢管	D108x2 L=1025	钢	根	1	15.53	15.53	
㊾	不锈钢管	D108x2 L=1460	钢	根	1	22.12	22.12	
㊿	不锈钢管	D108x2 L=200	钢	根	1	3.03	3.03	
51	不锈钢管	D108x2 L=550	钢	根	2	8.33	16.66	
52	PVC排水管	DN200 L=1200	PVC	根	2			脱水机排水
53	PVC排水管	DN200 L=2650	PVC	根	2			脱水机排水
54	PVC排水管	DN200 L=2700	PVC	根	2			脱水机排水
55	PVC排水管	DN200 L=1300	PVC	根	1			地沟排水
56	PVC排水管	DN200 L=2380	PVC	根	1			地沟排水
57	PVC排水管	DN100 L=1275	PVC	根	2			地沟排水
58	PVC排水管	DN100 L=3000	PVC	根	1			地沟连通管
59	PVC排水管	DN100 L=1625	PVC	根	1			水箱排水
60	PVC排水管	DN100 L=400	PVC	根	1			水箱排水
61	PVC排水管	DN100 L=2235	PVC	根	1			水箱排水
62	PVC排水管	DN100 L=7250	PVC	根	1			水箱排水
63	UPVC给水管	DN80 L=940	PVC	根	1			水箱进水管
64	UPVC给水管	DN80 L=170	PVC	根	2			水箱进水管
65	UPVC给水管	DN80 L=2660	PVC	根	1			水箱进水管
66	UPVC给水管	DN80 L=7680	PVC	根	1			水箱进水管
67	PVC	DN50	PVC	米	3			加药装置溢流管
68	PVC	DN50	PVC	米	11			加药装置给水管
69	PVC	DN40	PVC	米	2			加药装置给水管
70	PVC	DN40	PVC	米	3			加药装置放空管
71	PVC	DN40	PVC	米	20			冲洗水管
72	PVC	DN25	PVC	米	30			加药管路
73	不锈钢管	DN25	钢	米	18			空气套管
74	PE软管	φ10	PE	米	30			空气管
75	地漏	DN200	塑	个	1			
76	通风管及通风帽	D219x6 H=2100	钢	套	2	67.24	134.48	参见02S403/103-109
77	通风管及通风帽	D219x6 H=1600	钢	套	2	51.23	102.46	参见02S403/103-109
78	C5型管卡	DN100	钢	套	2	0.439	0.878	参见03S402/34
79	支撑槽钢	[12.6	钢	件	2	10.61	21.22	参见03S402/115
80	限位角钢	L30x4	钢	件	4	0.18	0.72	参见03S402/115
81	钢板	60x140x6	钢	件	6	0.4	2.4	参见03S402/115
82	钢板	290x310x12	钢	件	1	8.47	8.47	参见03S402/115
83	支撑角钢	L100x10	钢	件	1	4.37	4.37	参见03S402/113
84	钢板	180x180x12	钢	件	1	3.05	3.05	参见03S402/113
85	预埋钢板	400x400x12	钢	件	1	14.97	14.97	
86	预埋钢板	300x200x12	钢	件	1	5.62	5.62	
87	预埋钢板	1200x200x12	钢	件	2	22.46	44.92	
88	钢格板	26800x300	钢	米	26.8	9	241.2	

序号	名称	规格	材料	单位	数量	重(Kg)量 单重	重(Kg)量 总重	备注
89	C5型管卡	DN150	钢	套	2	0.758	1.516	参见03S402/34
90	支撑槽钢	[14a	钢	件	2	9.45	18.90	参见03S402/114
91	限位角钢	L63x6	钢	件	4	0.86	3.44	参见03S402/114
92	钢板	170x230x12	钢	件	1	3.68	3.68	参见03S402/114
93	不锈钢管	DN50 L=5450	钢	根	1	23.98	23.98	排污泵排水管 壁厚1.3mm
94	不锈钢管	DN50 L=2800	钢	根	1	12.32	12.32	排污泵排水管 壁厚1.3mm
95	不锈钢管	DN40 L=3000	钢	根	1	8.10	8.10	进泥管冲洗水管 壁厚1.2mm
96	不锈钢管	DN40 L=4450	钢	根	1	12.02	12.02	进泥管冲洗水管 壁厚1.2mm
97	不锈钢管	DN40 L=6600	钢	根	1	17.82	17.82	进泥管冲洗水管 壁厚1.2mm
98	不锈钢管	DN40 L=8900	钢	根	1	24.03	24.03	进泥管冲洗水管 壁厚1.2mm
99	不锈钢管	DN40 L=400	钢	根	1	1.08	1.08	进泥管冲洗水管 壁厚1.2mm
100	不锈钢管	DN40 L=500	钢	根	1	1.35	1.35	进泥管冲洗水管 壁厚1.2mm
101	不锈钢管	DN40 L=1300	钢	根	1	3.51	3.51	进泥管冲洗水管 壁厚1.2mm
102	不锈钢管	DN40 L=200	钢	根	2	0.54	1.08	进泥管冲洗水管 壁厚1.2mm

主要设备表

序号	名称	规格	单位	数量
①	全封闭式带式浓缩压滤一体机	B=1.0m,N=1.1+0.75kW	台	2
②	污泥泵	Q=15−30m^3/h,H=20m,N=5.5kW	台	2
③	冲洗泵	Q=16m^3/h,H=70m,N=7.5kW	台	4
④	自动加药装置	N=1.1+1.1+0.18kW	台	1
⑤	加药泵	Q=0.3−1.0m^3/h,H=20m,N=0.75kW	台	2
⑥	空压机	Q=0.1m^3/min,0−1.0MPa,N=0.75kW	台	2
⑦	水平螺旋输送机	L=8.2m N=2.2kW	台	1
⑧	倾斜螺旋输送机	L=10.5m α=21°N=3.0kW	台	1
⑨	管形混合器		套	2
⑩	矩形给水箱	V=19.8m^3	套	1
⑪	潜水排污泵	Q=10m^3/h H=10m N=1.0kW	台	1
⑫	电动单梁悬挂桥式起重机	T=5t LK=9m N=7.5+2x0.4+0.8kW	台	1
⑬	镶铜铸铁方闸门及启闭机	BxH=800x800 N=1.1kW	个	1
⑭	液下搅拌器	φ400 N=2.5kw n=740rpm	台	2
⑮	电磁流量计	Q=0−1.5m^3/h DN25	台	2
⑯	电磁流量计	Q=0−40m^3/h DN100	台	2

图名	污泥浓缩脱水间工艺图(五)	图号	01-19

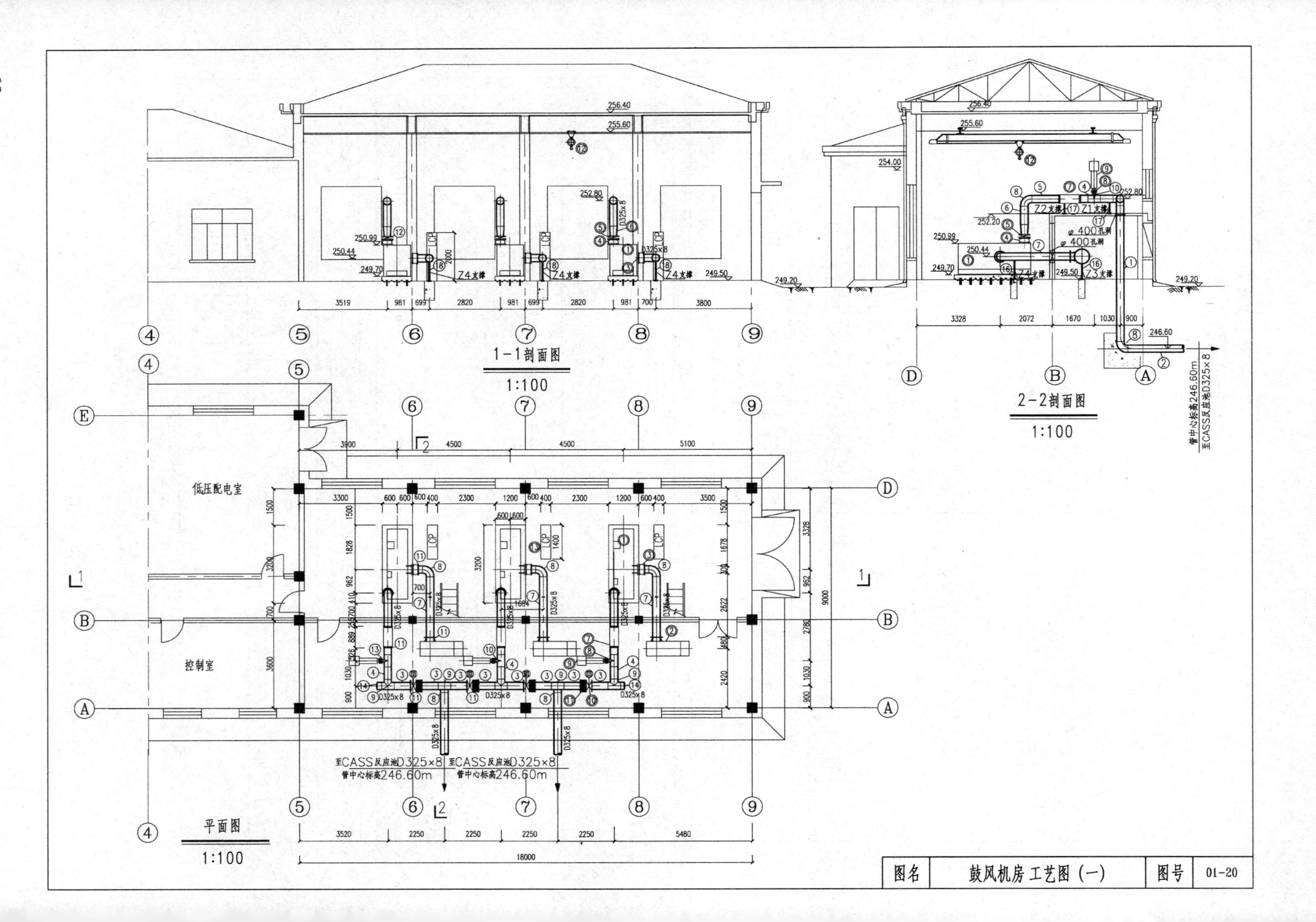

1-1剖面图
1:100
2-2剖面图
1:100
平面图
1:100
低压配电室
控制室
至CASS反应池D325×8
管中心标高246.60m
至CASS反应池D325×8
管中心标高246.60m
管中心标高246.60m
至CASS反应池D325×8
图名
鼓风机房工艺图（一）
图号
01-20

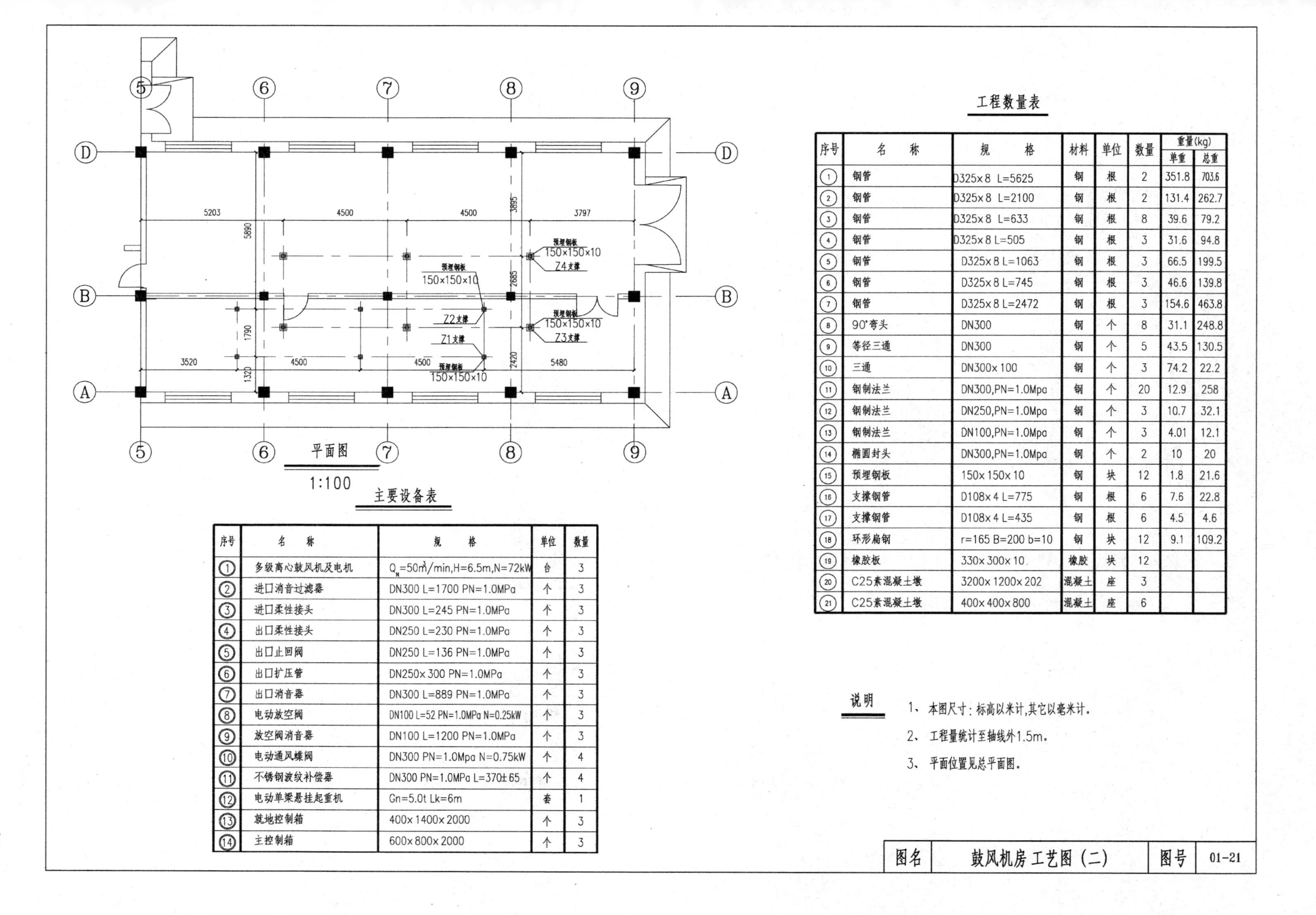

平面图

1:100

主要设备表

序号	名称	规格	单位	数量
1	多级离心鼓风机及电机	Q_N=50m³/min,H=6.5m,N=72kW	台	3
2	进口消音过滤器	DN300 L=1700 PN=1.0MPa	个	3
3	进口柔性接头	DN300 L=245 PN=1.0MPa	个	3
4	出口柔性接头	DN250 L=230 PN=1.0MPa	个	3
5	出口止回阀	DN250 L=136 PN=1.0MPa	个	3
6	出口扩压管	DN250×300 PN=1.0MPa	个	3
7	出口消音器	DN300 L=889 PN=1.0MPa	个	3
8	电动放空阀	DN100 L=52 PN=1.0MPa N=0.25kW	个	3
9	放空阀消音器	DN100 L=1200 PN=1.0MPa	个	3
10	电动通风蝶阀	DN300 PN=1.0Mpa N=0.75kW	个	4
11	不锈钢波纹补偿器	DN300 PN=1.0MPa L=370±65	个	4
12	电动单梁悬挂起重机	Gn=5.0t Lk=6m	套	1
13	就地控制箱	400×1400×2000	个	3
14	主控制箱	600×800×2000	个	3

工程数量表

序号	名称	规格	材料	单位	数量	重量(kg) 单重	重量(kg) 总重
1	钢管	D325×8 L=5625	钢	根	2	351.8	703.6
2	钢管	D325×8 L=2100	钢	根	2	131.4	262.7
3	钢管	D325×8 L=633	钢	根	8	39.6	79.2
4	钢管	D325×8 L=505	钢	根	3	31.6	94.8
5	钢管	D325×8 L=1063	钢	根	3	66.5	199.5
6	钢管	D325×8 L=745	钢	根	3	46.6	139.8
7	钢管	D325×8 L=2472	钢	根	3	154.6	463.8
8	90°弯头	DN300	钢	个	8	31.1	248.8
9	等径三通	DN300	钢	个	5	43.5	130.5
10	三通	DN300×100	钢	个	3	74.2	22.2
11	钢制法兰	DN300,PN=1.0Mpa	钢	个	20	12.9	258
12	钢制法兰	DN250,PN=1.0Mpa	钢	个	3	10.7	32.1
13	钢制法兰	DN100,PN=1.0Mpa	钢	个	3	4.01	12.1
14	椭圆封头	DN300,PN=1.0Mpa	钢	个	2	10	20
15	预埋钢板	150×150×10	钢	块	12	1.8	21.6
16	支撑钢管	D108×4 L=775	钢	根	6	7.6	22.8
17	支撑钢管	D108×4 L=435	钢	根	6	4.5	4.6
18	环形扁钢	r=165 B=200 b=10	钢	块	12	9.1	109.2
19	橡胶板	330×300×10	橡胶	块	12		
20	C25素混凝土墩	3200×1200×202	混凝土	座	3		
21	C25素混凝土墩	400×400×800	混凝土	座	6		

说明

1、本图尺寸：标高以米计,其它以毫米计。

2、工程量统计至轴线外1.5m。

3、平面位置见总平面图。

图名	鼓风机房工艺图（二）	图号	01-21

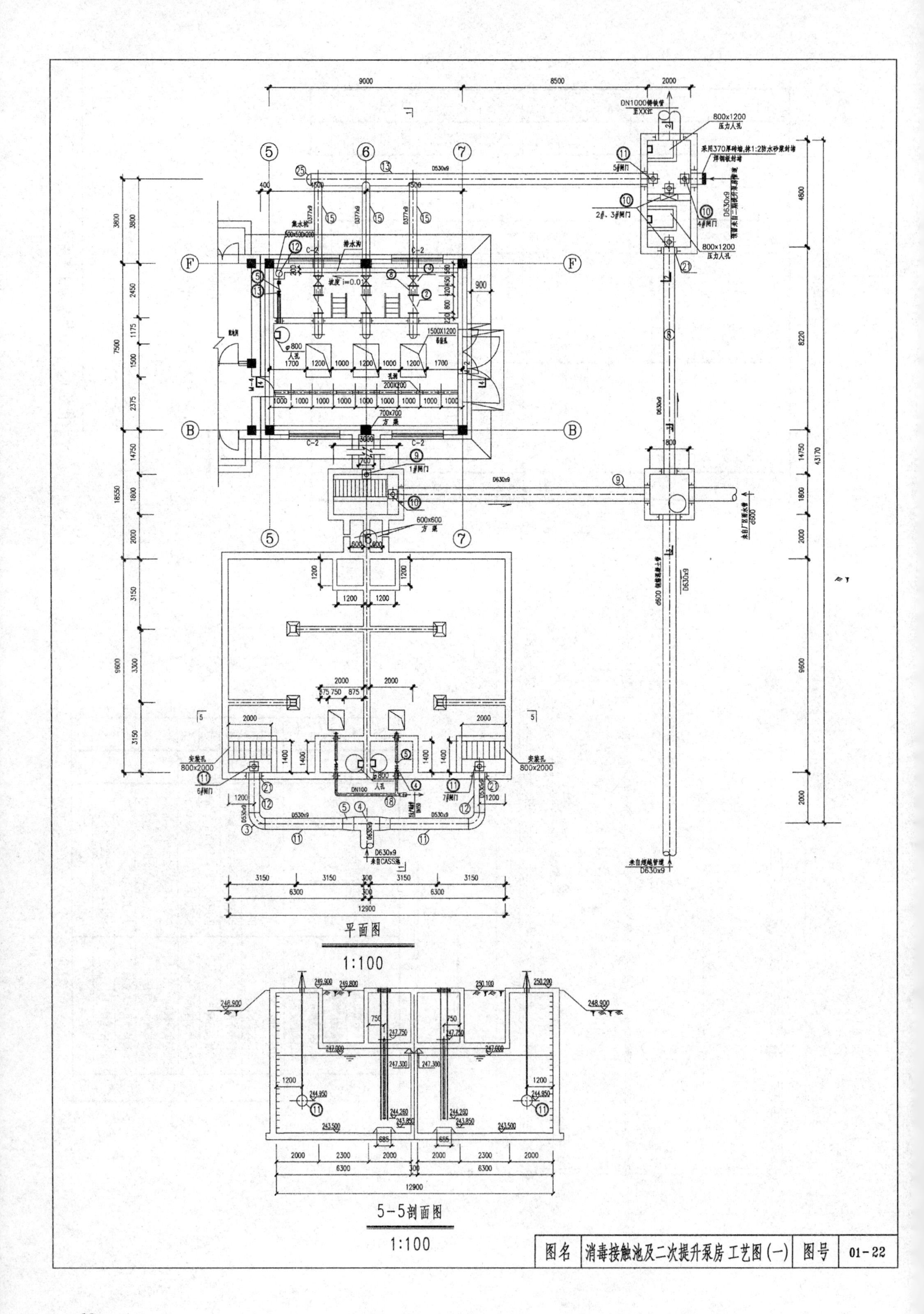
平面图
1:100
5-5剖面图
1:100
图名
消毒接触池及二次提升泵房 工艺图(一)
图号
01-22

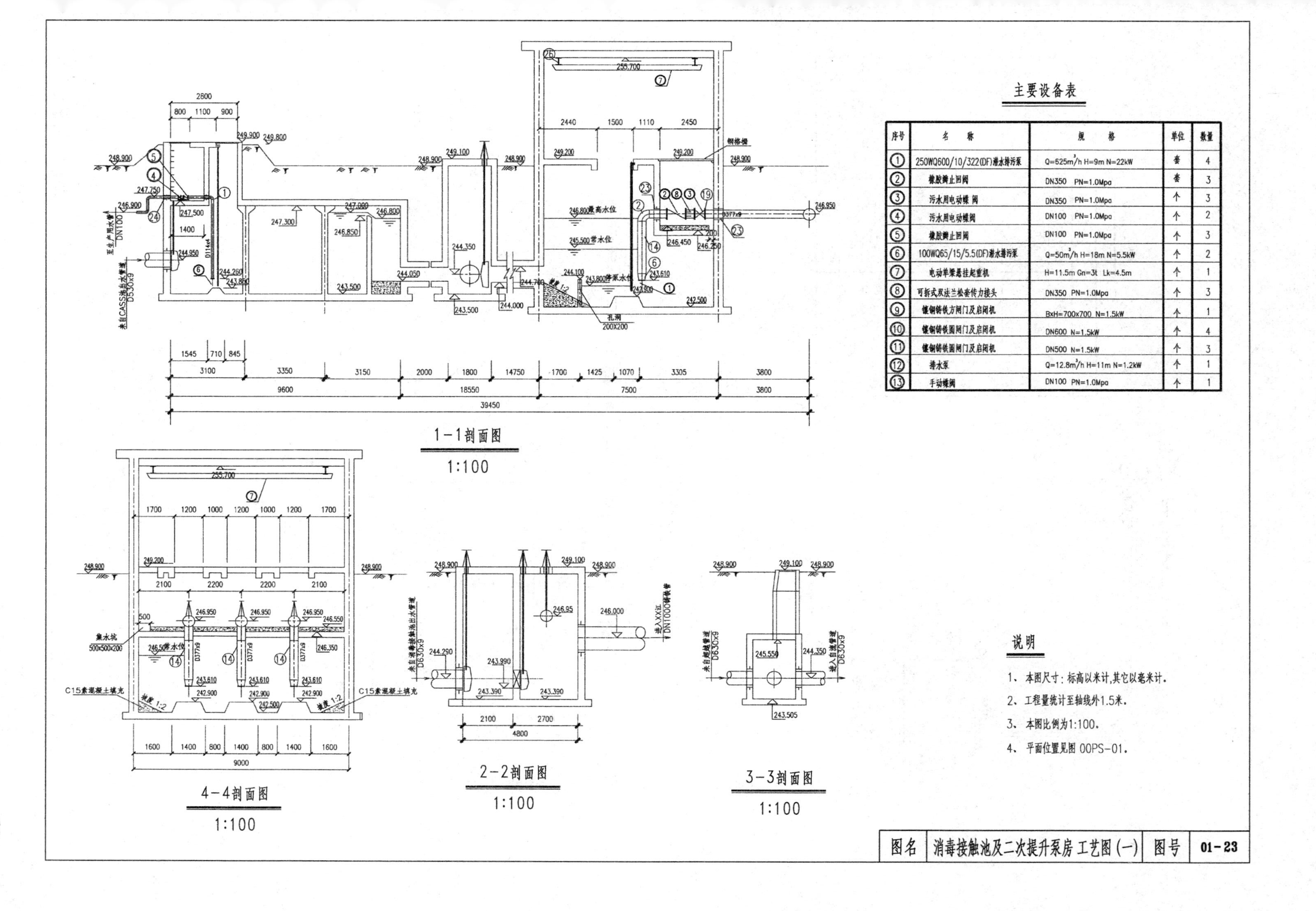

主要设备表

序号	名　称	规　格	单位	数量
①	250WQ600/10/322(DF)潜水排污泵	Q=625m³/h H=9m N=22kW	套	4
②	橡胶瓣止回阀	DN350　PN=1.0Mpa	套	3
③	污水用电动蝶阀	DN350　PN=1.0Mpa	个	3
④	污水用电动蝶阀	DN100　PN=1.0Mpa	个	2
⑤	橡胶瓣止回阀	DN100　PN=1.0Mpa	个	3
⑥	100WQ65/15/5.5(DF)潜水排污泵	Q=50m³/h H=18m N=5.5kW	个	2
⑦	电动单梁悬挂起重机	H=11.5m Gn=3t Lk=4.5m	个	1
⑧	可拆式双法兰松套传力接头	DN350 PN=1.0Mpa	个	3
⑨	镶铜铸铁方闸门及启闭机	BxH=700x700 N=1.5kW	个	1
⑩	镶铜铸铁圆闸门及启闭机	DN600 N=1.5kW	个	4
⑪	镶铜铸铁圆闸门及启闭机	DN500 N=1.5kW	个	3
⑫	排水泵	Q=12.8m³/h H=11m N=1.2kW	个	1
⑬	手动蝶阀	DN100 PN=1.0Mpa	个	1

说明

1、本图尺寸：标高以米计，其它以毫米计。
2、工程量统计至轴线外1.5米。
3、本图比例为1:100。
4、平面位置见图 00PS-01。

图名	消毒接触池及二次提升泵房 工艺图(一)	图号	01-23

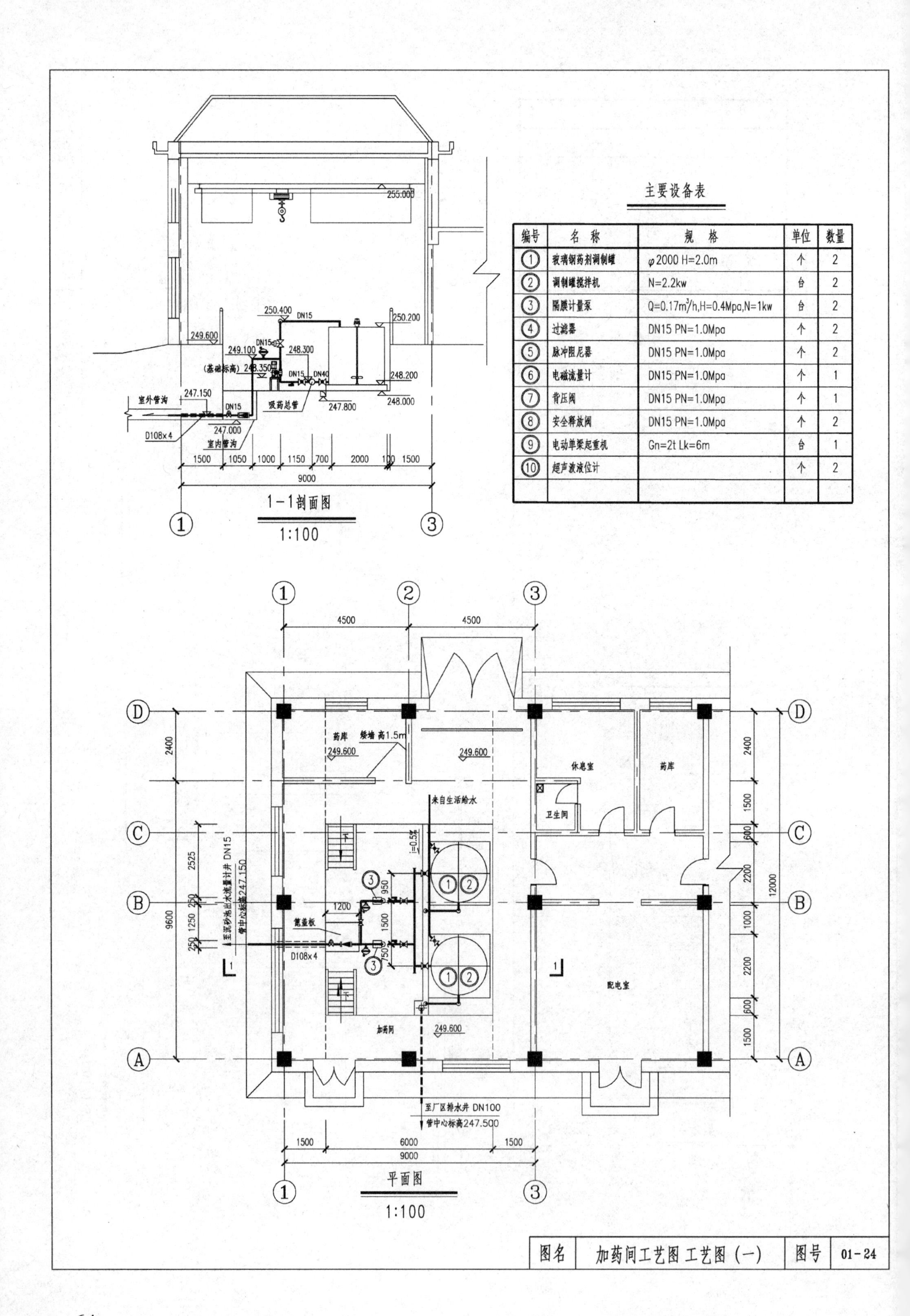

主要设备表

编号	名 称	规 格	单位	数量
①	玻璃钢药剂调制罐	φ2000 H=2.0m	个	2
②	调制罐搅拌机	N=2.2kw	台	2
③	隔膜计量泵	Q=0.17m³/h,H=0.4Mpa,N=1kw	台	2
④	过滤器	DN15 PN=1.0Mpa	个	2
⑤	脉冲阻尼器	DN15 PN=1.0Mpa	个	2
⑥	电磁流量计	DN15 PN=1.0Mpa	个	1
⑦	背压阀	DN15 PN=1.0Mpa	个	1
⑧	安全释放阀	DN15 PN=1.0Mpa	个	2
⑨	电动单梁起重机	Gn=2t Lk=6m	台	1
⑩	超声波液位计		个	2

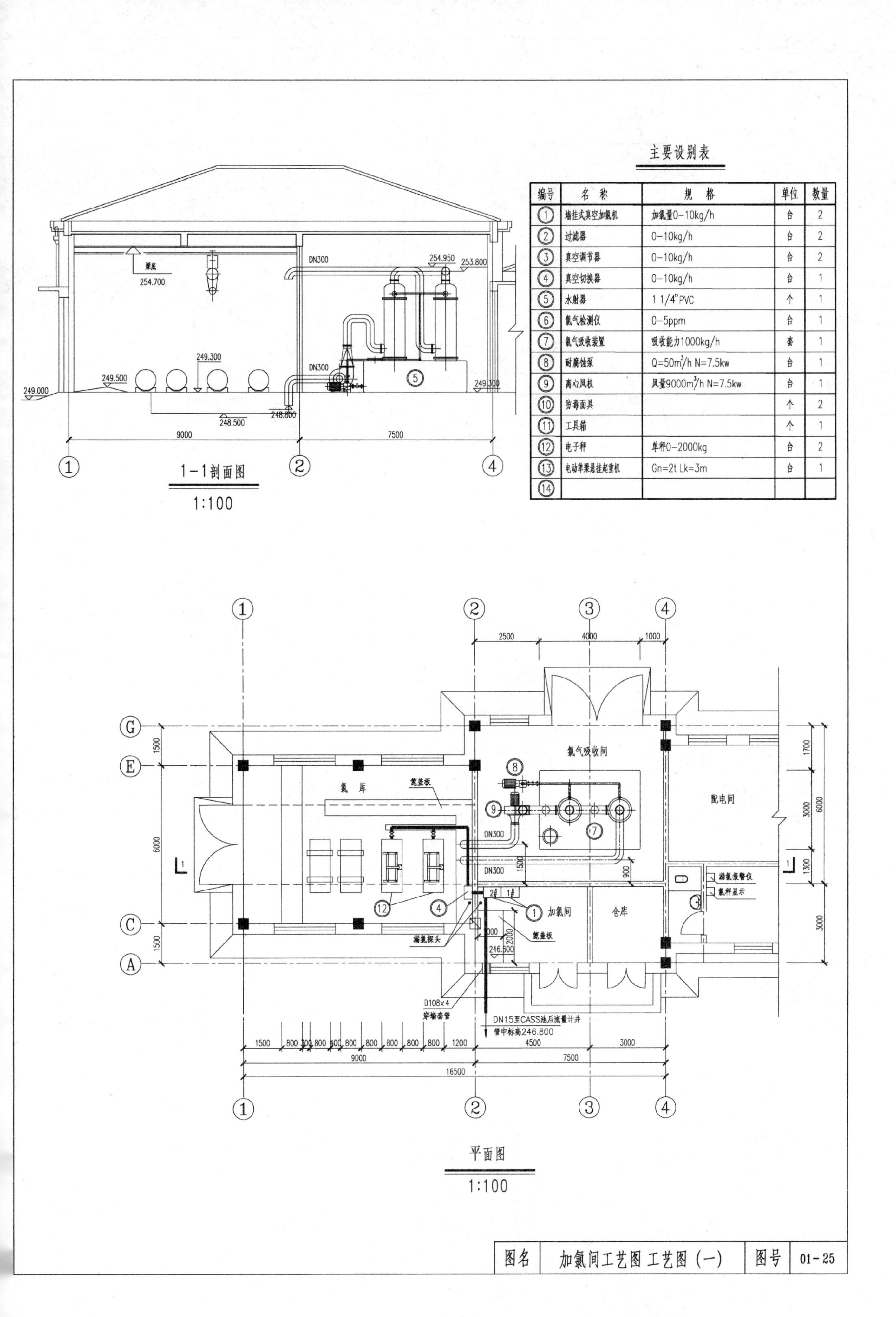

主要设别表

编号	名称	规格	单位	数量
1	墙挂式真空加氯机	加氯量0-10kg/h	台	2
2	过滤器	0-10kg/h	台	2
3	真空调节器	0-10kg/h	台	2
4	真空切换器	0-10kg/h	台	1
5	水射器	1 1/4" PVC	个	1
6	氯气检测仪	0-5ppm	台	1
7	氯气吸收装置	吸收能力1000kg/h	套	1
8	耐腐蚀泵	Q=50m³/h N=7.5kw	台	1
9	离心风机	风量9000m³/h N=7.5kw	台	1
10	防毒面具		个	2
11	工具箱		个	1
12	电子秤	单秤0-2000kg	台	2
13	电动单梁悬挂起重机	Gn=2t Lk=3m	台	1
14				

图名	加氯间工艺图 工艺图（一）	图号	01-25

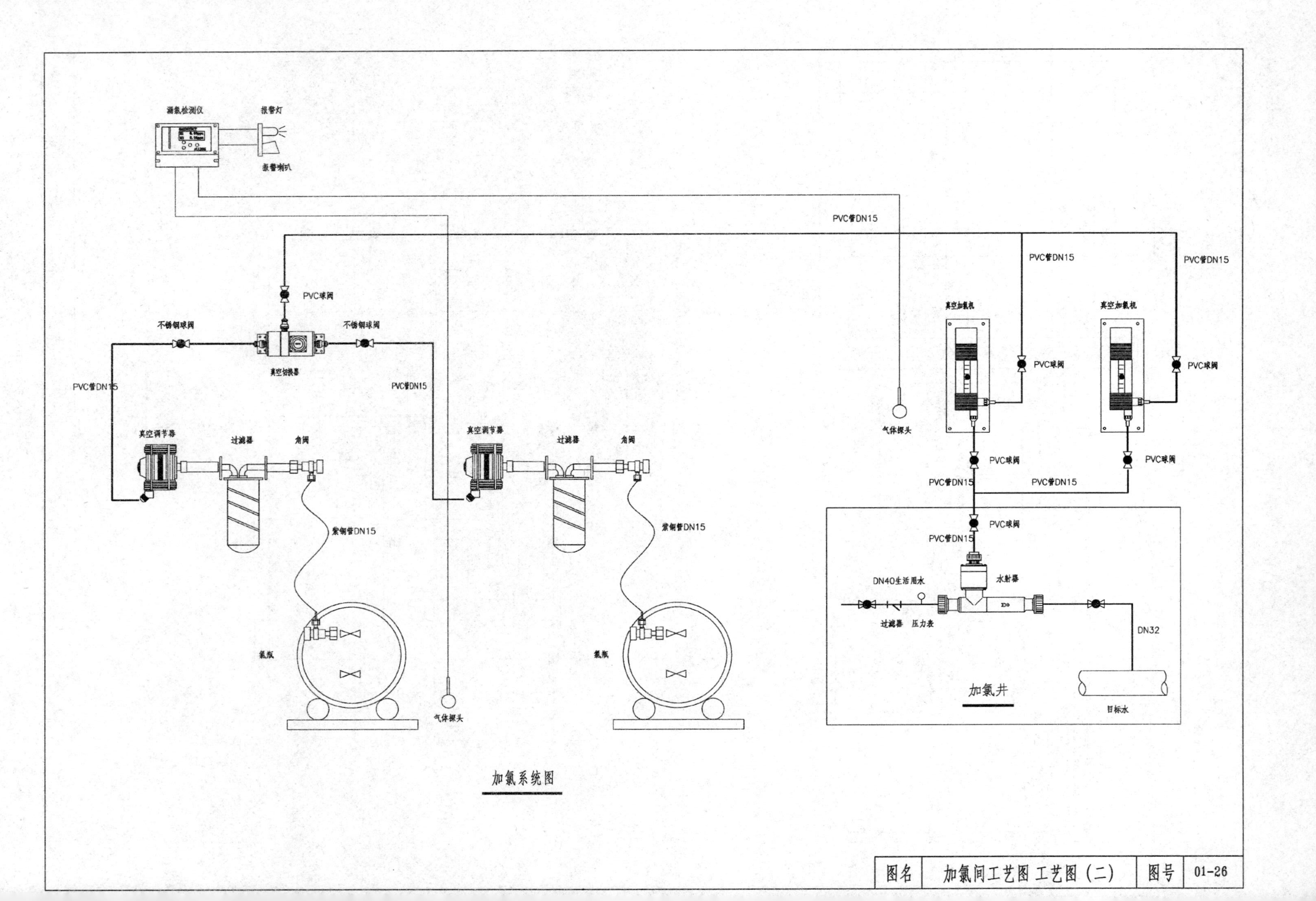
漏氯检测仪
报警灯
报警喇叭
PVC管DN15
PVC球阀
不锈钢球阀
真空切换器
真空调节器
过滤器
角阀
紫铜管DN15
氯瓶
气体探头
真空加氯机
水射器
DN40生活用水
压力表
DN32
目标水
加氯井
加氯系统图
图名
加氯间工艺图 工艺图（二）
图号
01-26

建筑设计总说明

分项		设计说明
概述	工程名称	XX市城市污水处理工程
	建设单位	XX市环境保护局
	建设位置	各建筑单体位置详见总平面布置图
设计依据	初步设计批复文件	
	工程设计合同书及建设单位提供的设计要求	
	城市规化部门的用地批准文件	
	国家及地方颁布的现行规范和标准	

分项	建筑名称	建筑面积 M²	层数	室内±0.000相当于测量标高值	生产类别	耐火等级	抗震烈度
工程概况	02 粗格栅间及 03 污水提升泵房	220.98	一层	249.90	戊类	二级	六度
	04 细格栅间	130.00	一层	249.90	戊类	二级	六度
	08 污水二次提升泵房	81.34	一层	249.20	戊类	二级	六度
	10 污泥浓缩脱水间及 11 加药间	592.11	一层	249.90	戊类	二级	六度
	12 加氯间	187.69	一层	249.30	戊类	二级	六度
	13 鼓风机房及 14 变电所	493.84	一层	249.50	戊类	二级	六度
	15 配电间	207.34	一层	249.90	戊类	二级	六度
	16 除臭间	177.45	一层	250.00	戊类	二级	六度
	17 办公楼	692.54	二层	259.80		二级	六度
	18 机修间及车库	236.24	一层	250.00		二级	六度
	19 锅炉房	174.29	一层	250.00	丁类	二级	六度
	22 门卫室	28.00	一层	249.50		二级	六度
	23 围墙 大门						

分项			地上部分	地下部分
建筑构造特征	墙体	外墙	MU10 陶粒混凝土空心砌块，MU10 陶粒混凝土空心砌块夹100mm 厚苯板Mb7.5混合砂浆砌筑（做法参见图集02J102-2）	在-0.060处设1:3防水砂浆20厚
		内墙	MU10陶粒混凝土砌块Mb7.5混合砂浆砌筑 厚度见单体	
		洞口部位	洞口加强详见结构图纸	
	屋面保温		屋面保温层采用聚苯乙烯板厚度见单体设计	
	屋面工程		轻钢屋架 彩钢板屋面材料选型，节点构造和施工安装均由生产厂家负责	
	防水工程		卫生间，地面防水采用高效有机硅防水剂比同层地面低20mm 以1%坡度坡向地漏	

分项			设计说明
建筑构造特征	门		外门彩板门。塑钢门材料选型，节点构造和施工安装均由生产厂家负责
	窗		塑钢窗材料选型，节点构造和施工安装均由生产厂家负责
	装饰		本工程室内装修做法仅用于一般标准，详见装修表
			本工程需做特殊室内装修部位均另行设计
	油漆工程		本工程全部明露钢梯，钢管栏杆均以防锈漆打底，刷深灰色 调合漆两道
			室内栏杆为钢管栏杆，及不锈钢栏杆，
			凡木门及吸音墙钻孔五夹板做刷油项目，一底两面三遍成活
		项目	木门及吸音墙钻孔五夹板
		油漆品种	聚氨酯漆
		颜色	本色
	设备		卫生器具均为成品，型号由甲方自定
其他	1		构造柱位置详见结构图，墙体，楼板等予留洞施工时应与相关专业配合
	2		凡本设计中未加注明处均遵照国家有关规范，规定施工，
	3		本工程所用灭火器均为干粉（磷酸铵盐　）手提式灭火器，详见个体设计。
注：机修间及车库　锅炉房　门卫室详见个体建筑设计说明。			

另：室外工程（散水　台阶　坡道）做法参见图集龙02J2001

材料做法表

部位 \ 编号 做法	1
墙裙	砖墙彩色釉面砖墙裙 1.白水泥浆擦缝 2.贴5厚釉面砖 3.5厚1:1水泥砂浆（内掺水重5%的107胶）结合层 4.15厚1:3水泥砂浆打底扫毛或划出纹道 H=1500

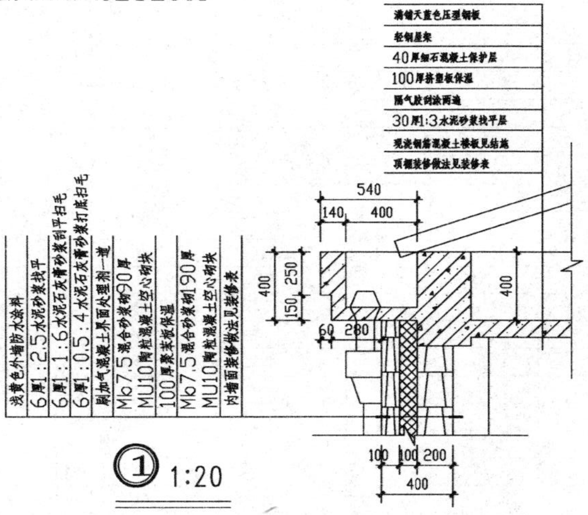

满铺天蓝色压型钢板
轻钢屋架
40厚细石混凝土保护层
100厚苯板保温
隔气层刷涂两道
30厚1:3水泥砂浆找平层
现浇钢筋混凝土楼板见结施
顶棚装修做法见装修表

浅黄色外墙防水涂料
6厚1:2.5水泥砂浆找平
6厚1:1:6水泥石灰膏砂浆刮平扫毛
6厚1:0.5:4水泥石灰膏砂浆打底扫毛
刷加气混凝土界面处理剂一道
Mb7.5混合砂浆砌90厚
MU10陶粒混凝土空心砌块
100厚聚苯板保温
Mb7.5混合砂浆砌190厚
MU10陶粒混凝土空心砌块
内墙面装修做法见装修表

540　140　400　400　250　150　60　280　400　100　100　200　400

① 1:20

图名	建筑设计总说明（一）	图号	02-01

材料做法表

部位＼做法＼编号	1	2	3	4	5	6
地 面	河卵石或碎石地面	水泥砂浆地面	防滑地砖地面	细石混凝土地面	磨光花岗岩地面	抗静电地板 复合地板地面(6*)
	1. 250 厚河卵石或碎石 2. 变压器周围 沿墙600范围 1:2水泥砂浆抹面	1. 20厚1:2水泥砂浆面层,压实赶光 2. 刷素水泥浆结合层一道 3. 100厚C15混凝土 4. 100厚碎石灌M2.5混合砂浆垫层 5. 素土夯实	1. 10厚1:1水泥细砂浆贴地面砖,素水泥浆擦缝 2. 20厚1:4干硬性水泥砂浆结合层 3. 刷素水泥浆一道 4. 60厚C15混凝土 5. 100厚碎石灌M2.5混合砂浆垫层 6. 素土夯实	1. C20细石混凝土随打随抹光30厚 2. C10混凝土垫层100厚 3. 碎(卵)石灌M2.5混合砂浆100厚 4. 素土夯实	1. 10厚1:1水泥细砂浆,铺20厚磨光花岗岩石板,素水泥浆擦缝,擦草酸,打腊 2. 20厚1:3水泥细砂浆找平层 3. 80厚C15混凝土垫层 4. 素土夯实	1. 成品抗静电地板(高300)或成品复合地板 2. 20厚1:2水泥砂浆面层,压实赶光 3. 150厚C15混凝土垫层 4. 80厚碎石灌M2.5 水泥砂浆 5. 素土夯实
楼 面 (现浇楼板取消垫层)	磨光花岗岩楼面	防滑地砖楼面	复合地板楼面	水泥砂浆楼面	抗静电地板	水磨石楼面
	1. 10厚1:1水泥细砂浆贴20厚花岗岩石板, 素水泥浆擦缝 擦草酸,打腊 2. 20厚1:3水泥细砂浆找平层 3. 楼板结构层	1. 10厚1:1水泥细砂浆贴地面砖,素水泥浆擦缝 2. 20厚1:4干硬性水泥砂浆结合层,刷素水泥浆一道 3. 40厚C20(200#)细石混凝土垫层 4. 楼板结构层	1. 成品复合地板 2. 40厚C20(200#)细石混凝土,压实赶光 3. 楼板结构层	1. 20厚1:2水泥砂浆面层,压实赶光 刷素水泥浆一道 2. 50厚C7.5(75#)炉渣混凝土垫层 3. 楼板结构层	1. 成品抗静电地板(高300) 2. 40厚C20200#)细石混凝土,压实赶光 3. 楼板结构层	1. 25厚白水泥色石子水磨石二遍成活,擦草酸,打腊 2. 20厚1:3水泥细砂浆找平层 3. 40厚C20细石混凝土垫层 4. 楼板结构层
内墙面	混凝土墙抹灰	砖墙抹灰	陶粒砌块墙釉面砖	吸音板墙面	砖墙勾逢	陶粒砌块墙
	1. 满刮大白腻子三遍(包括找腻子砂纸打磨)普通大白浆 2. 5厚1:2.5水泥砂浆 抹面压光 3. 13厚1:3水泥砂浆打底 扫毛或划出纹道 4. 刷素水泥浆一道(内掺水重3-5% 的107胶)	1. 满刮大白腻子三遍(包括找腻子砂纸打磨)普通大白浆 2. 5厚1:2.5水泥砂浆 抹面压光 3. 13厚1:3水泥砂浆打底 扫毛或划出纹道	1. 白水泥浆擦缝 2. 贴5厚釉面砖 3. 8厚1:1水泥砂浆(内掺水重5% 的107胶)结合层 4. 8厚1:0.5:4水泥石灰膏砂浆打底扫毛或划出纹道 5. 刷加气混凝土界面处理剂一道	1. 钻孔五夹板(穿孔率小于20%) 2. 超细玻璃板毡或岩棉板 3. 木龙骨40X50双向中距450 4. 干铺油毡一层 5. 刷热沥青一道 6. 墙内钻孔胶粘固定Ø35长60圆木塞(沿龙骨长度每250一个)	1. 原浆勾逢或1:2水泥砂浆勾逢	1. 刷(喷)内墙涂料 2. 2厚纸筋(麻刀)灰抹面 3. 9厚1:3石灰膏砂浆 4. 5厚1:3:9水泥石膏砂浆打底划出纹理 5. 刷加气混凝土界面处理剂一道 6. 砌块面挂钢丝网ø1.6 网孔X50 7. 射钉YD62S8(ø37X长62)@500 @500呈梅花错位排列(射钉射入墙体深度30mm-50mm)
踢脚线	水泥砂浆踢脚	磨光花岗岩板踢脚	塑料踢脚	地砖踢脚	复合地板踢脚	
	1. 8厚1:2.5水泥砂浆罩面面压实赶光 2. 12厚1:3水泥砂浆打底 扫毛或划出纹道 H=150	1. 稀水泥浆擦缝 2. 20厚磨光花岗岩石板 3. 20厚1:2水泥砂浆灌缝 H=150	1. 聚氯乙稀塑料面层,乳胶或粘 2. 结剂粘牢5厚 3. 1:2.5水泥砂浆20厚 H=150	1. 地砖踢脚8-10厚 2. 1:2.5水泥砂浆12-14厚 H=150	1. 成品与复合地板配套面层 2. 1:2.5水泥砂浆20厚 H=150	
顶 棚	现制混凝土板底抹灰顶棚	予制钢筋混凝土板抹灰顶棚	轻钢龙骨吊顶顶棚	予制混凝土板勾缝顶棚	塑料扣板顶棚	吸音板顶棚
	1. 喷顶棚涂料大白浆 2. 5厚1:2.5水泥砂浆罩面 3. 5厚1:3水泥砂浆打底 4. 板底刷素水泥浆一道(内掺建筑胶) 5. 现浇混凝土板	1. 喷顶棚涂料大白浆 2. 5厚1:2.5水泥砂浆罩面 3. 5厚1:3水泥砂浆打底 4 板底刷素水泥浆一道(内掺建筑胶) 5. 予制钢筋混凝土板底用水加10%火碱清洗油腻	龙J510 / A-2 (12) 500x500x12 装饰石膏板板	1. 喷顶棚涂料大白浆 2. 板底1:0.3:3水泥石灰石灰砂浆填缝刮平	浅天兰色塑料扣板 吊顶底标高见单体设计	LJ2001 / 棚17 ① (66)
窗 台	花岗岩窗台板	窗台板尺寸参见J136 (7)(8)				
外墙装修	所有建筑物外墙饰面详见单体设计,室外台阶面层均为剁斧石,					

室内装修表

建筑物名称	房间名称	地面	楼面	内墙面	踢脚线	墙裙	顶棚	窗台板
02 粗格栅间及	粗格栅间	2		6	1		1	
03 污水提升泵房	污水提升泵房	2		6	1		1	
04 细格栅间	细格栅间	2		6	1		1	
08 污水二次提升泵房	泵房	2		6	1		1	
10 污泥浓缩脱水间及 11 加药间	休息室	3		6	4		1	
	走廊	3		6	4		1	
	配电间	2		6	4		1	
	休息室	3		6	4		1	
	泥饼间	2		6		1	1	
	卫生间	3		3			5	
	其 他	2		6	1		1	
12 加氯间	配电间	2		6	4		1	
	休息室	3		6	4		1	
	走廊	3		6	4		1	
	卫生间	3		3			5	
	其 它	2		6	1		1	
13 鼓风机房及 14 变电所	鼓风机房,进风室	2		4	1		6	
	电控制,控制室	6		6	3		3	
	高低压配电室	2		6	1		1	
	卫生间	3		3			5	
	其它	3		6	4		1	
15 配电间	低压配电间	2		6	1		1	
	控制室	6		6	3		3	
	卫生间	3		3			5	
	其 它	3		6	4		1	
16 除臭间	除臭间	2		2	1		1	
17 办公楼	餐厅	3		6	4		3	
	厨房	3		3			5	
	卫生间	3		3			5	
	化验室	3		3			5	
	仓库	4		6	1		1	
	走廊及楼梯间	3	2	6	4		1	
	办公室及活动室		3	6	4		1	
	中控室		5	6	3		3	
18 机修间及车库	机修间及车库	4		2	1		1	
19 锅炉房	卫生间	3		3			5	
	值班室	3		2	4		1	
	其他	4		2	1		1	
22 门卫	值班室	3		2	4		1	

图名	建筑设计总说明(二)	图号	02-02

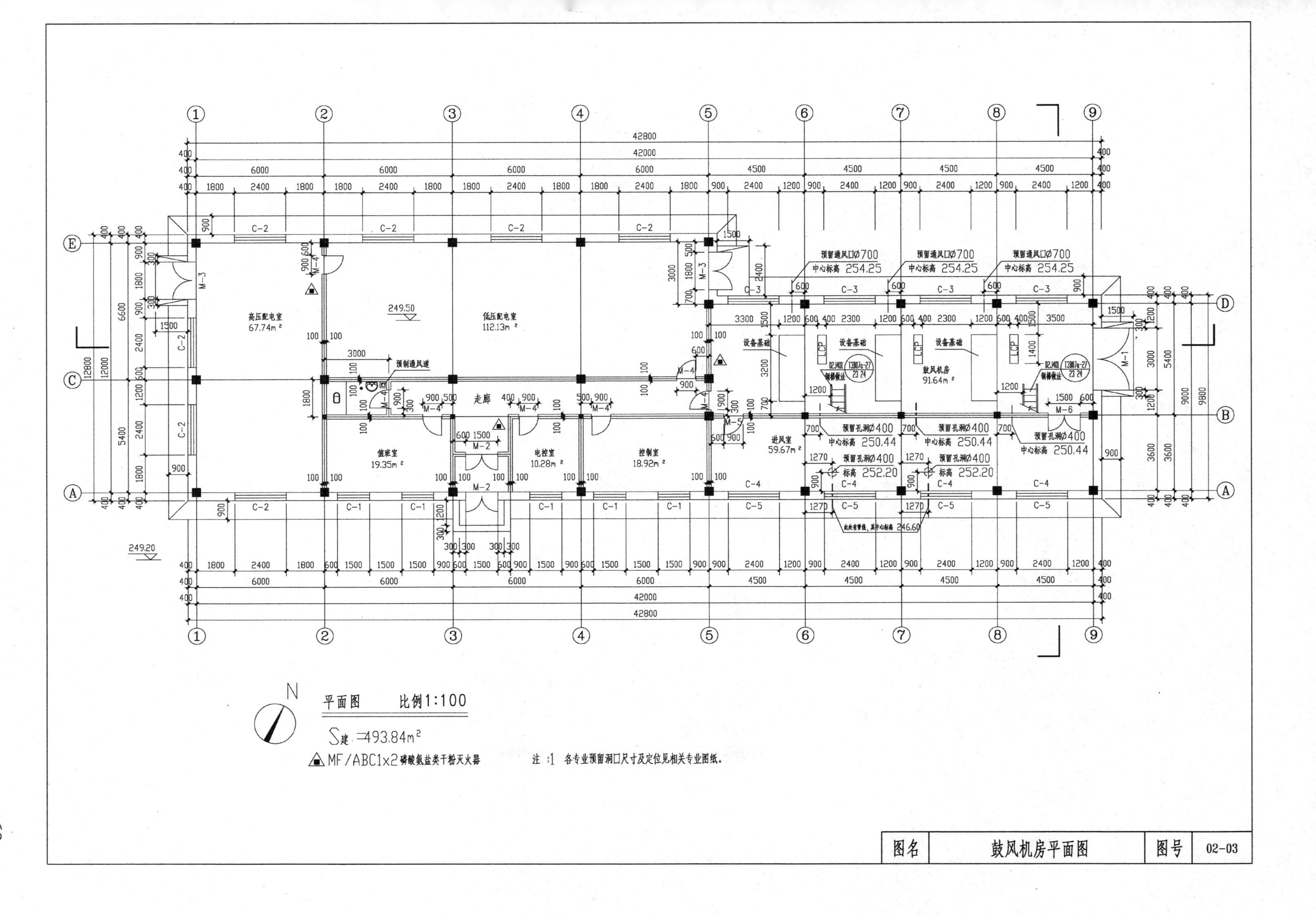

高压配电室 67.74m²
低压配电室 112.13m²
值班室 19.35m²
电控室 10.28m²
控制室 18.92m²
走廊
进风室 59.67m²
鼓风机房 91.64m²
设备基础
预制通风道
预留通风口Ø700 中心标高 254.25
预留孔洞Ø400 中心标高 250.44
预留孔洞Ø400 标高 252.20
平面图 比例1:100
S建 =493.84m²
MF/ABC1x2磷酸氨盐类干粉灭火器
注:1 各专业预留洞口尺寸及定位见相关专业图纸。
图名
鼓风机房平面图
图号
02-03

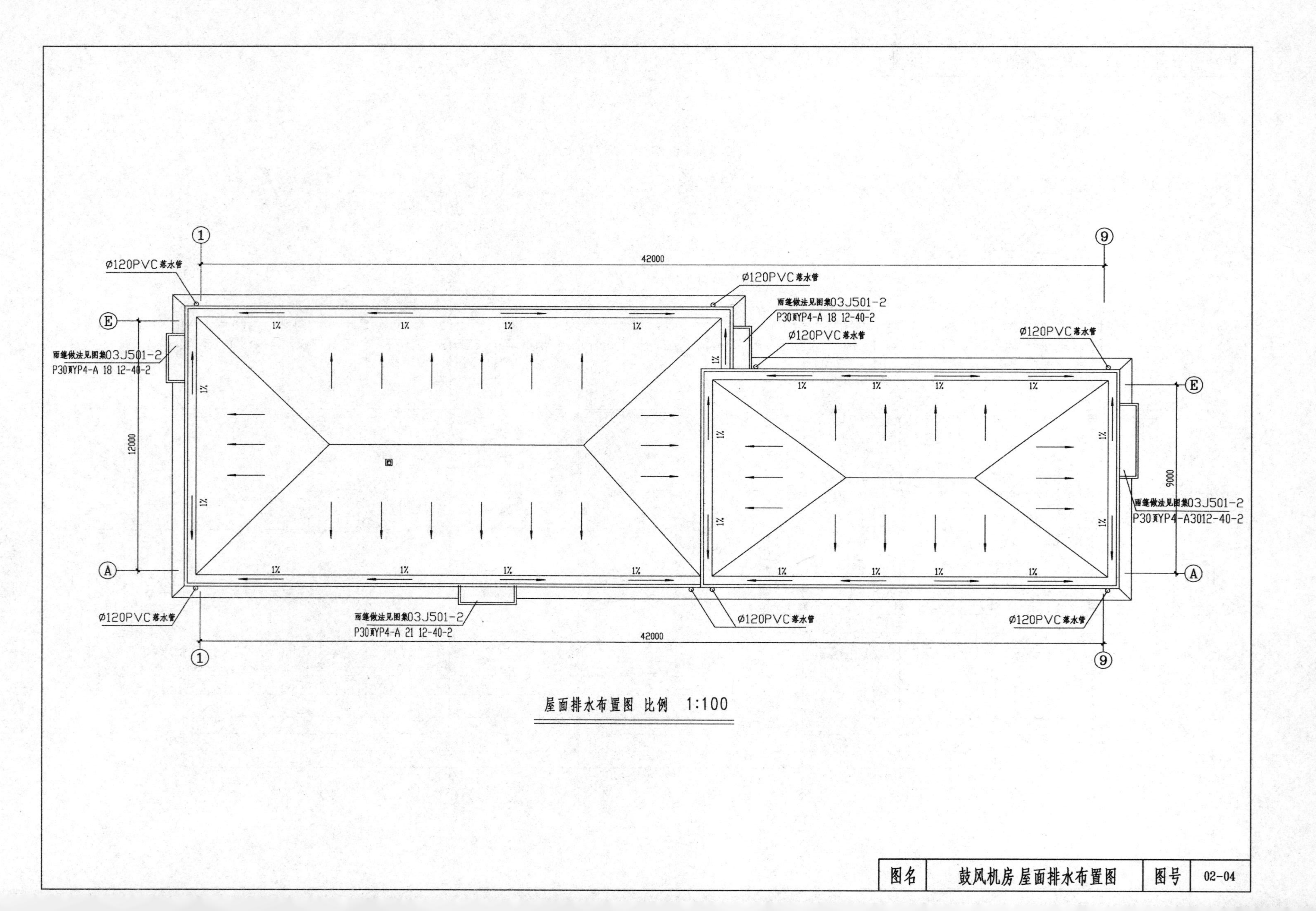
①
⑨
42000
12000
9000
Ⓔ
Ⓐ
Ø120PVC落水管
雨篷做法见图集03J501-2
P30页YP4-A 18 12-40-2
雨篷做法见图集03J501-2
P30页YP4-A 21 12-40-2
雨篷做法见图集03J501-2
P30页YP4-A3012-40-2
1%
屋面排水布置图 比例 1:100
图名
鼓风机房屋面排水布置图
图号
02-04

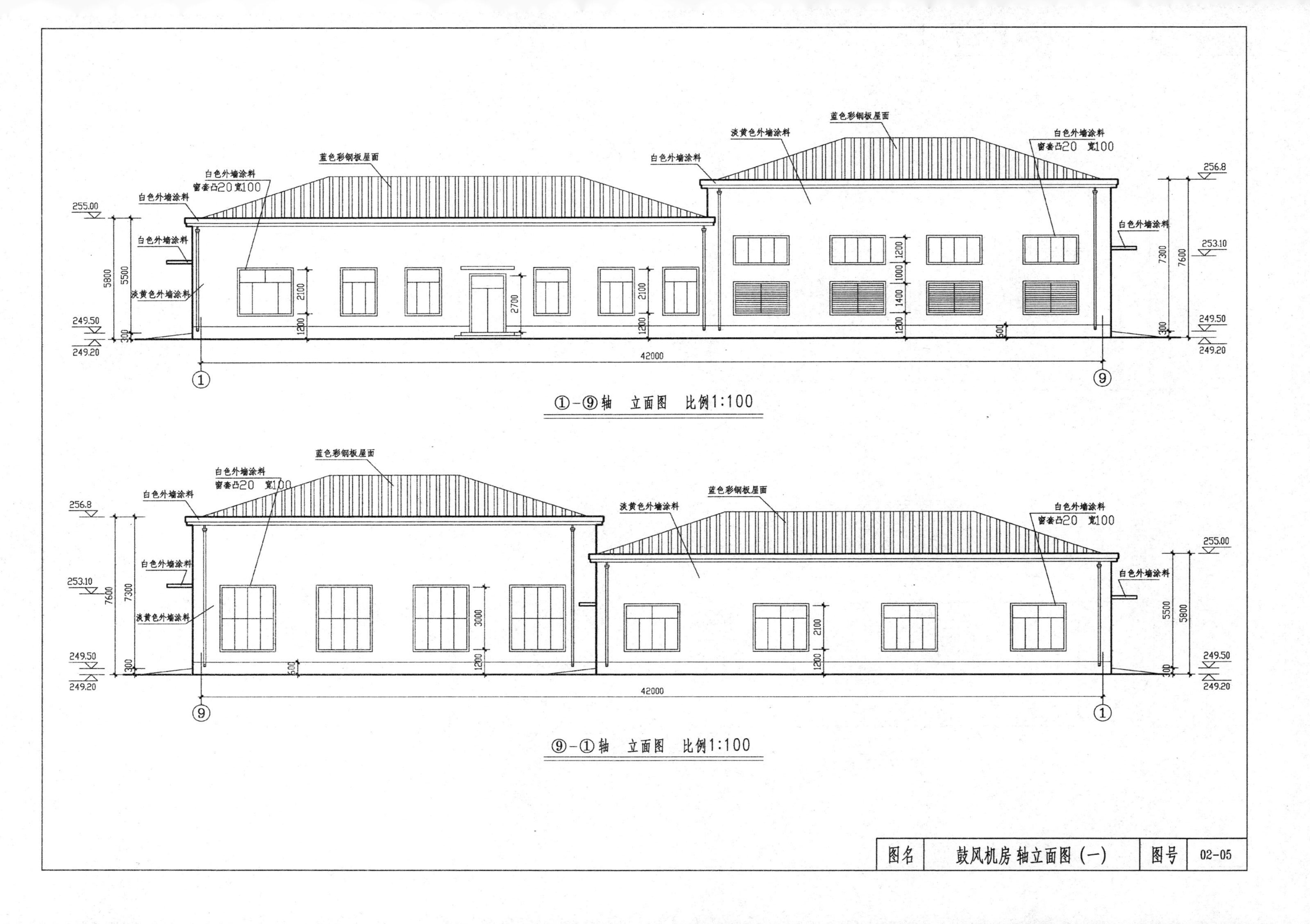

图名	鼓风机房 轴立面图（一）	图号	02-05

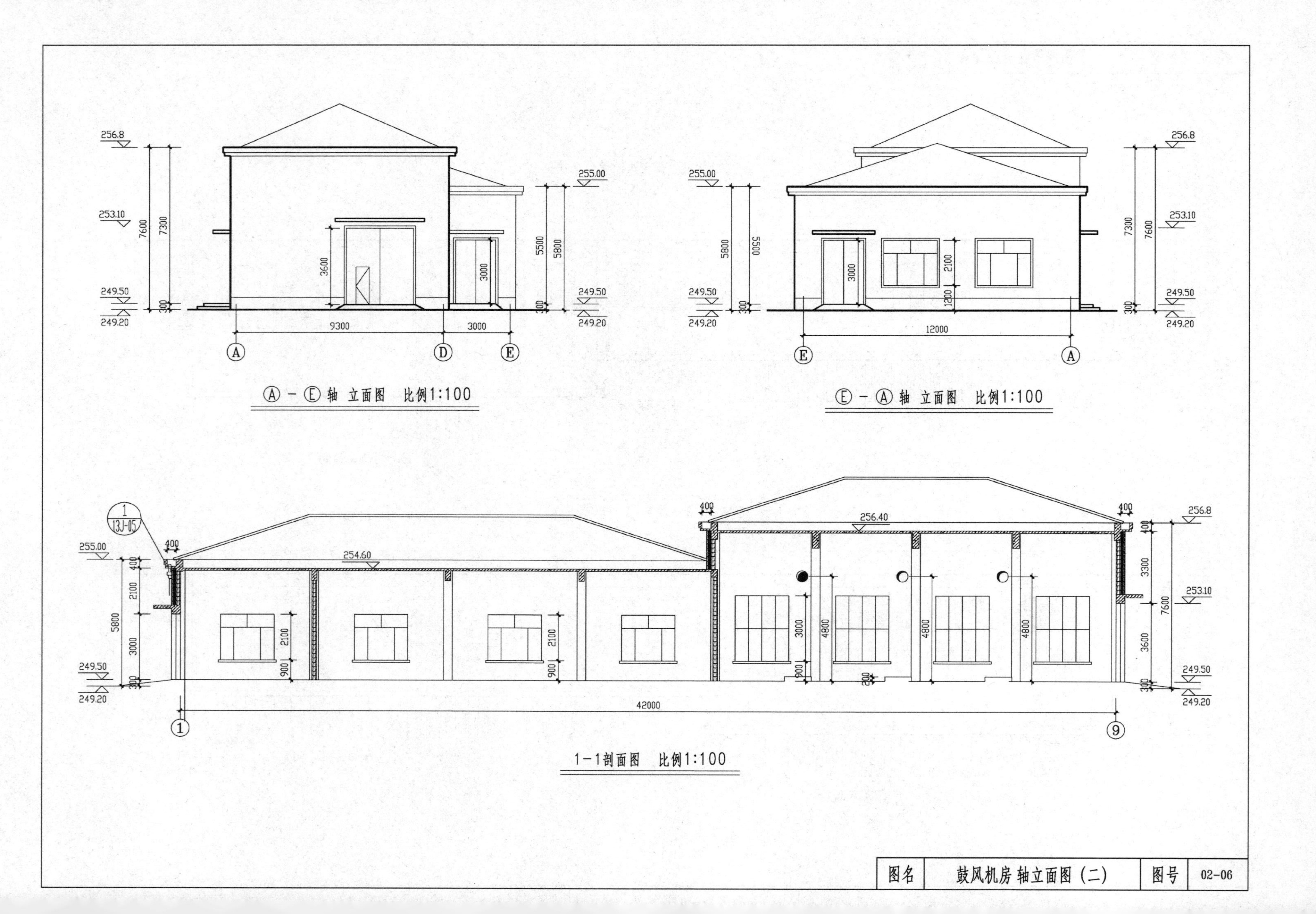
Ⓐ－Ⓔ轴 立面图 比例1:100
Ⓔ－Ⓐ轴 立面图 比例1:100
1－1剖面图 比例1:100
图名
鼓风机房 轴立面图（二）
图号
02-06

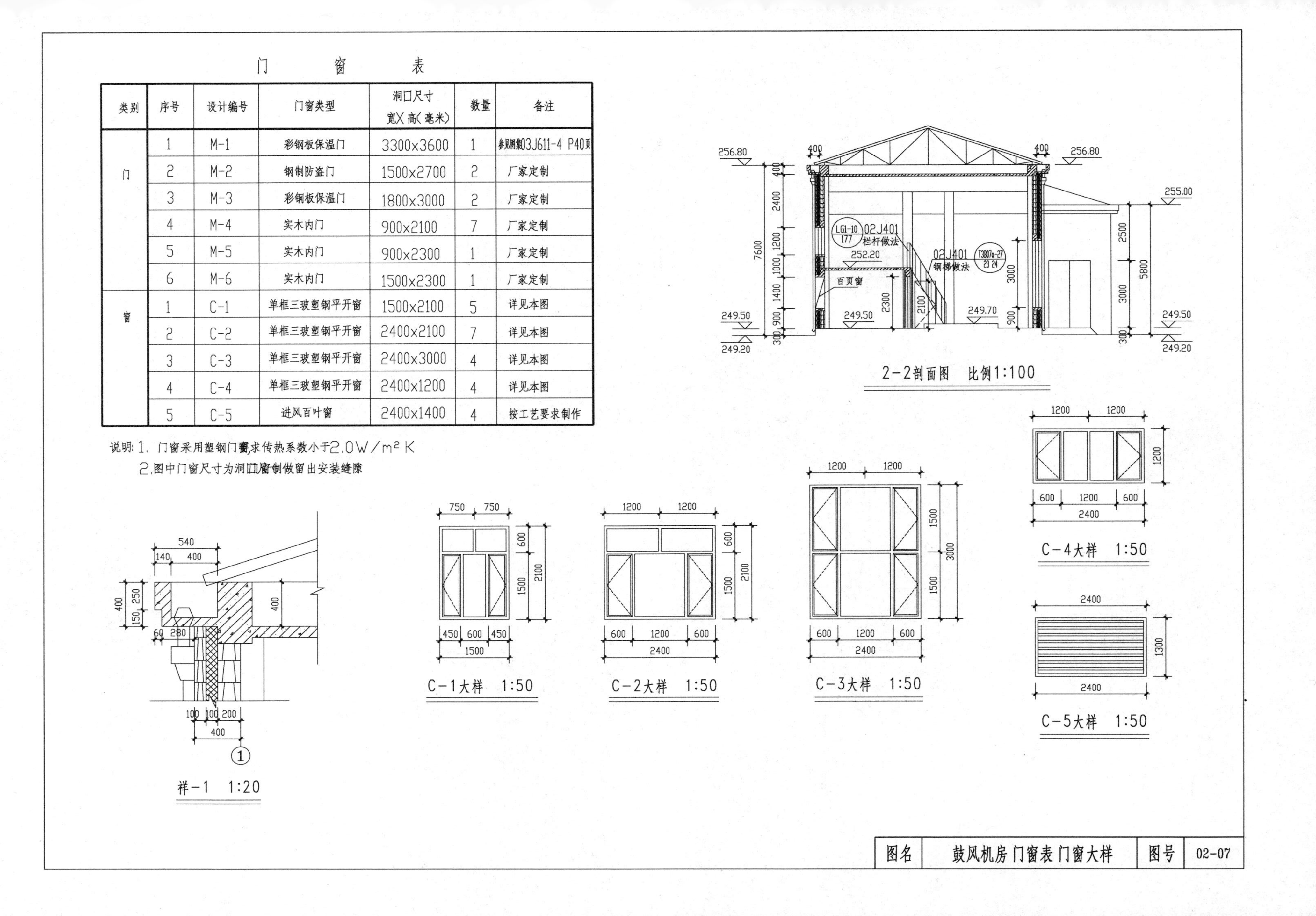

门　　窗　　表

类别	序号	设计编号	门窗类型	洞口尺寸 宽X高(毫米)	数量	备注
门	1	M-1	彩钢板保温门	3300x3600	1	参见图集03J611-4 P40页
	2	M-2	钢制防盗门	1500x2700	2	厂家定制
	3	M-3	彩钢板保温门	1800x3000	2	厂家定制
	4	M-4	实木内门	900x2100	7	厂家定制
	5	M-5	实木内门	900x2300	1	厂家定制
	6	M-6	实木内门	1500x2300	1	厂家定制
窗	1	C-1	单框三玻塑钢平开窗	1500x2100	5	详见本图
	2	C-2	单框三玻塑钢平开窗	2400x2100	7	详见本图
	3	C-3	单框三玻塑钢平开窗	2400x3000	4	详见本图
	4	C-4	单框三玻塑钢平开窗	2400x1200	4	详见本图
	5	C-5	进风百叶窗	2400x1400	4	按工艺要求制作

说明: 1. 门窗采用塑钢门窗,要求传热系数小于$2.0W/m^2K$

2. 图中门窗尺寸为洞口尺寸,制作时留出安装缝隙

2-2剖面图　比例1:100

祥-1　1:20

C-1大样　1:50

C-2大样　1:50

C-3大样　1:50

C-4大样　1:50

C-5大样　1:50

图名	鼓风机房门窗表门窗大样	图号	02-07

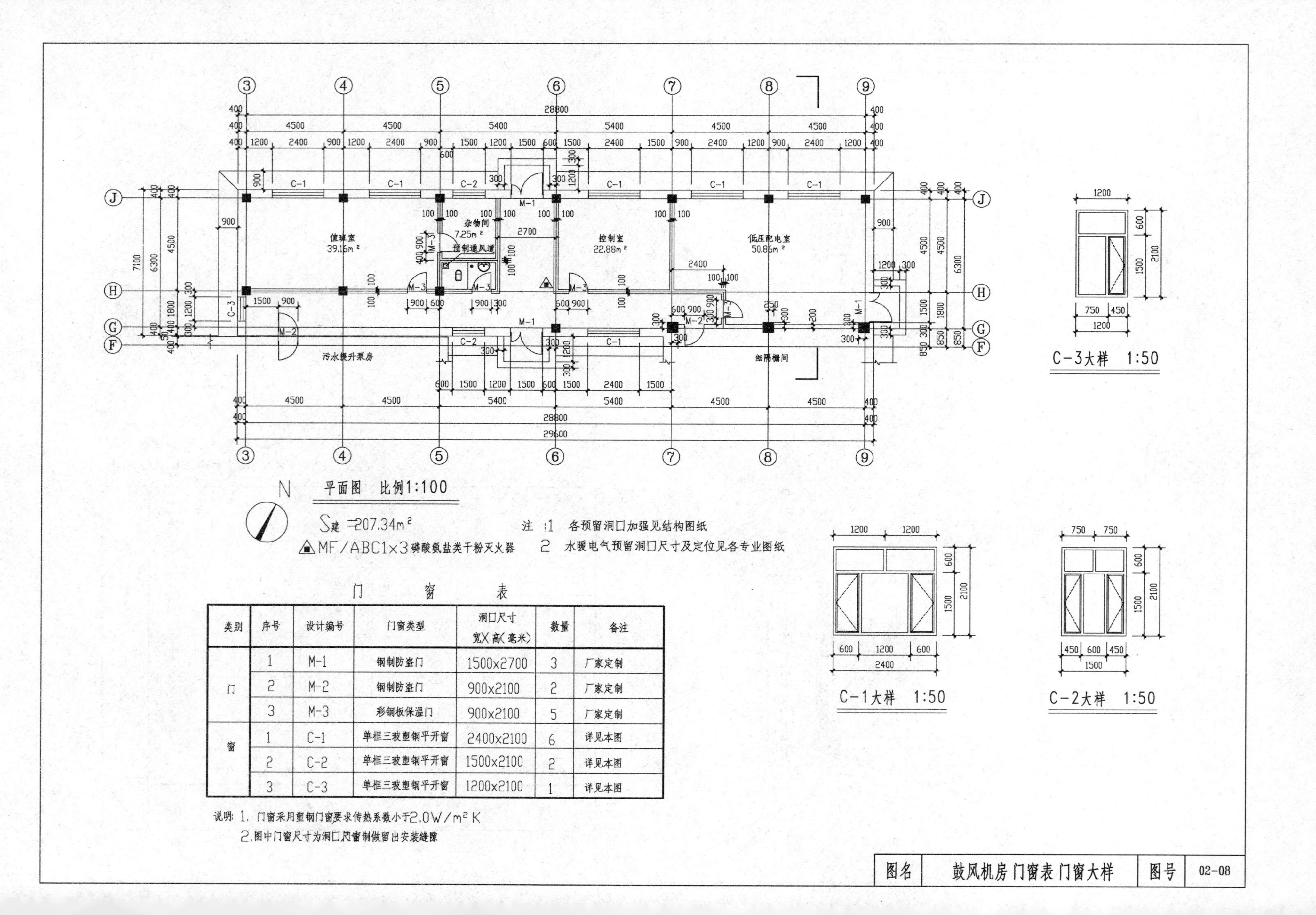

平面图 比例1:100

$S_{建}$ =207.34m²

MF/ABC1×3磷酸氨盐类干粉灭火器

注：1 各预留洞口加强见结构图纸

2 水暖电气预留洞口尺寸及定位见各专业图纸

门 窗 表

类别	序号	设计编号	门窗类型	洞口尺寸 宽X高(毫米)	数量	备注
门	1	M-1	钢制防盗门	1500x2700	3	厂家定制
	2	M-2	钢制防盗门	900x2100	2	厂家定制
	3	M-3	彩钢板保温门	900x2100	5	厂家定制
窗	1	C-1	单框三玻塑钢平开窗	2400x2100	6	详见本图
	2	C-2	单框三玻塑钢平开窗	1500x2100	2	详见本图
	3	C-3	单框三玻塑钢平开窗	1200x2100	1	详见本图

说明：1. 门窗采用塑钢门窗要求传热系数小于2.0W/m²K

2.图中门窗尺寸为洞口尺寸，窗制做留出安装缝隙

图名	鼓风机房门窗表门窗大样	图号	02-08

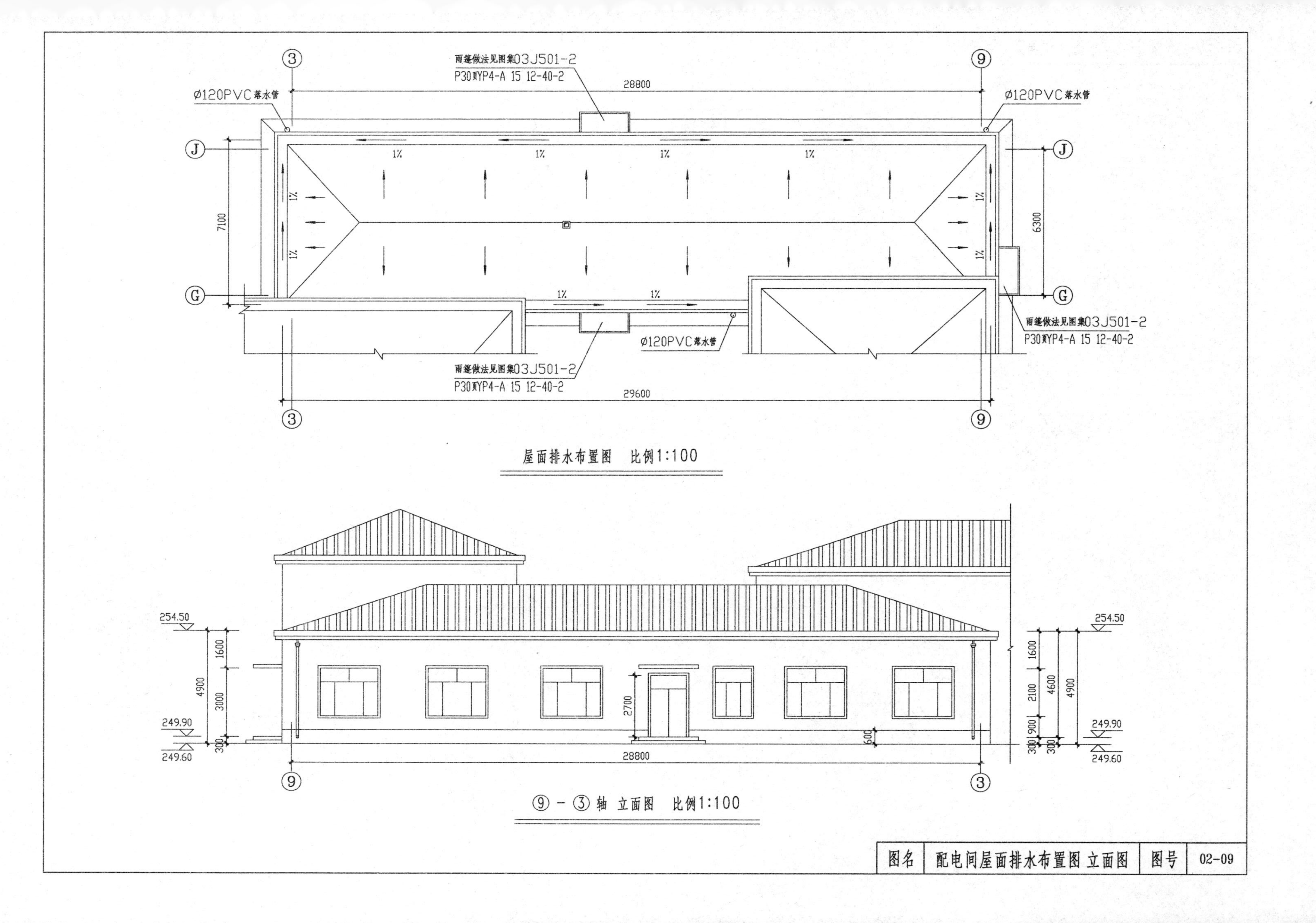

屋面排水布置图　比例1:100

⑨ - ③ 轴　立面图　比例1:100

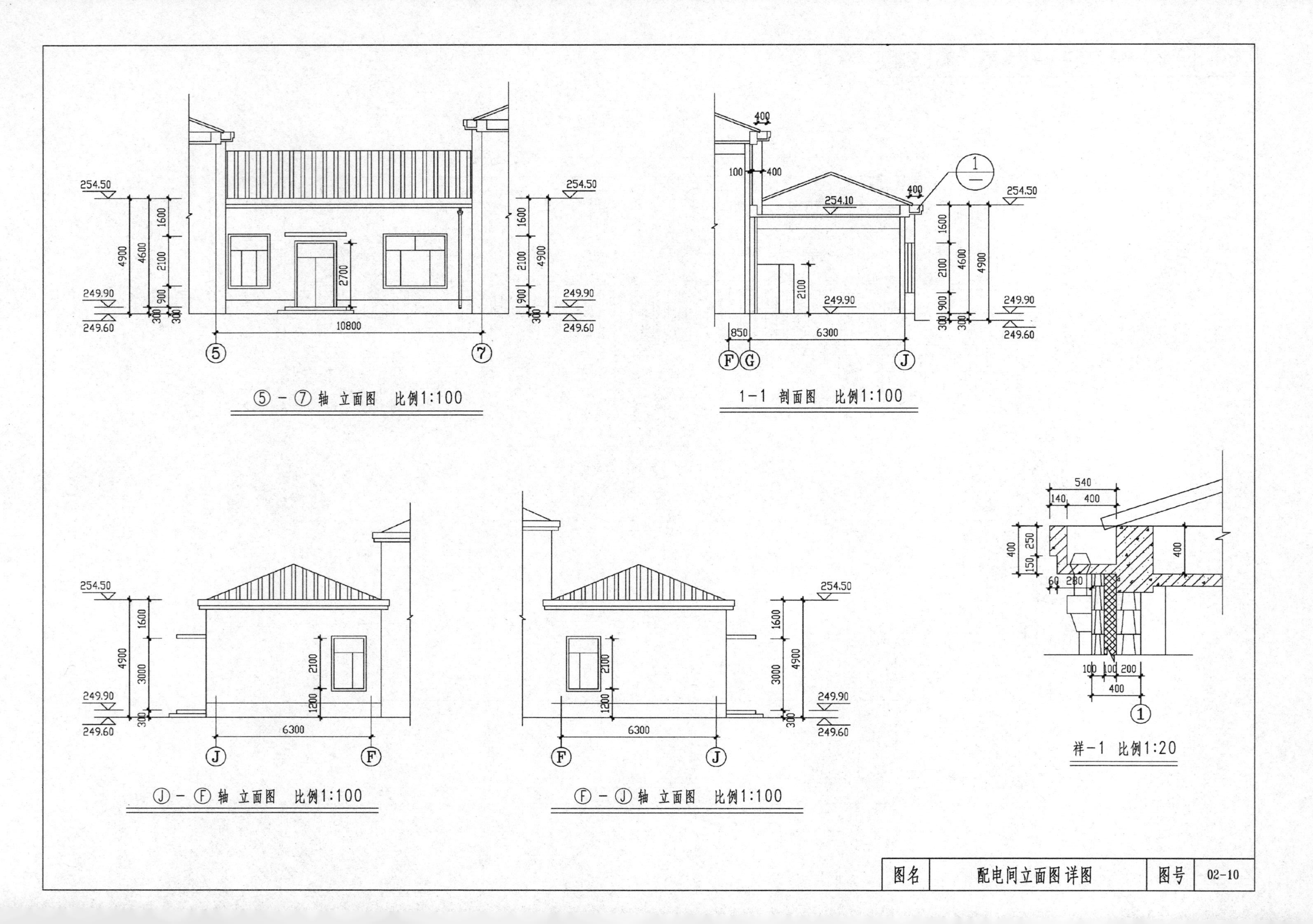

⑤-⑦轴 立面图 比例1:100
1-1 剖面图 比例1:100
Ⓙ-Ⓕ轴 立面图 比例1:100
Ⓕ-Ⓙ轴 立面图 比例1:100
详-1 比例1:20
图名
配电间立面图详图
图号
02-10

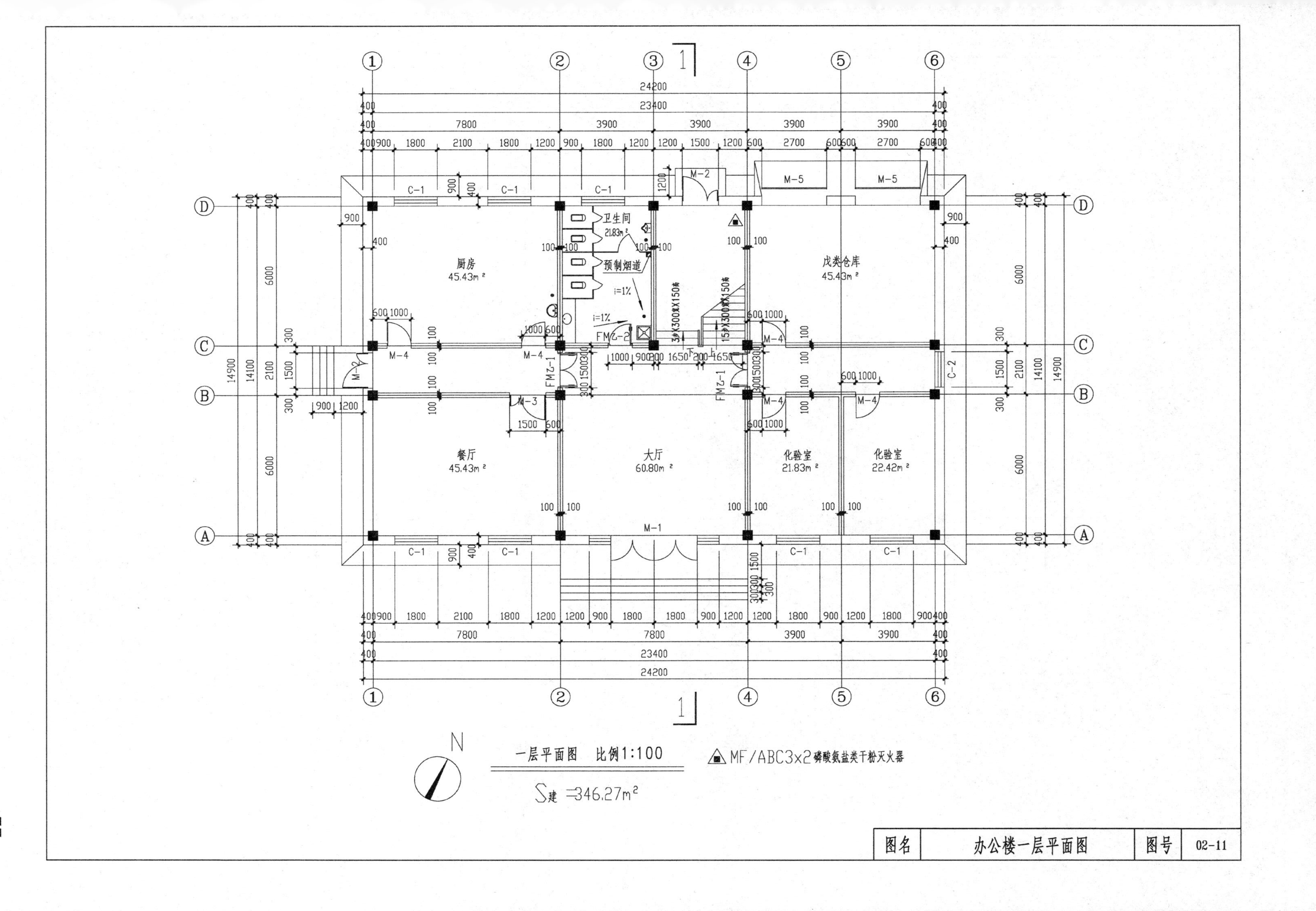
卫生间
21.83m²
预制烟道
厨房
45.43m²
戊类仓库
45.43m²
餐厅
45.43m²
大厅
60.80m²
化验室
21.83m²
化验室
22.42m²
M-1
M-2
M-3
M-4
M-5
C-1
C-2
FM乙-1
FM乙-2
3步X300宽X150高
15步X300宽X150高
i=1%
24200
23400
14900
14100
一层平面图 比例1:100
S建 =346.27m²
MF/ABC3x2磷酸氨盐类干粉灭火器
图名
办公楼一层平面图
图号
02-11

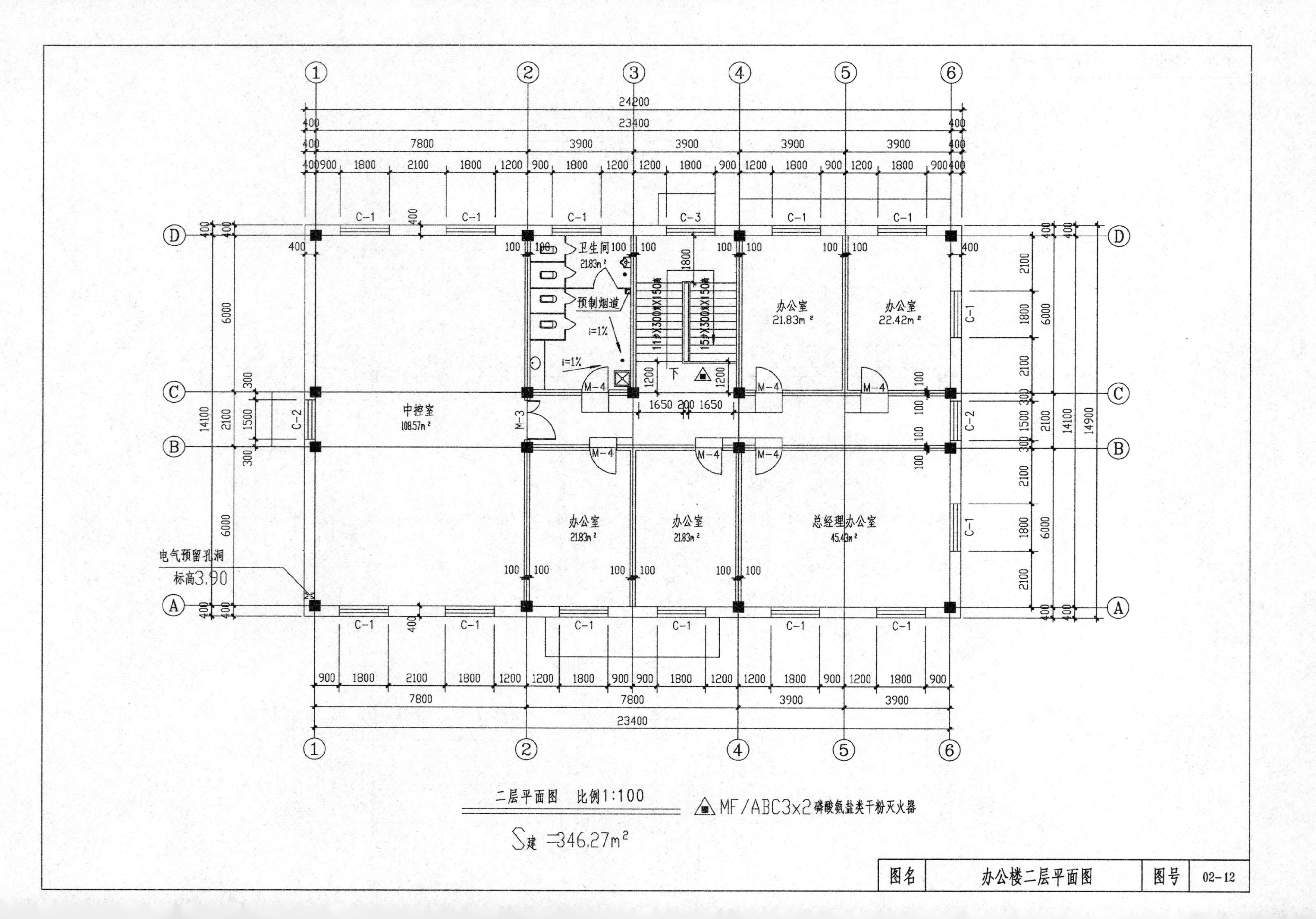

卫生间
21.83m²
预制烟道
i=1%
11步X300宽X150高
15步X300宽X150高
下
中控室
108.57m²
办公室
21.83m²
办公室
22.42m²
办公室
21.83m²
办公室
21.83m²
总经理办公室
45.43m²
电气预留孔洞
标高3.90
C-1
C-2
C-3
M-3
M-4
24200
23400
14100
14900
二层平面图 比例1:100
MF/ABC3x2磷酸氨盐类干粉灭火器
S建 =346.27m²
图名
办公楼二层平面图
图号
02-12

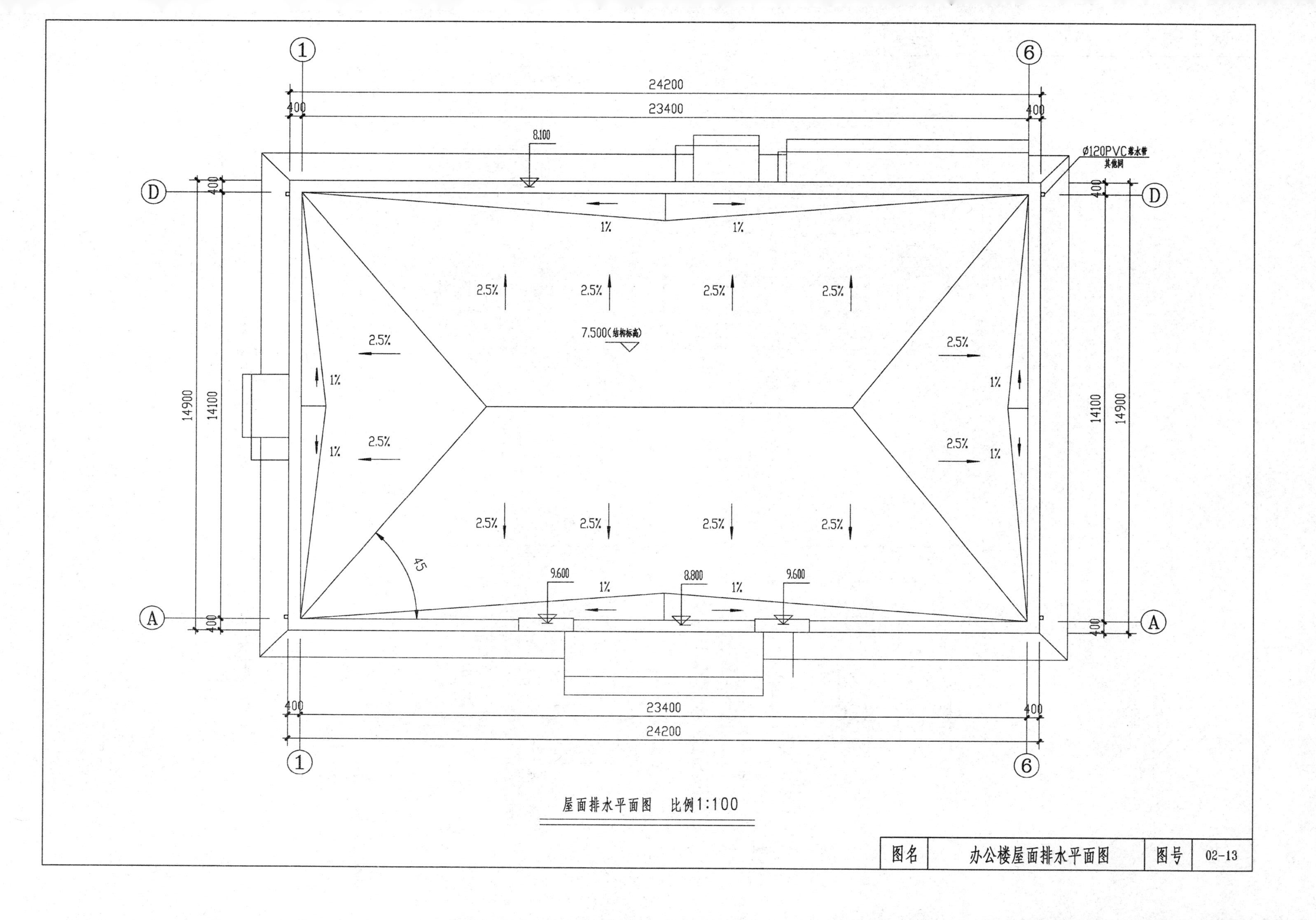

屋面排水平面图　比例1:100

图名	办公楼屋面排水平面图	图号	02-13

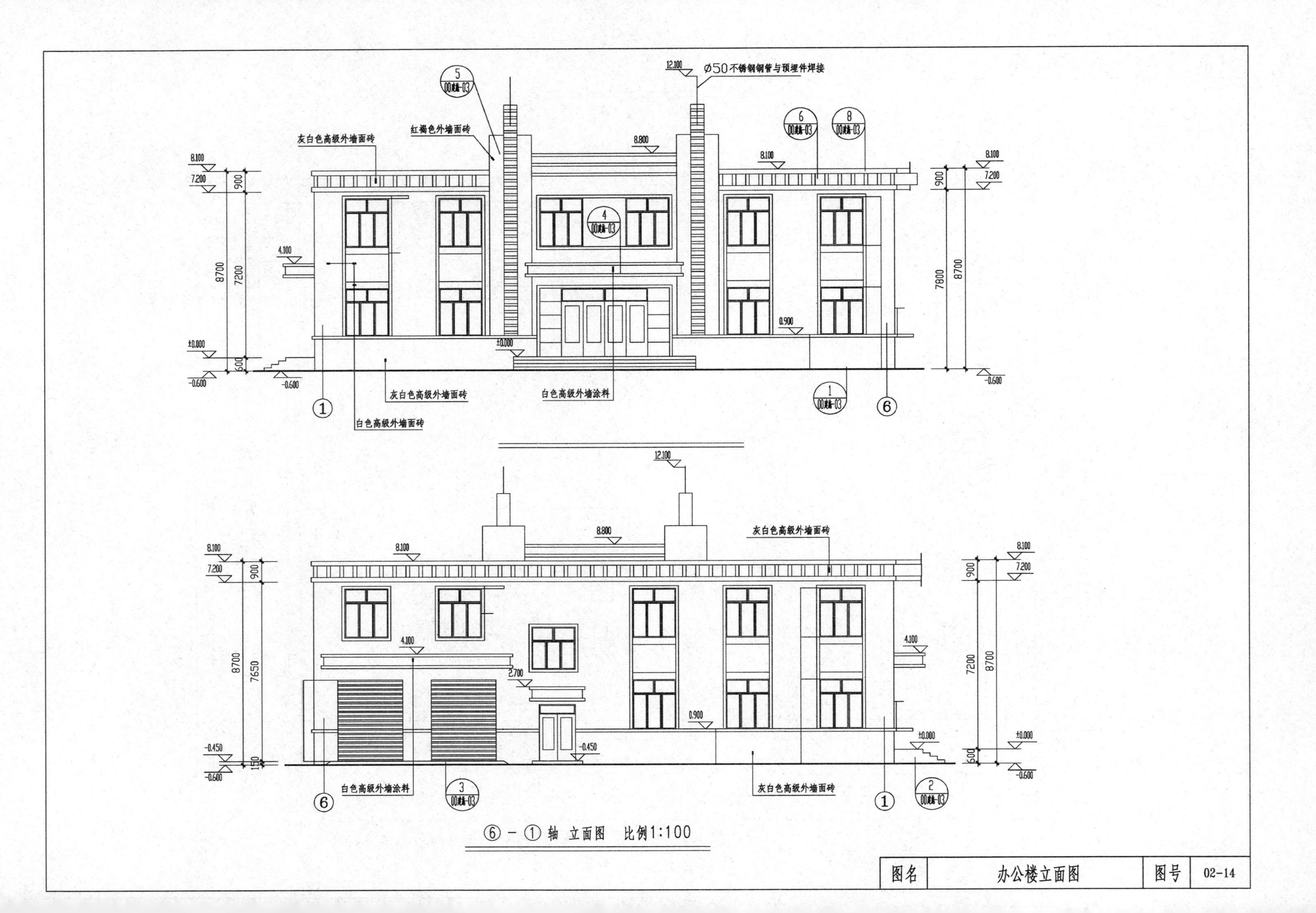

⑥－①轴 立面图 比例1:100

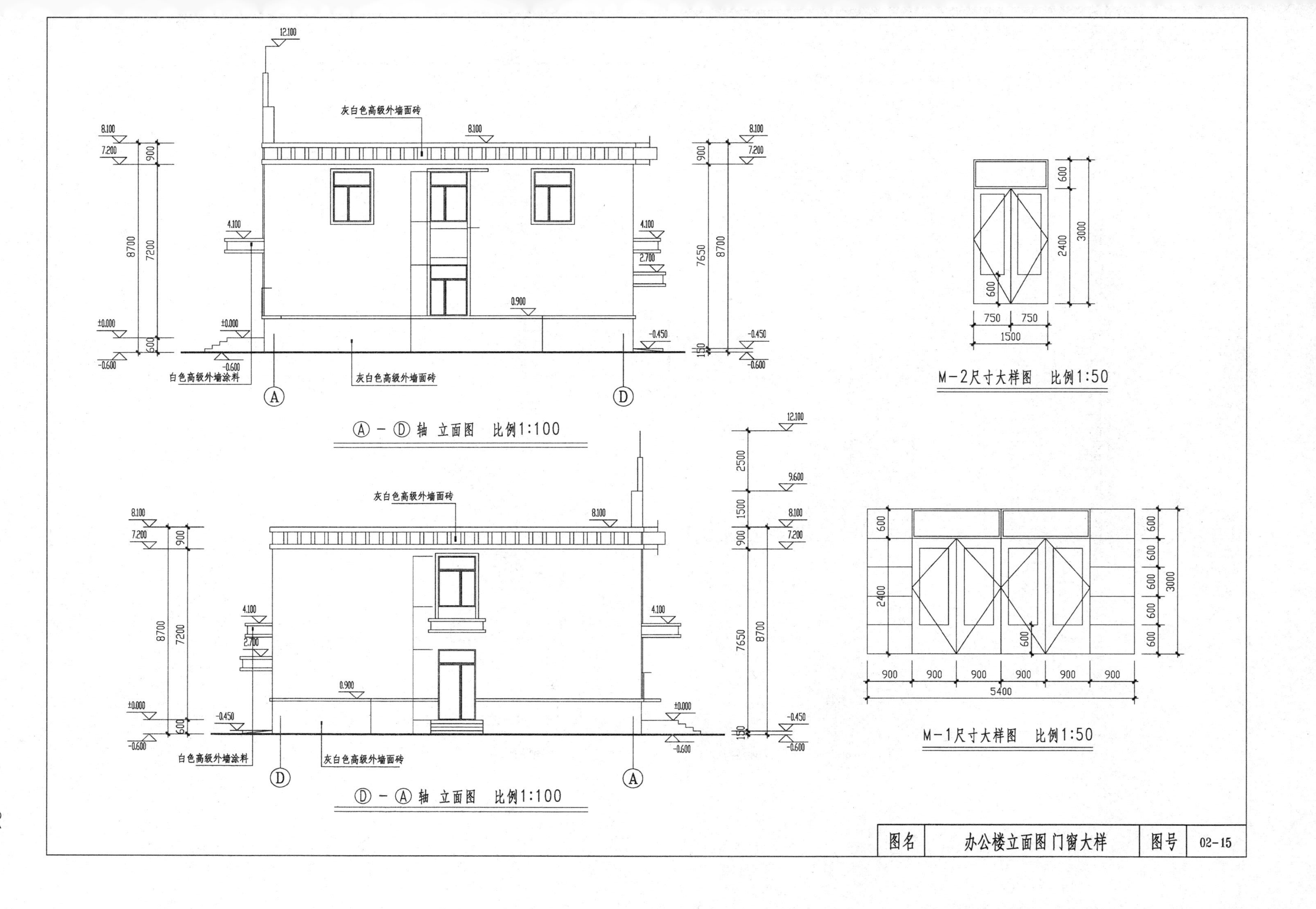

灰白色高级外墙面砖
白色高级外墙涂料
Ⓐ-Ⓓ轴 立面图 比例1:100
Ⓓ-Ⓐ轴 立面图 比例1:100
M-2尺寸大样图 比例1:50
M-1尺寸大样图 比例1:50
图名
办公楼立面图门窗大样
图号
02-15

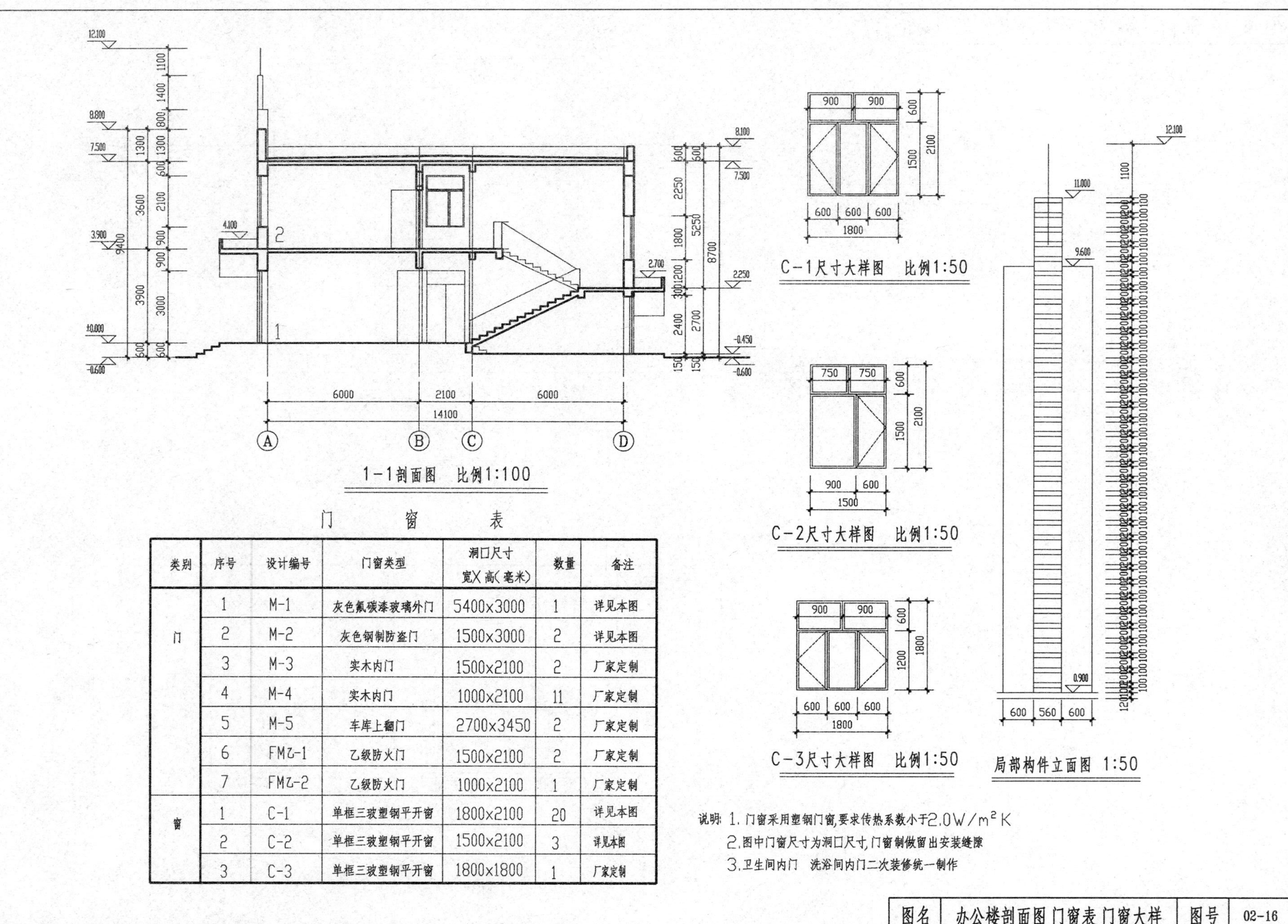

门 窗 表

类别	序号	设计编号	门窗类型	洞口尺寸 宽X高(毫米)	数量	备注
门	1	M-1	灰色氟碳漆玻璃外门	5400x3000	1	详见本图
	2	M-2	灰色钢制防盗门	1500x3000	2	详见本图
	3	M-3	实木内门	1500x2100	2	厂家定制
	4	M-4	实木内门	1000x2100	11	厂家定制
	5	M-5	车库上翻门	2700x3450	2	厂家定制
	6	FMZ-1	乙级防火门	1500x2100	2	厂家定制
	7	FMZ-2	乙级防火门	1000x2100	1	厂家定制
窗	1	C-1	单框三玻塑钢平开窗	1800x2100	20	详见本图
	2	C-2	单框三玻塑钢平开窗	1500x2100	3	详见本图
	3	C-3	单框三玻塑钢平开窗	1800x1800	1	厂家定制

说明: 1. 门窗采用塑钢门窗,要求传热系数小于2.0W/m²K

2. 图中门窗尺寸为洞口尺寸,门窗制做留出安装缝隙

3. 卫生间内门 洗浴间内门二次装修统一制作

图名	办公楼剖面图门窗表门窗大样	图号	02-16

建筑设计说明

一、设计依据:

1. 建设主管部门对该项目的批复文件.

2. 建设提供的设计任务书及审查通过的设计方案.

3. 现行的国家有关建筑设计规范。规程和规定.

二、工程概述:

1. 本工程为XX市污水处理厂车库及机修间，建设单位为XX市环境保护局
建设地点见总平面图场地平坦.

2. 建筑规模: 总建筑面积为236.24 平方米.

3. 建筑层数与总高度: 建筑为一层,层高为4.6米.
建筑总高度:4.6米.

三、标高标注及尺寸单位:

1. 本套施工图纸所注尺寸,总平面图尺寸及标高以米(M)为单位,其它均以毫米(MM)为单位.

2. 本工程±0.00现场确定,建筑室内外高差为0.150m.

3. 各层地面标高为建筑完成面标高,屋面,门窗洞口标高为结构标高.

四、墙体工程:

1. 地上部分:外墙为 370厚多孔砖+80厚聚苯板保温 具体做法详见墙身大样图,
聚苯板表观密度为18~22kg/m³.

2. 本工程±0.00以下墙体的砌筑详见结构专业图纸.

3. 墙身防潮层: 首层墙体均在室内地坪下0.06m处设置防潮层,
防潮层做法为30厚1:2.5水泥砂浆内掺五星防水剂.

五、屋面工程:

1. 本设计采用坡屋面。

2. 彩钢结构屋面由彩钢厂家做好防水措施，配合混凝土工程施工，以保证屋面不产生渗漏。

3. 防水卷材的施工应严格按照施工规程及本工程的节点构造详图进行施工，特别在雨水口部位及转角或高低搭接部位均应有加强措施并精心施工，以保证屋面不产生渗漏。

4. 本工程屋面的天沟雨水口均应有相应的防堵配件并应便于清理。

5. 屋面为有组织排水，落水管采用UPVC管，管径为120。

六、门窗工程

1. 建筑外门窗抗风压性能分级为3级,保温性能分级为7级,气闭性能分级为4级,水密性能分级为3级,空气隔声性能分级为3级.

2. 图中门窗的尺寸标注均为洞口尺寸,门窗加工尺寸应按照装修面的厚度由生产厂家进行调整
生产厂家应按门窗立面图及技术要求结合该厂铝型材实际情况及建筑物实际洞口尺寸绘制加工图后方可施工.

3. 门窗玻璃的选用应遵照《建筑玻璃应用技术规程》和《建筑安全玻璃管理规定》及地方主管部门的有关规定.

4. 门,窗框与墙体相连接处用发泡聚胺脂灌缝,然后用1:2水泥砂浆抹面.

5. 门窗的类型,材料,开启方式,保温性能详见门窗表.

七、外装修工程:

1. 外饰面为 涂料,详见立面图标注.

2. 散水坡为水泥砂浆面层散水,详见墙身大样图.

4. 本工程所有装饰材料均应先取样板或色板,会同设计人员及使用单位确定后进行封样,并据

八、其它注意事项:

1. 施工时请与各专业密切配合,对各专业予留孔洞施工前应与有关专业技术人员核对其数量,位置,尺寸后方可施工,以确保工程质量.

2. 施工过程中请严格执行国家现行工程施工及验收规范.

3. 施工过程中请严格执行国家《建设工程安全生产管理条例》及其他生产安全和劳动保护方面的法律法规.

4. 本施工图如需更改,应经设计院认定同意提出设计变更及修改意见后方可改动。.

5. 本套施工图需经上级主管部门审批通过后方可施工.

门　　窗　　表

类别	序号	设计编号	门窗类型	洞口尺寸 宽X高(毫米)	数量	备注
门	1	M-1	车库提升门	1800x2100	4	厂家定制
窗	1	C-1	单框三玻塑钢平开窗	1800x1800	4	厂家定制

说明: 1. 门窗采用塑钢门窗,要求传热系数小于2.0W/m²K

2. 图中门窗尺寸为洞口尺寸,门窗制做留出安装缝隙

图名	车库及机修间建筑设计说明 节点详图	图号	02-17

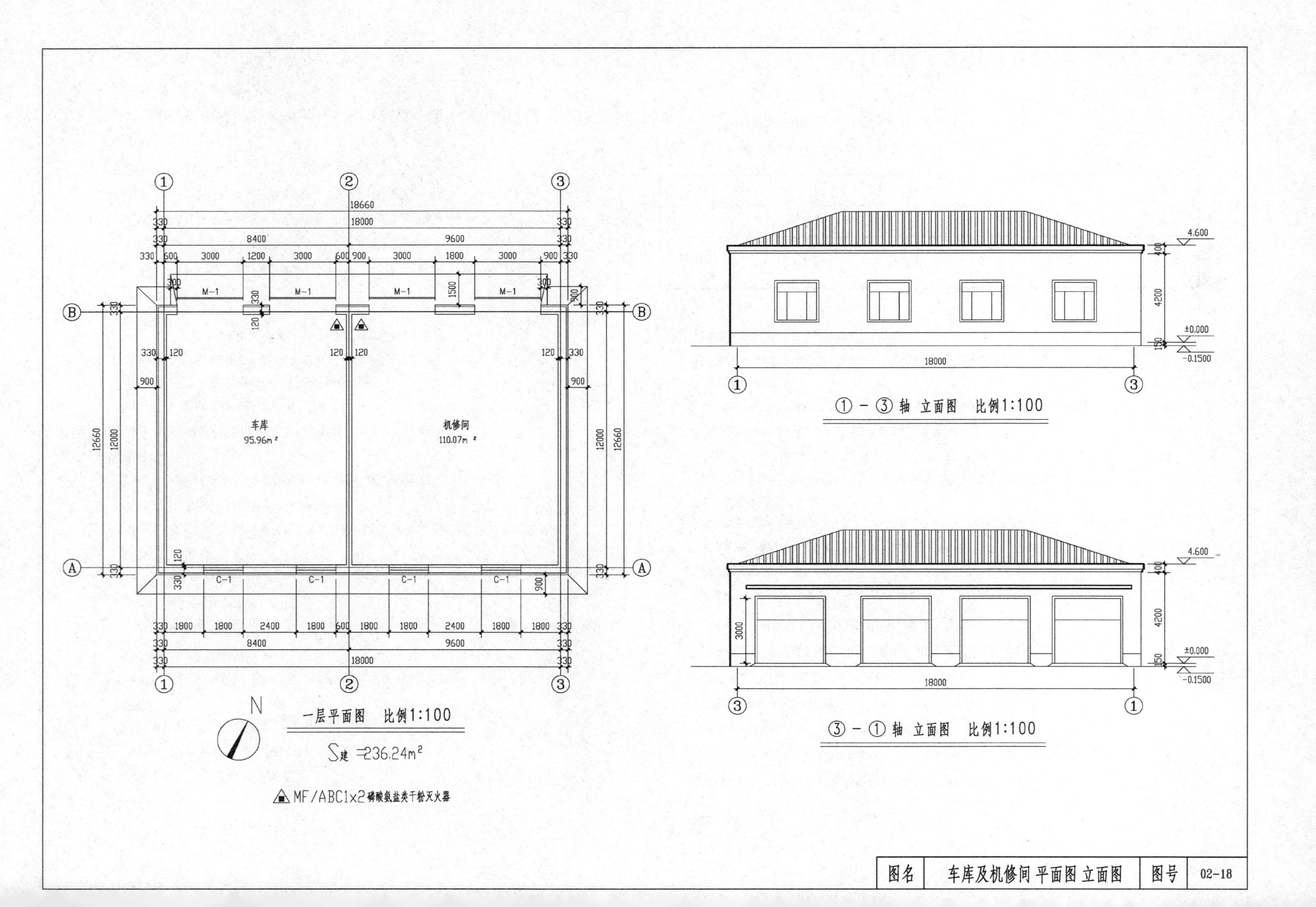
车库
95.96m²
机修间
110.07m²
M-1
C-1
N
一层平面图 比例1:100
S建 =236.24m²
MF/ABC1x2磷酸氨盐类干粉灭火器
①-③轴 立面图 比例1:100
③-①轴 立面图 比例1:100
4.600
±0.000
-0.1500
18000
18660
12000
12660
图名
车库及机修间 平面图 立面图
图号
02-18

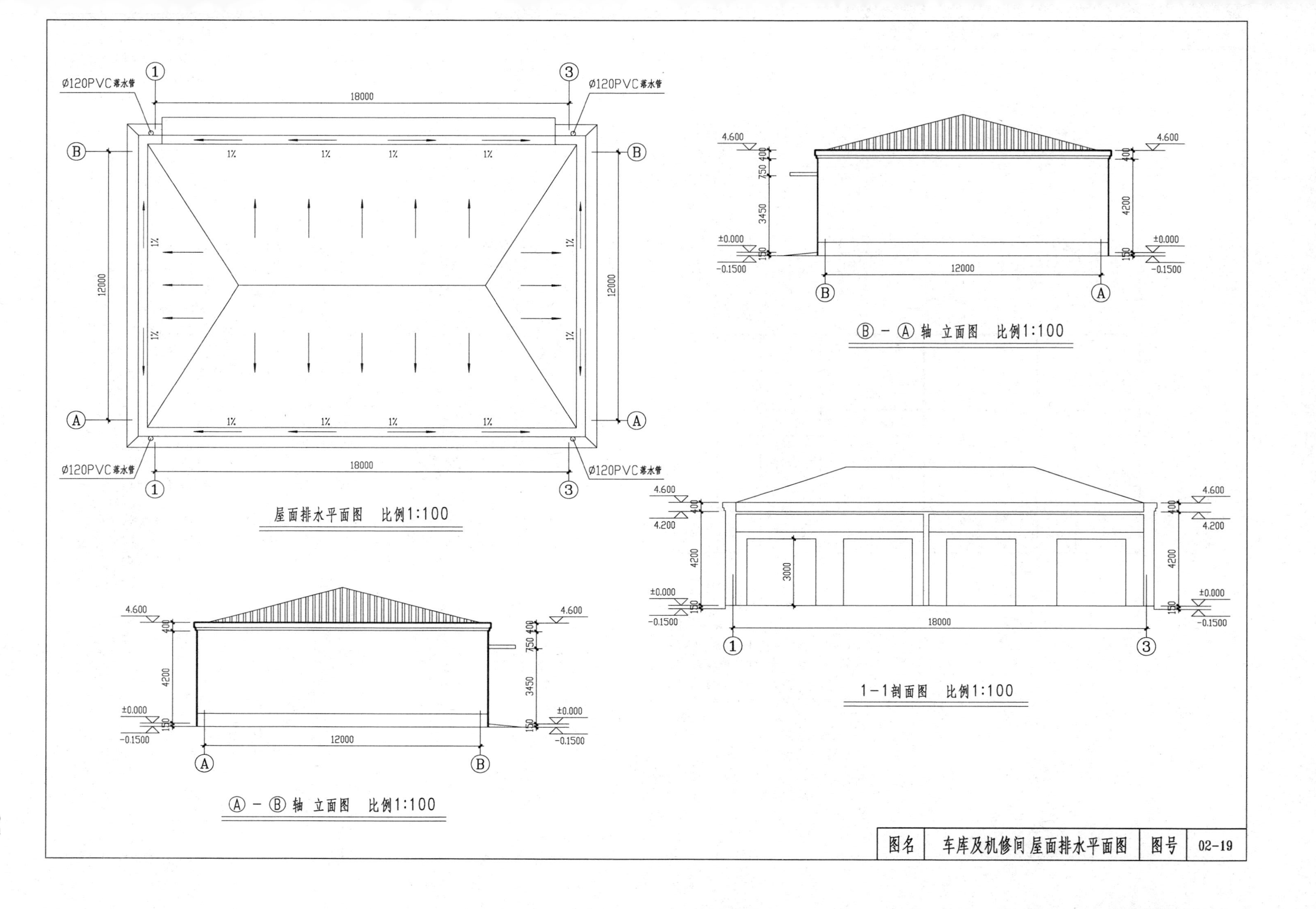
Ø120PVC落水管
18000
12000
1%
屋面排水平面图　比例1:100
4.600
±0.000
-0.1500
400
750
3450
150
4200
4.200
3000
Ⓑ－Ⓐ轴 立面图　比例1:100
1－1剖面图　比例1:100
Ⓐ－Ⓑ轴 立面图　比例1:100
图名
车库及机修间屋面排水平面图
图号
02-19

建筑设计说明

一、设计依据:

1.建设主管部门对该项目的批复文件.

2.建设提供的设计任务书及审查通过的设计方案.

3.现行的国家有关建筑设计规范。规程和规定.

二、工程概述

1.本工程为XX市城市污水处理工程 锅炉房，建设单位为XX市环境保护局，建设地点见总平面图，场地 平坦.

2.建筑规模: 总建筑面积为174.29 平方米.

3.建筑层数与总高度: 主体建筑为一层，一层层高3.0米,
建筑总高度6.75米.

4.本工程抗震设防烈度为6度.

三、标高标注及尺寸单位

1.本套施工图纸所注尺寸，总平面图尺寸及标高以米(M)为单位，其它均以毫米(MM)为单位.

2.本工程±0.00相当于绝对标高由现场实地测量，建筑室内外高差为 0.150m .

3.各层地面标高为建筑完成面标高，屋面，门窗洞口标高为结构标高.

四、墙体工程

1.地上部分: 外墙为370厚多孔砖+80厚聚苯板保温具体做法详见墙身大样图,
聚苯板表观密度为18~22kg/m³

2.本工程±0.00以下墙体的砌筑详见结构专业图纸.

3.墙身防潮层: 首层墙体均在室内地坪下0.06m处设置防潮层,
防潮层做法为30厚1:2.5水泥砂浆内掺五星防水剂.

五、屋面工程

1.本工程屋面设计执行《屋面工程技术规范》GB50345-2004.

2.根据建筑性质及使用功能本工程屋面防水等级为II级，防水层合理使用年限为15年.

3.本工程屋面两道防水设防，一道 SBC120防水卷材 ，一道 细石混凝土刚柔性防水层 屋面保温层为100厚聚苯板(传热系数为0.042W/M²K),
屋面均设隔气层，做法为 隔气层用TS96M型隔气胶，隔气层沿墙上卷与防水层相接，详细构造见墙身大样图.

4.屋面排水为有组织外排水，雨水口的设置详见屋顶平面图，雨水管采用 白色PVC管材，管径120.

六、门窗工程

1.建筑外门窗抗风压性能分级为3级，保温性能分级为7级，气闭性能分级为4级，水密性能分级为3级，空气隔声性能分级为3级.

2.图中门窗的尺寸标注均为洞口尺寸，门窗加工尺寸应按照装修面的厚度由生产厂家进行调整
生产厂家应按门窗立面图及技术要求结合该厂铝型材实际情况及建筑物实际洞口尺寸绘制加工图后方可施工.

3.门窗玻璃的选用应遵照《建筑玻璃应用技术规程》和《建筑安全玻璃管理规定》及地方主管部门的有关规定.

4.门，窗框与墙体相连接处用发泡聚胺脂灌缝，然后用1:2水泥砂浆抹面.

5.门窗的类型，材料，开启方式，保温性能详见门窗表.

七、外装修工程

1.外饰面为 涂料，面砖 ，详见立面图标注.

2.门台阶为 贴水泥砂浆地面.

3.散水坡为 水泥砂浆面层散水，详见墙身大样图.

4.本工程所有装饰材料均应先取样板或色板，会同设计人员及使用单位确定后进行封样，并据

八、其它注意事项:

1.施工时请与各专业密切配合，对各专业予留孔洞施工前应与有关专业技术人员核对其数量，位置，尺寸后方可施工，以确保工程质量.

2.施工过程中请严格执行国家现行工程施工及验收规范.

3.施工过程中请严格执行国家《建设工程安全生产管理条例》及其他生产安全和劳动保护方面的法律法规.

4.本施工图如需更改，应经设计院认定同意提出设计变更及修改意见后方可改动。.

5.本套施工图需经上级主管部门审批通过后方可施工.

门 窗 表

类别	序号	设计编号	门窗类型	洞口尺寸 宽X高(毫米)	数量	备注
门	1	M0720	实木内门	750x2000	1	
	2	M1024	实木内门	1000x2400	1	400高上亮子
	3	M1520	实木内门	1500X2000	2	
	4	M1830	单框三玻塑钢平开门	1800X3000	1	
窗	1	C1221	单框三玻塑钢平开窗	1200X2100	1	
	2	C1812	单框三玻塑钢平开窗	1800X1200	5	
	3	C1821	单框三玻塑钢平开窗	1800X2100	9	

M1830 1:50

C1812 1:50

C1821 1:50

C1221 1:50

说明: 1. 门窗采用塑钢门窗要求传热系数小于2.0W/m² K

2.图中门窗尺寸为洞口尺寸门窗制做留出安装缝隙

图名	锅炉房 建筑设计说明及门窗表	图号	02-20

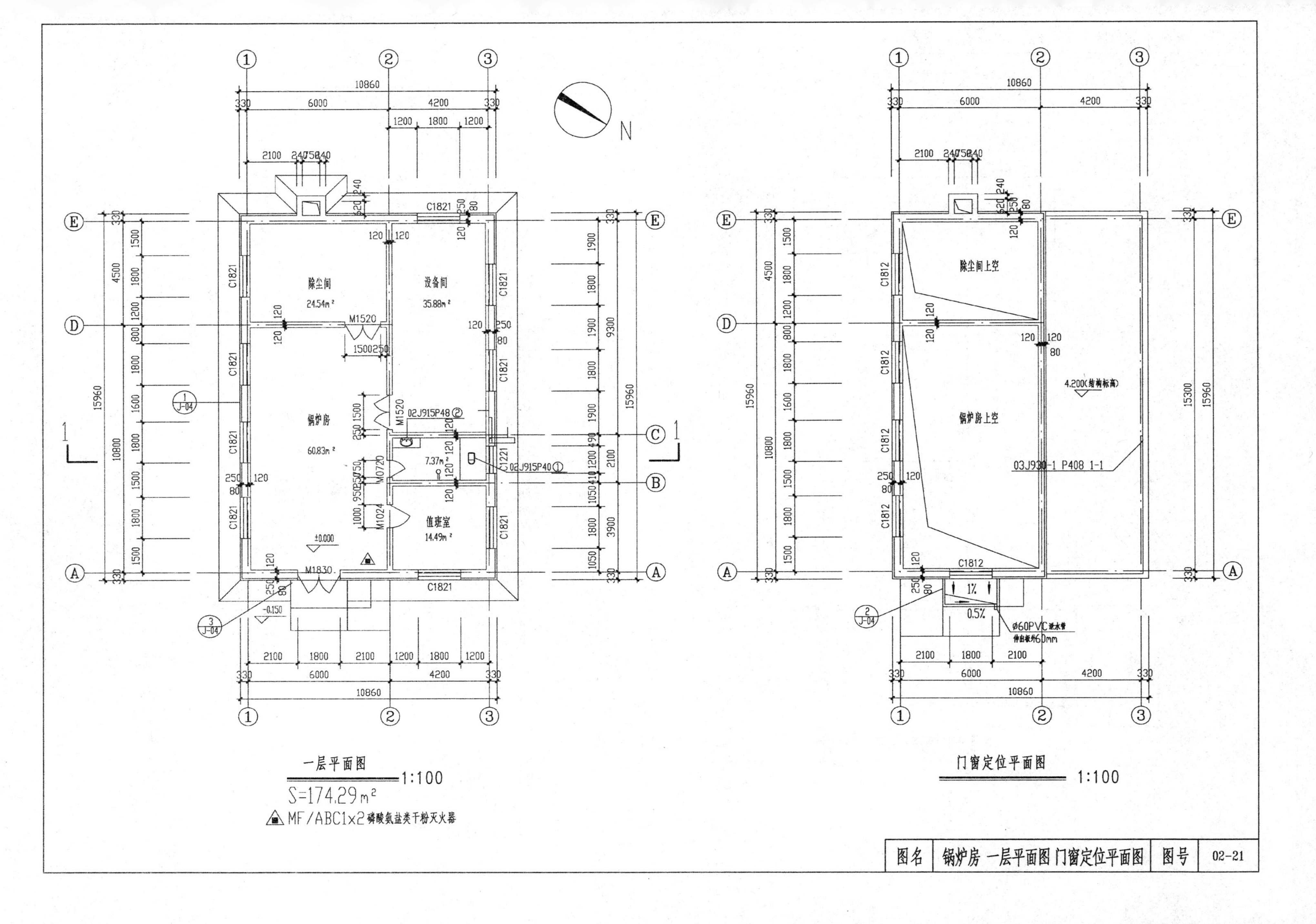
N
除尘间
24.54m²
设备间
35.88m²
锅炉房
60.83m²
7.37m²
值班室
14.49m²
±0.000
-0.150
M1520
M1830
M0720
M1024
C1821
C1221
C1812
02J915P48②
02J915P40①
除尘间上空
锅炉房上空
4.200(结构标高)
03J930-1 P408 1-1
1%
0.5%
Ø60PVC泄水管
伸出板外60mm
一层平面图
1:100
S=174.29m²
MF/ABC1x2磷酸氨盐类干粉灭火器
门窗定位平面图
1:100
图名
锅炉房 一层平面图 门窗定位平面图
图号
02-21

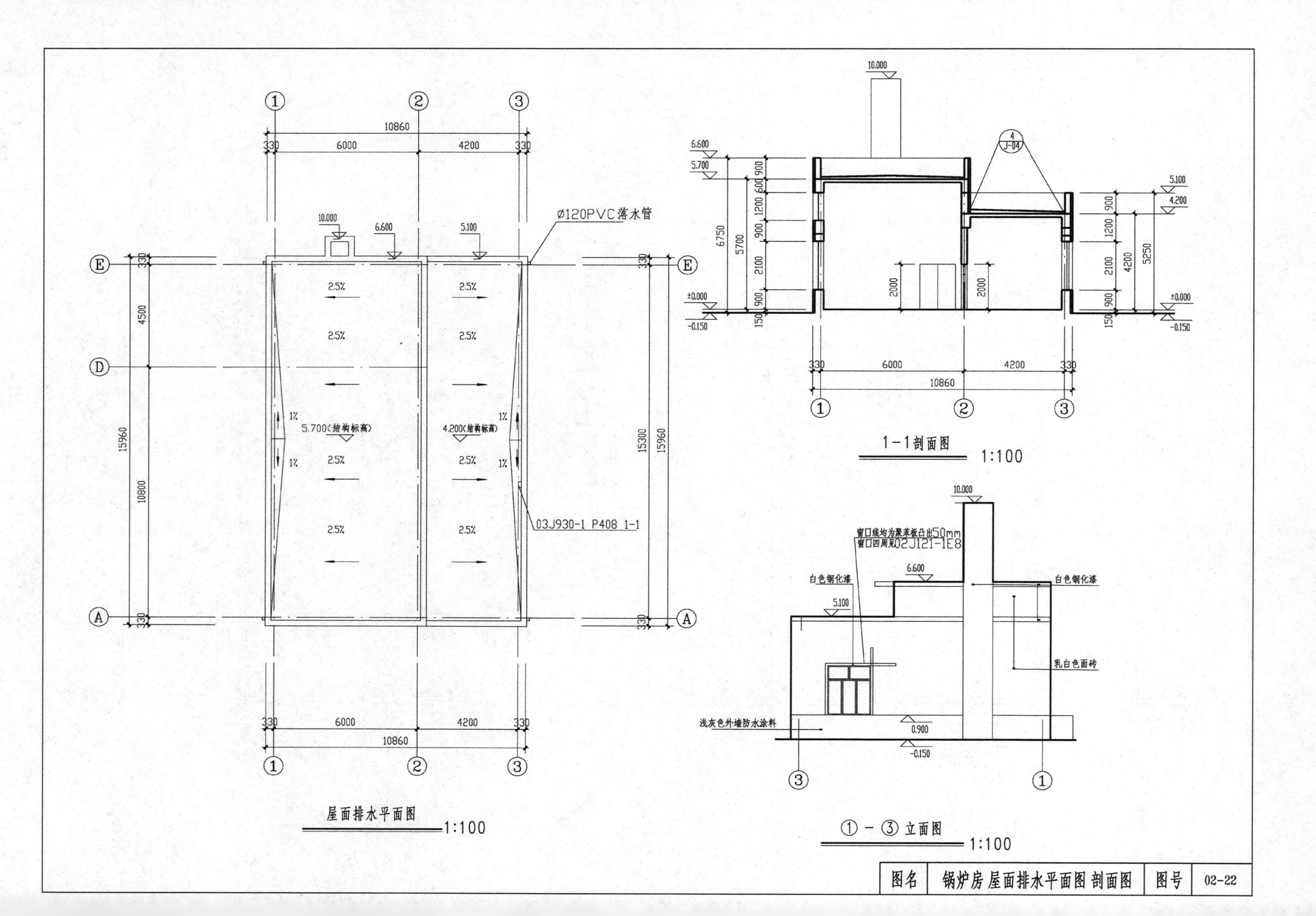

Ø120PVC落水管
03J930-1 P408 1-1
5.700(结构标高)
4.200(结构标高)
屋面排水平面图 1:100
1-1剖面图 1:100
窗口线均为聚苯板凸出50mm
窗口四周见02J121-1E8
白色钢化漆
乳白色面砖
浅灰色外墙防水涂料
①-③立面图 1:100
图名 锅炉房屋面排水平面图 剖面图
图号 02-22

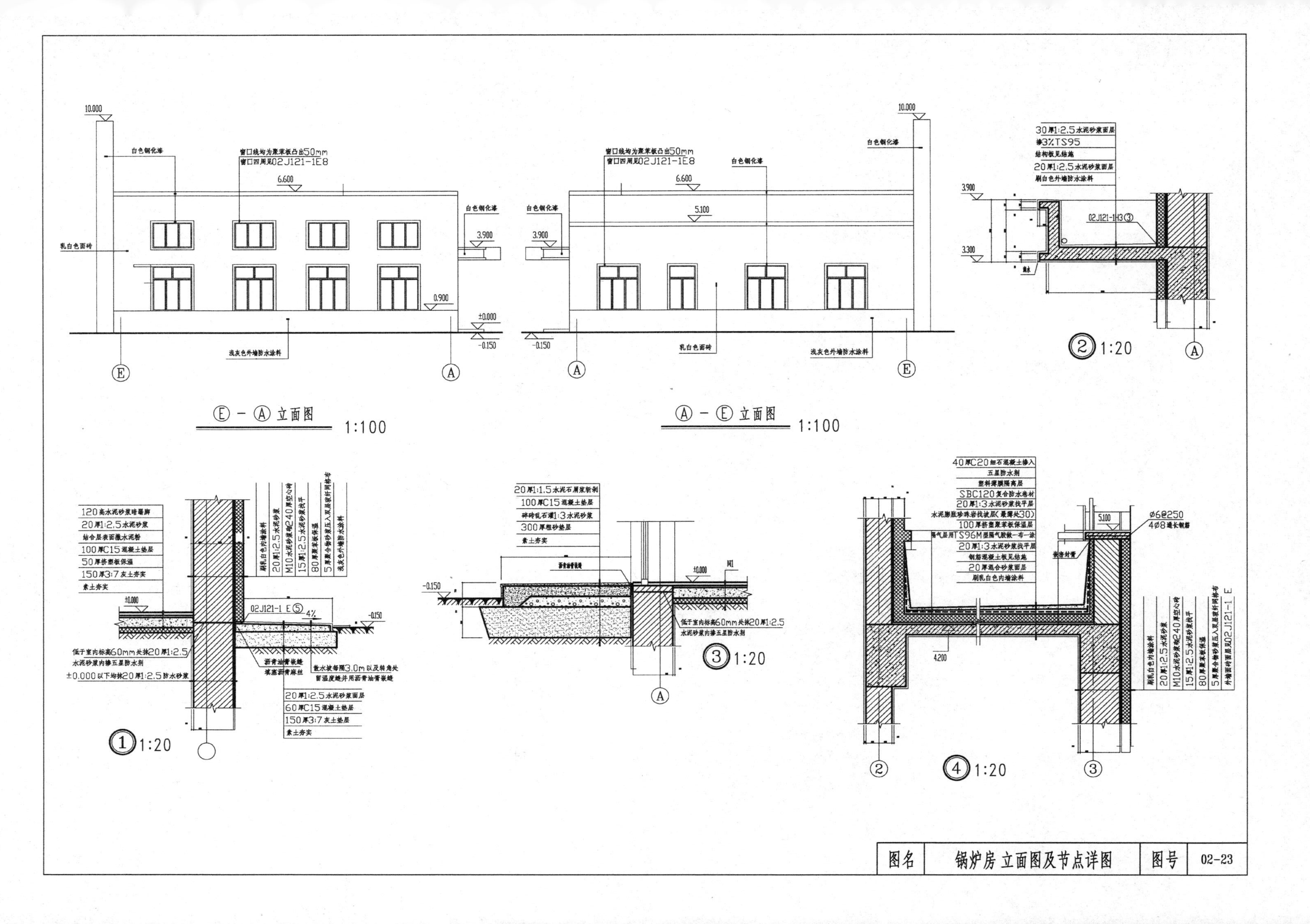

10.000
白色钢化漆
窗口线均为聚苯板凸出50mm
窗口四周见02J121-1E8
6.600
乳白色面砖
3.900
0.900
±0.000
-0.150
浅灰色外墙防水涂料
E
A
Ⓔ-Ⓐ立面图 1:100
5.100
Ⓐ-Ⓔ立面图 1:100
30厚1:2.5水泥砂浆面层
掺3%TS95
结构板见结施
20厚1:2.5水泥砂浆面层
刷白色外墙防水涂料
3.300
02J121-1H3③
②1:20
120高水泥砂浆暗踢脚
20厚1:2.5水泥砂浆
结合层表面撒水泥粉
100厚C15混凝土垫层
50厚挤塑板保温
150厚3:7灰土夯实
素土夯实
刷乳白色内墙涂料
20厚1:2.5水泥砂浆
M10水泥砂浆砌240厚空心砖
15厚1:2.5水泥砂浆找平
80厚聚苯板保温
5厚聚合物砂浆压入双层玻纤网格布
浅灰色外墙防水涂料
02J121-1 E⑤
4%
低于室内标高60mm处抹20厚1:2.5水泥砂浆内掺五层防水剂
±0.000以下均抹20厚1:2.5防水砂浆
沥青油膏嵌缝
填塞沥青麻丝
散水坡每隔3.0m以及转角处留温度缝并用沥青油膏嵌缝
20厚1:2.5水泥砂浆面层
60厚C15混凝土垫层
150厚3:7灰土垫层
素土夯实
①1:20
20厚1:1.5水泥石屑浆斩剁
100厚C15混凝土垫层
碎砖乱石灌1:3水泥砂浆
300厚粗砂垫层
素土夯实
沥青油膏嵌缝
③1:20
40厚C20细石混凝土掺入五层防水剂
塑料薄膜隔离层
SBC120复合防水卷材
20厚1:3水泥砂浆找平层
水泥膨胀珍珠岩找坡层(最薄处30)
100厚挤塑聚苯板保温层
隔气层用TS96M型隔气胶做一布一涂
20厚1:3水泥砂浆找平层
钢筋混凝土板见结施
20厚混合砂浆面层
刷乳白色内墙涂料
5.100
ϕ6@250
4ϕ8通长钢筋
密封材料
4.200
刷乳白色内墙涂料
20厚1:2.5水泥砂浆
M10水泥砂浆砌240厚空心砖
15厚1:2.5水泥砂浆找平
80厚聚苯板保温
5厚聚合物砂浆压入双层玻纤网格布
外墙面砖面层见02J121-1 E
④1:20
图名 锅炉房立面图及节点详图
图号 02-23

建筑设计说明

一、设计依据

1. 建设主管部门对该项目的批复文件
2. 建设提供的设计任务书及审查通过的设计方案
3. 现行的国家有关建筑设计规范、规程和规定

二、工程概述

1. 本工程为 XX 市城市污水处理工程　门卫房，建设单位为 XX 市环境保护局，建设地点见总平面图，场地　平坦
2. 建筑规模：总建筑面积为28.00平方米
3. 建筑层数与总高度：主体建筑为一层，一层层高3.0米，建筑总高度3.75米
4. 本工程抗震设防烈度为6度

三、标高标注及尺寸单位

1. 本套施工图纸所注尺寸，总平面图尺寸及标高以米(M)为单位，其它均以毫米(MM)为单位
2. 本工程±0.00相当于绝对标高由现场实地测量，建筑室内外高差为　0.150m．
3. 各层地面标高为建筑完成面标高，屋面，门窗洞口标高为结构标高

四、墙体工程

1. 地上部分：外墙为 370厚多孔砖+80厚聚苯板保温　　具体做法详见墙身大样图，聚苯板表观密度为18～22kg/m^3
2. 本工程±0.00以下墙体的砌筑详见结构专业图纸
3. 墙身防潮层：首层墙体均在室内地坪下0.06m处设置防潮层，防潮层做法为30厚1:2.5水泥砂浆内掺五星防水剂

五、屋面工程

1. 本工程屋面设计执行《屋面工程技术规范》GB50345-2004．
2. 根据建筑性质及使用功能本工程屋面防水等级为 II级，防水层合理使用年限为15 年
3. 本工程屋面两道防水设防，一道 SBC120防水卷材，一道细石混凝土刚柔性防水层，屋面保温层为100厚聚苯板(传热系数为0.042W/M^{2}K)，屋面均设隔气层，做法为 隔气层用TS96M型隔气胶，隔气层沿墙上卷与防水层相接，详细构造见墙身大样图
4. 屋面排水为有组织外排水，雨水口的设置详见屋顶平面图，雨水管采用白色PVC 管材，管径120．

六、门窗工程

1. 建筑外门窗抗风压性能分级为3级，保温性能分级为7级，气闭性能分级为4级，水密性能分级为3级，空气隔声性能分级为3级
2. 图中门窗的尺寸标注均为洞口尺寸，门窗加工尺寸应按照装修面的厚度由生产厂家进行调整生产厂家应按门窗立面图及技术要求结合该厂铝型材实际情况及建筑物实际洞口尺寸绘制加工图后方可施工
3. 门窗玻璃的选用应遵照《建筑玻璃应用技术规程》和《建筑安全玻璃管理规定》及地方主管部门的有关规定
4. 门，窗框与墙体相连接处用发泡聚胺脂灌缝，然后用1:2水泥砂浆抹面
5. 门窗的类型，材料，开启方式，保温性能详见门窗表

七、外装修工程

1. 外饰面为　面砖，详见立面图标注
2. 门台阶为 贴水泥砂浆地面
3. 散水坡为水泥砂浆面层散水，详见墙身大样图
4. 本工程所有装饰材料均应先取样板或色板，会同设计人员及使用单位确定后进行封样，并据

八、其它注意事项

1. 施工时请与各专业密切配合，对各专业予留孔洞施工前应与有关专业技术人员核对其数量，位置，尺寸后方可施工，以确保工程质量
2. 施工过程中请严格执行国家现行工程施工及验收规范
3. 施工过程中请严格执行国家《建设工程安全生产管理条例》及其他生产安全和劳动保护方面的法律法规
4. 本施工图如需更改，应经设计院认定同意提出设计变更及修改意见后方可改动。
5. 本套施工图需经上级主管部门审批通过后方可施工

图名	门卫房 建筑设计说明 节点大样	图号	02-24

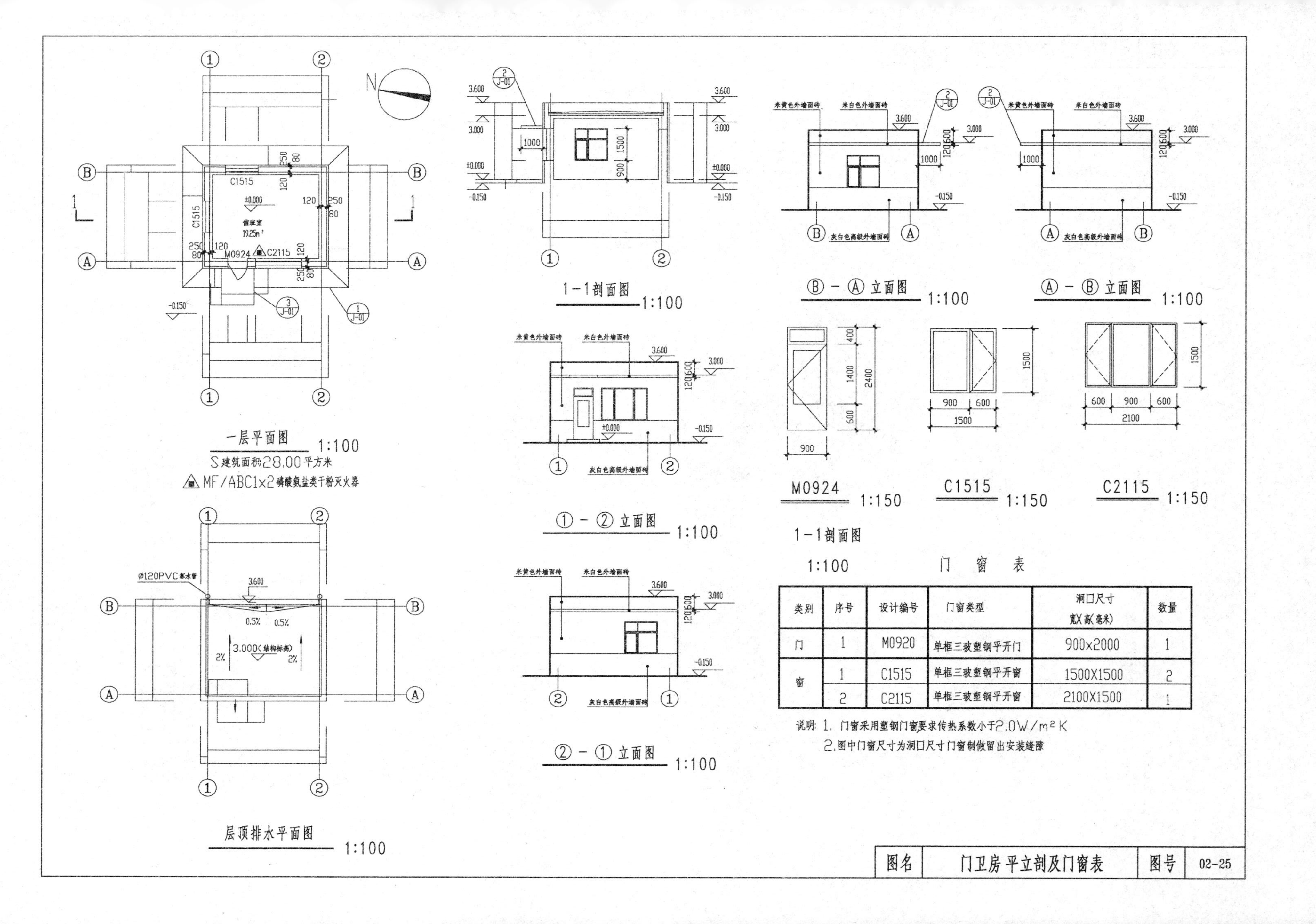

门 窗 表

类别	序号	设计编号	门窗类型	洞口尺寸 宽X高(毫米)	数量
门	1	M0920	单框三玻塑钢平开门	900x2000	1
窗	1	C1515	单框三玻塑钢平开窗	1500X1500	2
	2	C2115	单框三玻塑钢平开窗	2100X1500	1

说明：1. 门窗采用塑钢门窗要求传热系数小于2.0W/m²K

2.图中门窗尺寸为洞口尺寸门窗制做留出安装缝隙

图名	门卫房平立剖及门窗表	图号	02-25

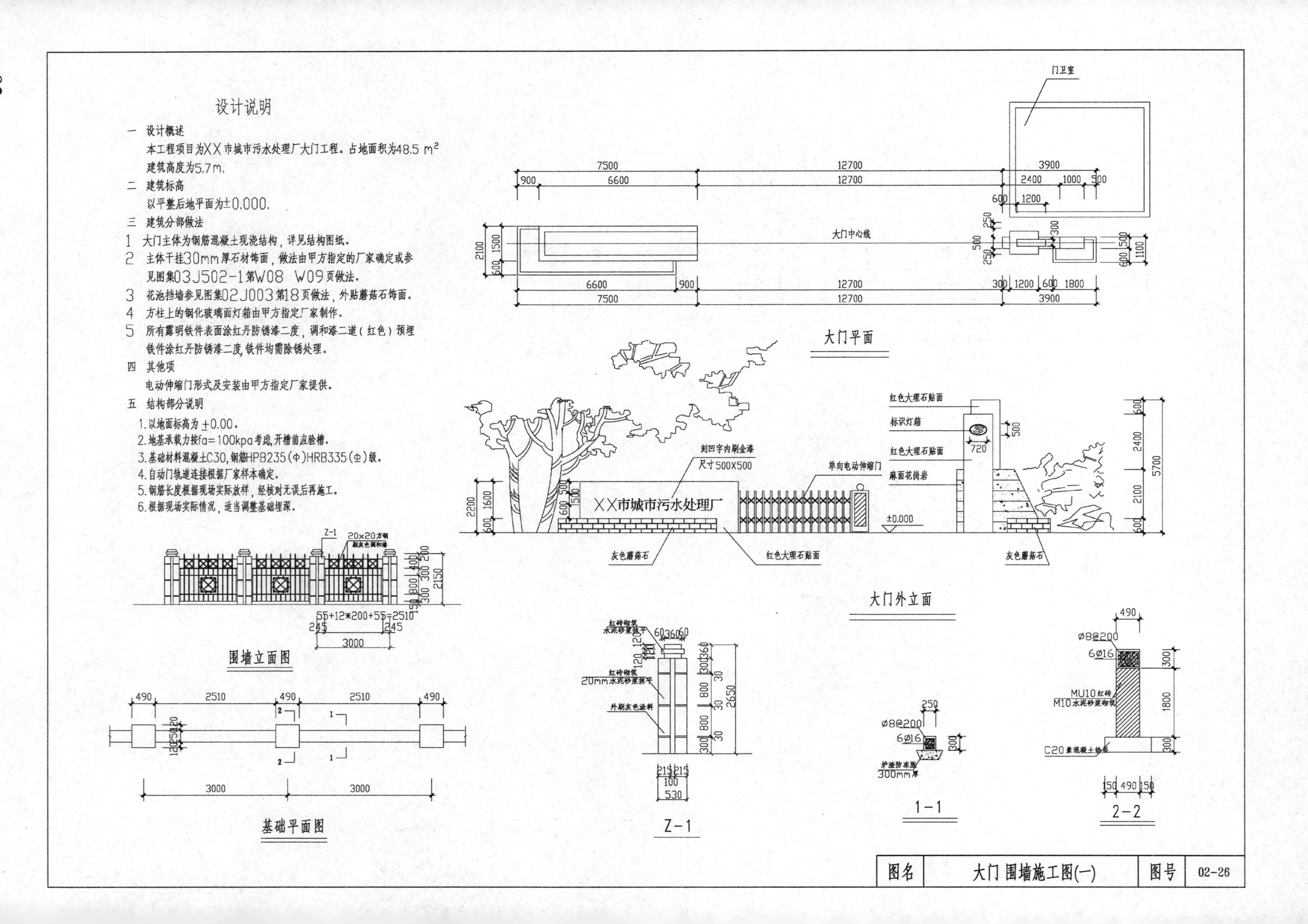
设计说明
一　设计概述
本工程项目为XX市城市污水处理厂大门工程。占地面积为48.5 m²
建筑高度为5.7m.
二　建筑标高
以平整后地平面为±0.000.
三　建筑分部做法
1　大门主体为钢筋混凝土现浇结构，详见结构图纸。
2　主体干挂30mm厚石材饰面，做法由甲方指定的厂家确定或参见图集03J502-1第W08　W09页做法。
3　花池挡墙参见图集02J003第18页做法，外贴蘑菇石饰面。
4　方柱上的钢化玻璃面灯箱由甲方指定厂家制作。
5　所有露明铁件表面涂红丹防锈漆二度，调和漆二道（红色）预埋铁件涂红丹防锈漆二度，铁件均需除锈处理。
四　其他项
电动伸缩门形式及安装由甲方指定厂家提供。
五　结构部分说明
1.以地面标高为±0.00.
2.地基承载力按fa=100kpa考虑，开槽前应验槽.
3.基础材料混凝土C30，钢筋HPB235(Φ)HRB335(Φ)级.
4.自动门轨道连接根据厂家样本确定.
5.钢筋长度根据现场实际放样，经核对无误后再施工.
6.根据现场实际情况，适当调整基础埋深.
门卫室
大门中心线
大门平面
XX市城市污水处理厂
刻凹字内刷金漆
尺寸500X500
单向电动伸缩门
红色大理石贴面
标识灯箱
麻面花岗岩
灰色蘑菇石
±0.000
大门外立面
20×20方钢
刷灰色调和漆
Z-1
55+12*200+55=2510
围墙立面图
基础平面图
红砖砌筑
水泥砂浆抹平
20mm水泥砂浆抹平
外刷灰色涂料
Z-1
Φ8@200
6Φ16
炉渣防冻胀
300mm厚
1-1
MU10红砖
M10水泥砂浆砌筑
C20素混凝土垫层
2-2
图名　大门 围墙施工图(一)　图号　02-26

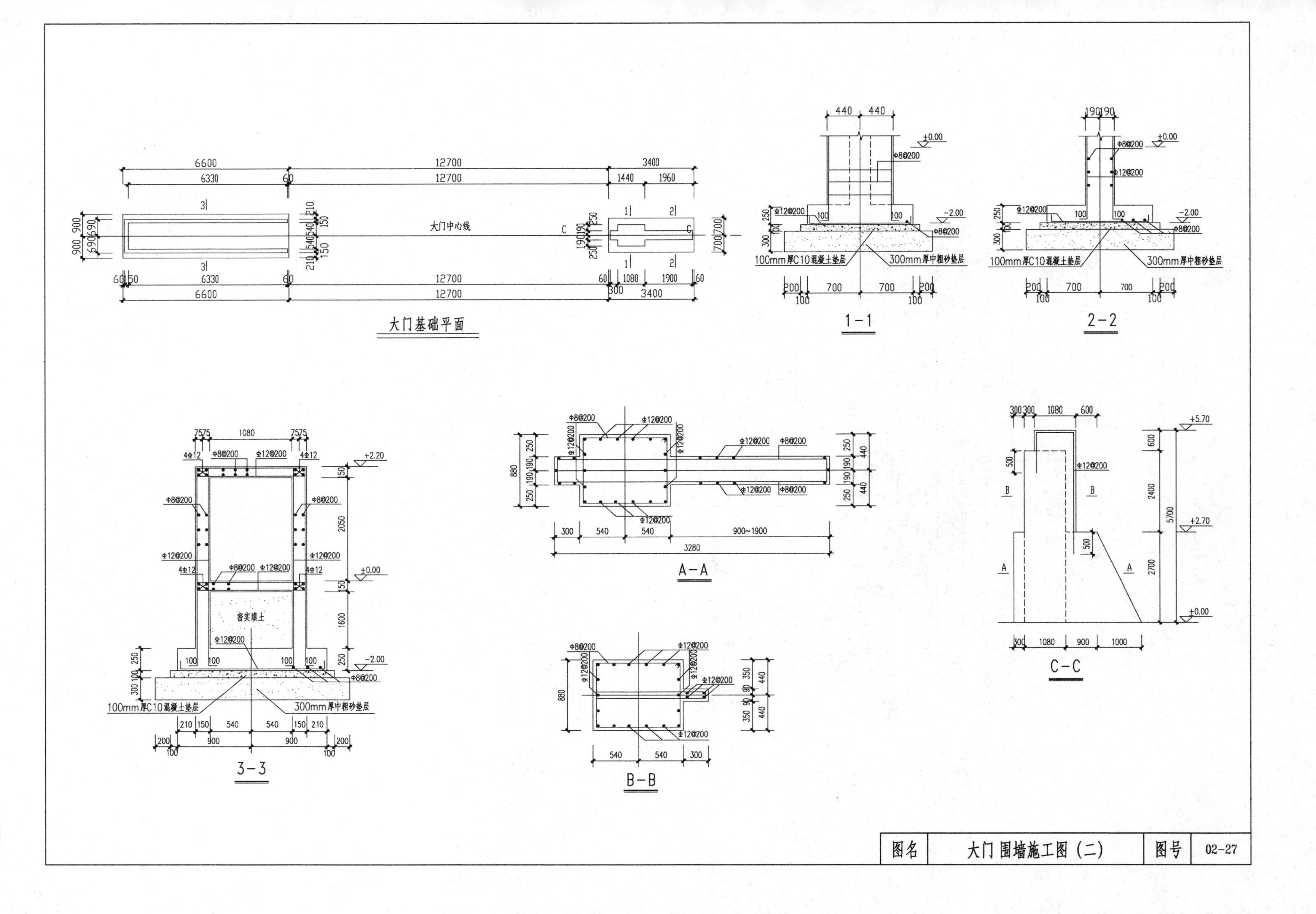
大门基础平面
大门中心线
1-1
2-2
3-3
A-A
B-B
C-C
100mm厚C10混凝土垫层
300mm厚中粗砂垫层
密实填土
图名
大门围墙施工图（二）
图号
02-27

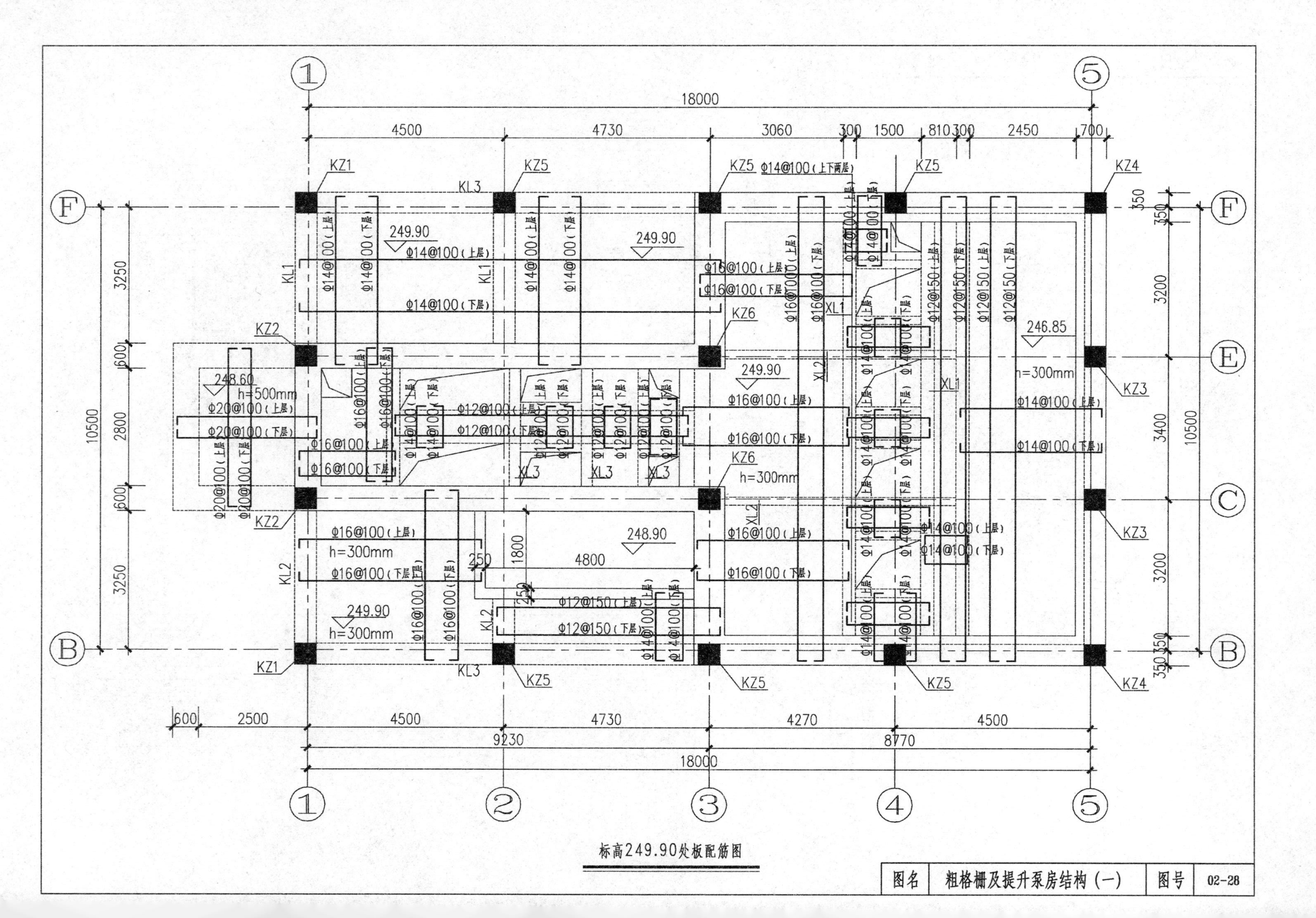

标高249.90处板配筋图

图名	粗格栅及提升泵房结构（一）	图号	02-28

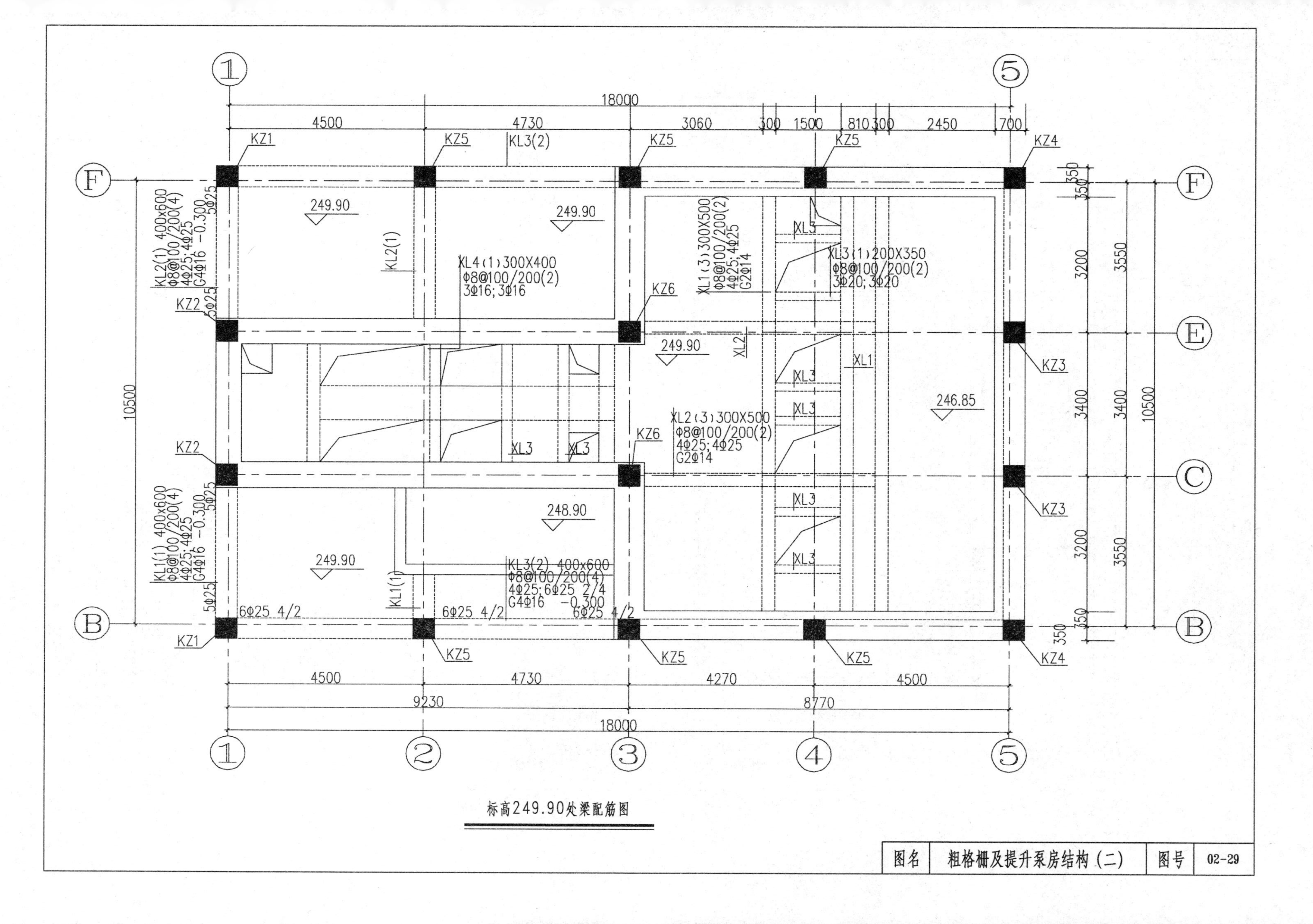

标高249.90处梁配筋图

图名	粗格栅及提升泵房结构(二)	图号	02-29

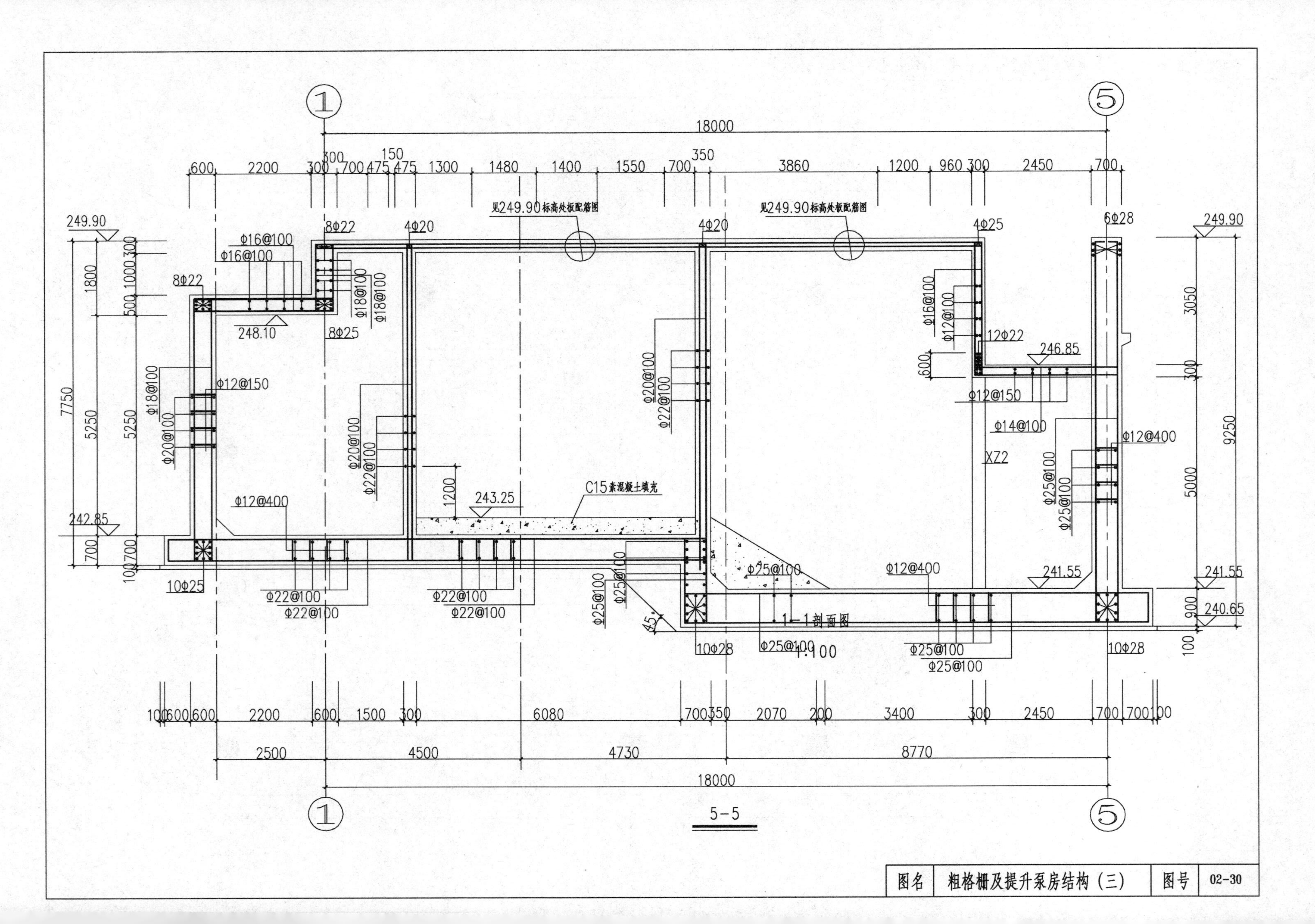

18000
见249.90标高处板配筋图
C15素混凝土填充
1-1剖面图
1:100
XZ2
5-5
图名
粗格栅及提升泵房结构（三）
图号
02-30

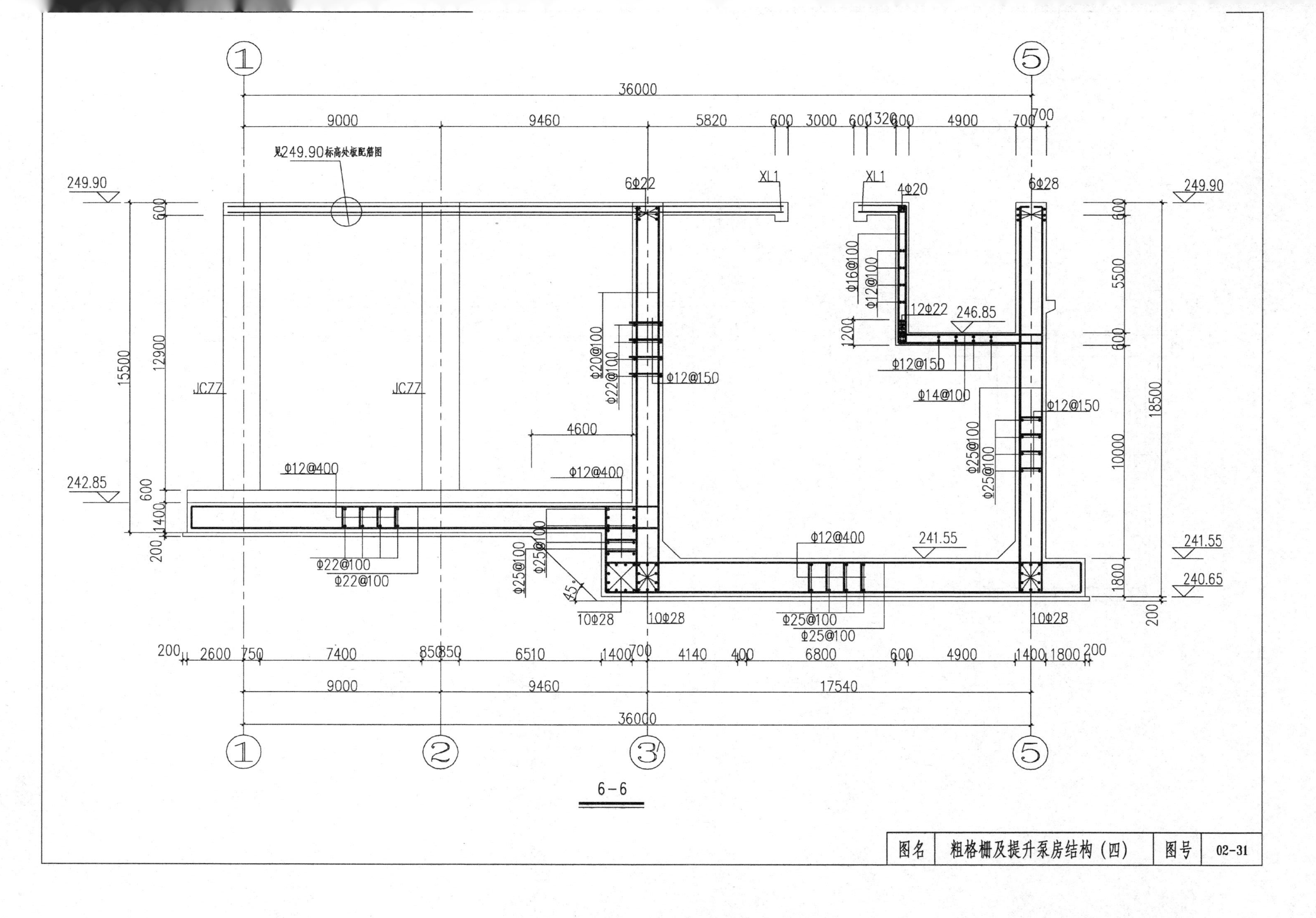
见249.90标高处板配筋图
249.90
242.85
241.55
240.65
246.85
6Φ22
6Φ28
4Φ20
XL1
JC77
12Φ22
Φ16@100
Φ12@100
Φ12@150
Φ14@100
Φ20@100
Φ22@100
Φ12@400
Φ25@100
10Φ28
45°
36000
9000
9460
17540
18500
15500
12900
6-6
图名
粗格栅及提升泵房结构(四)
图号
02-31

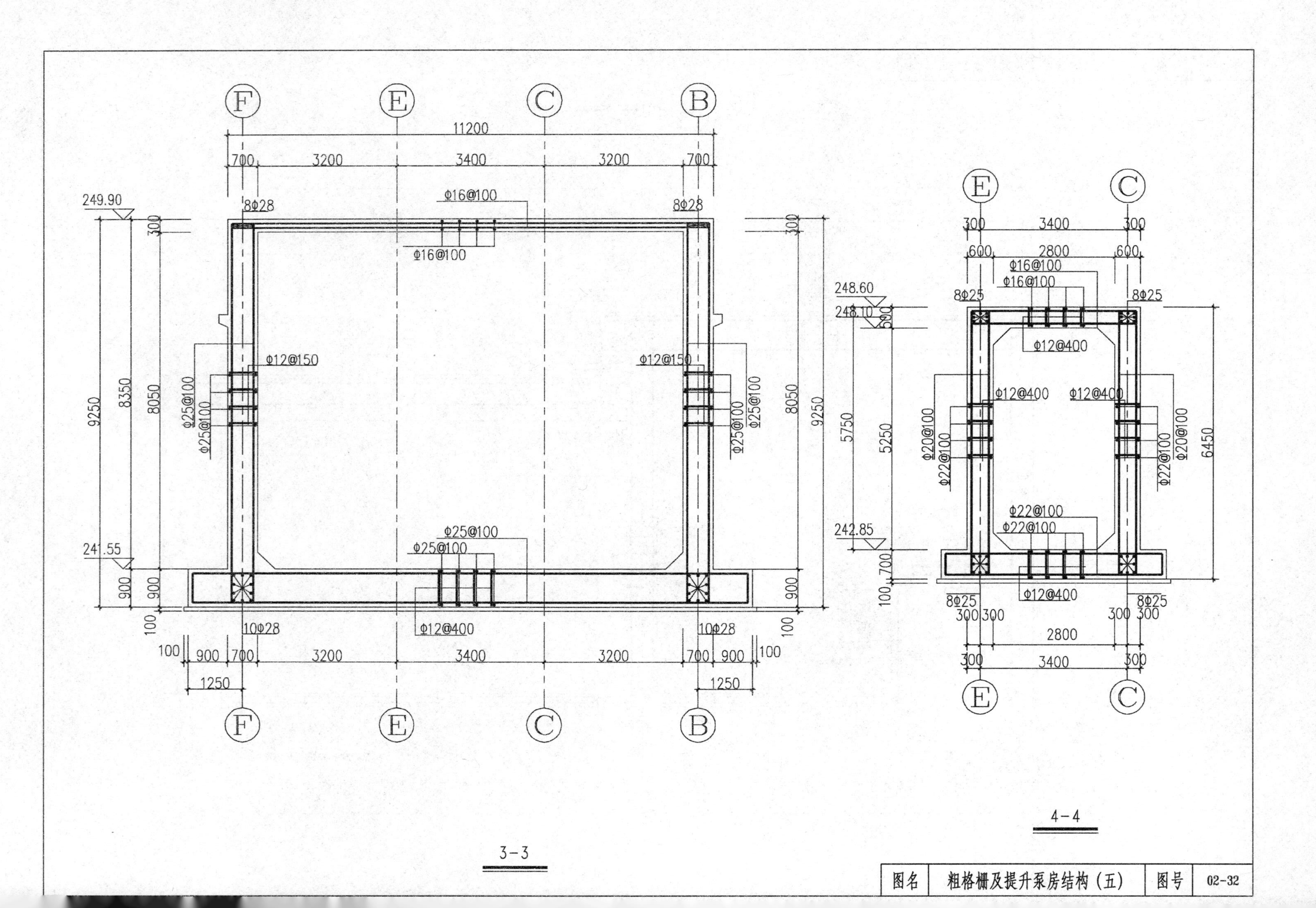
3-3
4-4
图名
粗格栅及提升泵房结构（五）
图号
02-32

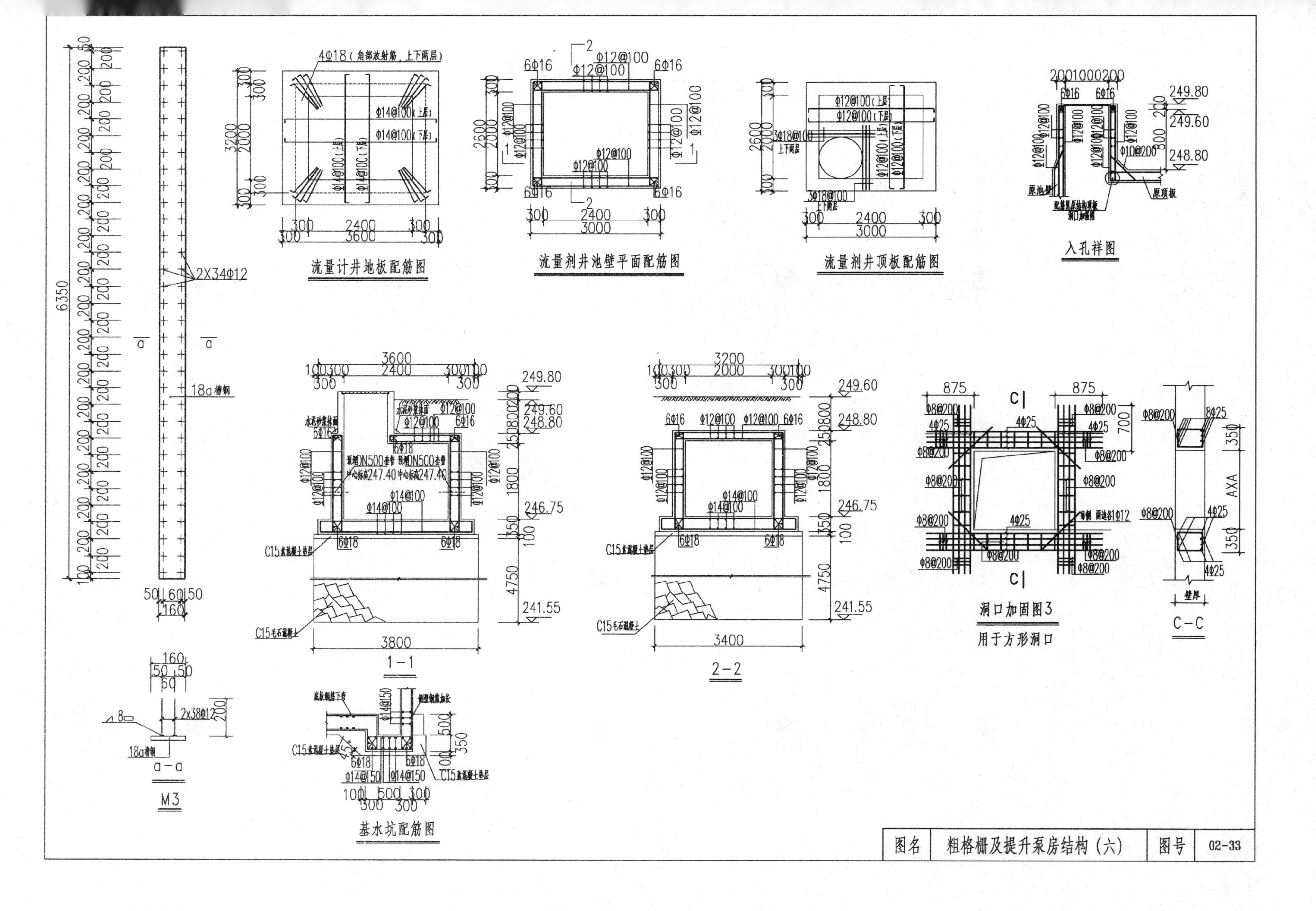

流量计井地板配筋图
流量剂井池壁平面配筋图
流量剂井顶板配筋图
入孔祥图
1-1
2-2
洞口加固图3
用于方形洞口
C-C
M3
a-a
基水坑配筋图
图名
粗格栅及提升泵房结构（六）
图号
02-33

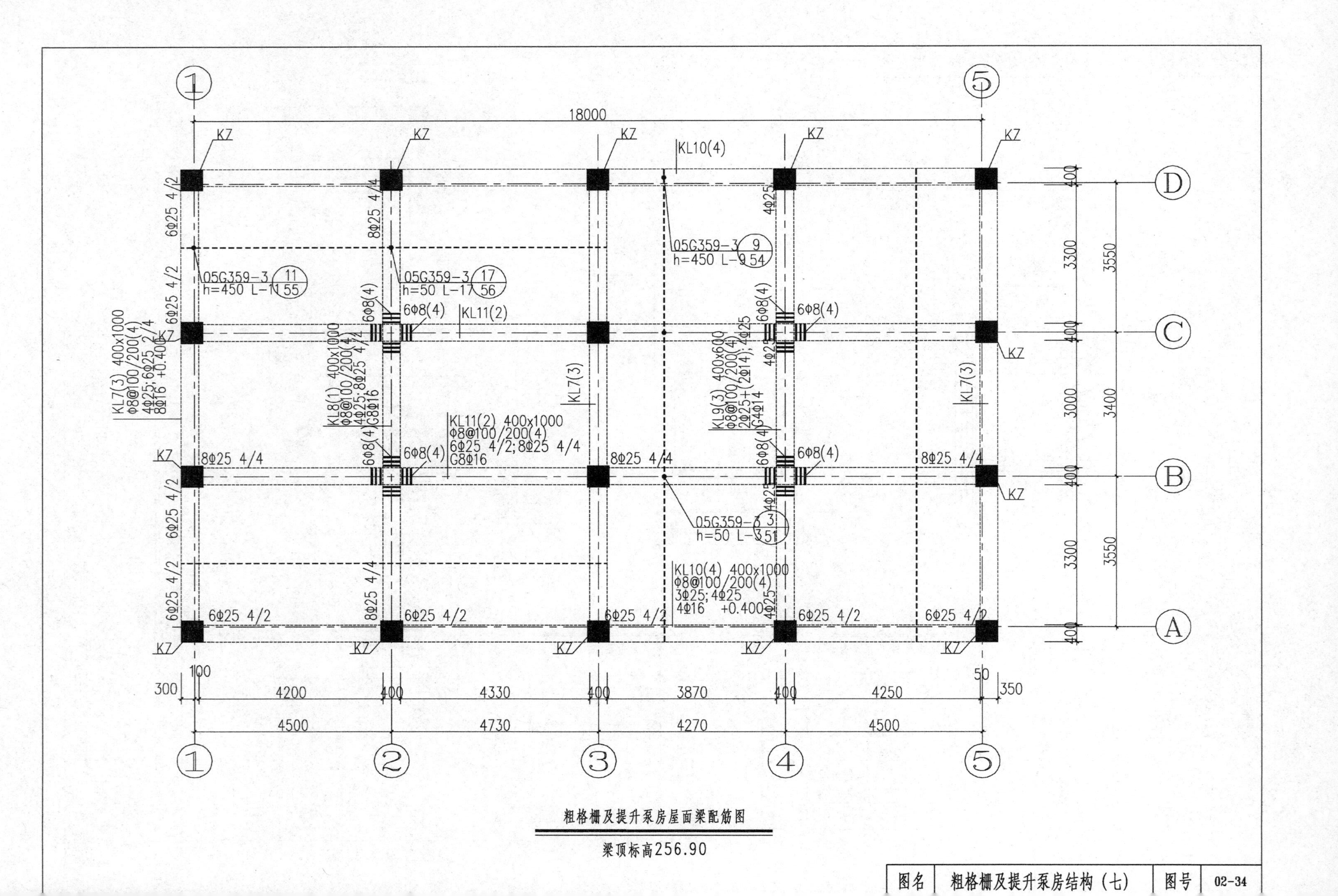
18000
KZ
KL10(4)
05G359-3 9
h=450 L-9 54
05G359-3 11
h=450 L-11 55
05G359-3 17
h=50 L-17 56
05G359-3 3
h=50 L-3 51
KL7(3) 400x1000
Φ8@100/200(4)
4Φ25;6Φ25 2/4
8Φ16 +0.400
KL8(1) 400x1000
Φ8@100/200(4)
4Φ25;8Φ25 4/4
G8Φ16
KL11(2) 400x1000
Φ8@100/200(4)
6Φ25 4/2;8Φ25 4/4
G8Φ16
KL9(3) 400x600
Φ8@100/200(4)
2Φ25+(2Φ14);4Φ25
G4Φ14
KL10(4) 400x1000
Φ8@100/200(4)
3Φ25;4Φ25
4Φ16 +0.400
KL11(2)
KL7(3)
6Φ8(4)
4Φ25
6Φ25 4/2
8Φ25 4/4
3300
3000
3550
3400
300
100
4200
400
4330
3870
4250
50
350
4500
4730
4270
粗格栅及提升泵房屋面梁配筋图
梁顶标高256.90
图名
粗格栅及提升泵房结构（七）
图号
02-34

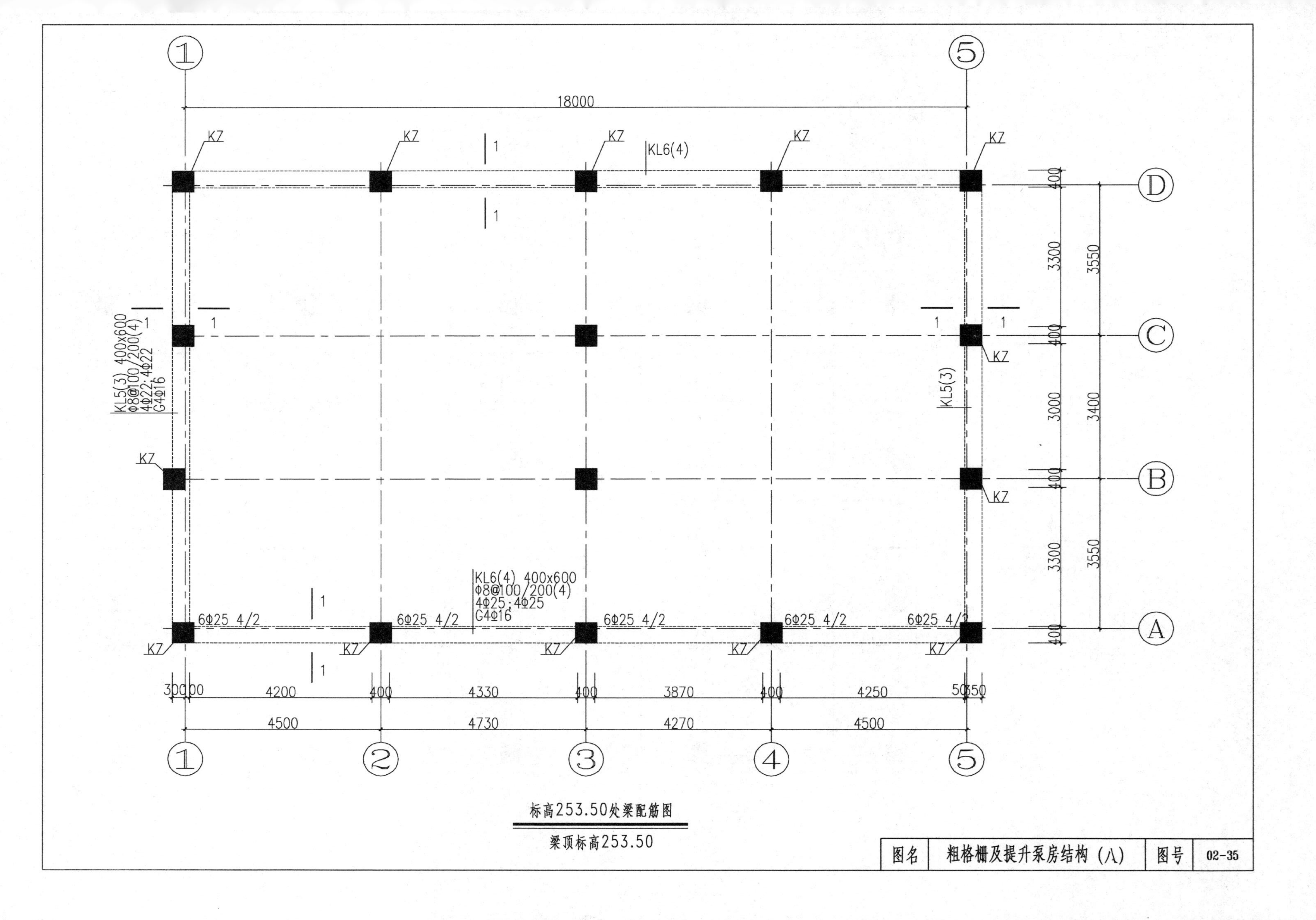
KZ
KL6(4)
KL5(3) 400x600
Φ8@100/200(4)
4Φ22;4Φ22
G4Φ16
KL5(3)
KL6(4) 400x600
Φ8@100/200(4)
4Φ25;4Φ25
G4Φ16
6Φ25 4/2
18000
4200
4330
3870
4250
4500
4730
4270
3300
3000
3550
3400
400
标高253.50处梁配筋图
梁顶标高253.50
图名
粗格栅及提升泵房结构（八）
图号
02-35

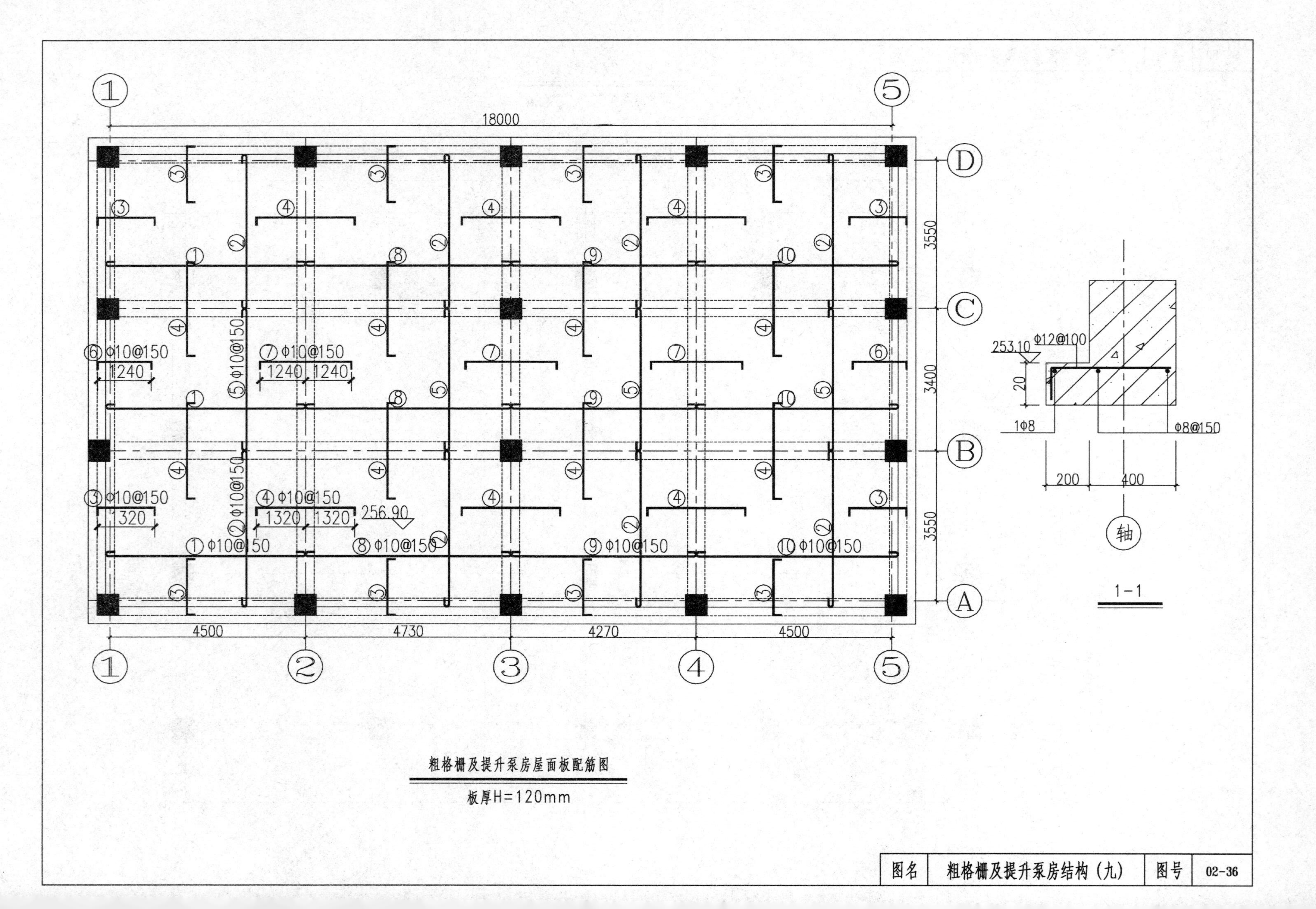
18000
4500
4730
4270
3550
3400
⑥Φ10@150
1240
⑦Φ10@150
③Φ10@150
320
④Φ10@150
1320
256.90
①Φ10@150
⑧Φ10@150
⑨Φ10@150
⑩Φ10@150
⑤Φ10@150
②Φ10@150
253.10
Φ12@100
20
1Φ8
Φ8@150
200
400
轴
1-1
粗格栅及提升泵房屋面板配筋图
板厚H=120mm
图名
粗格栅及提升泵房结构(九)
图号
02-36

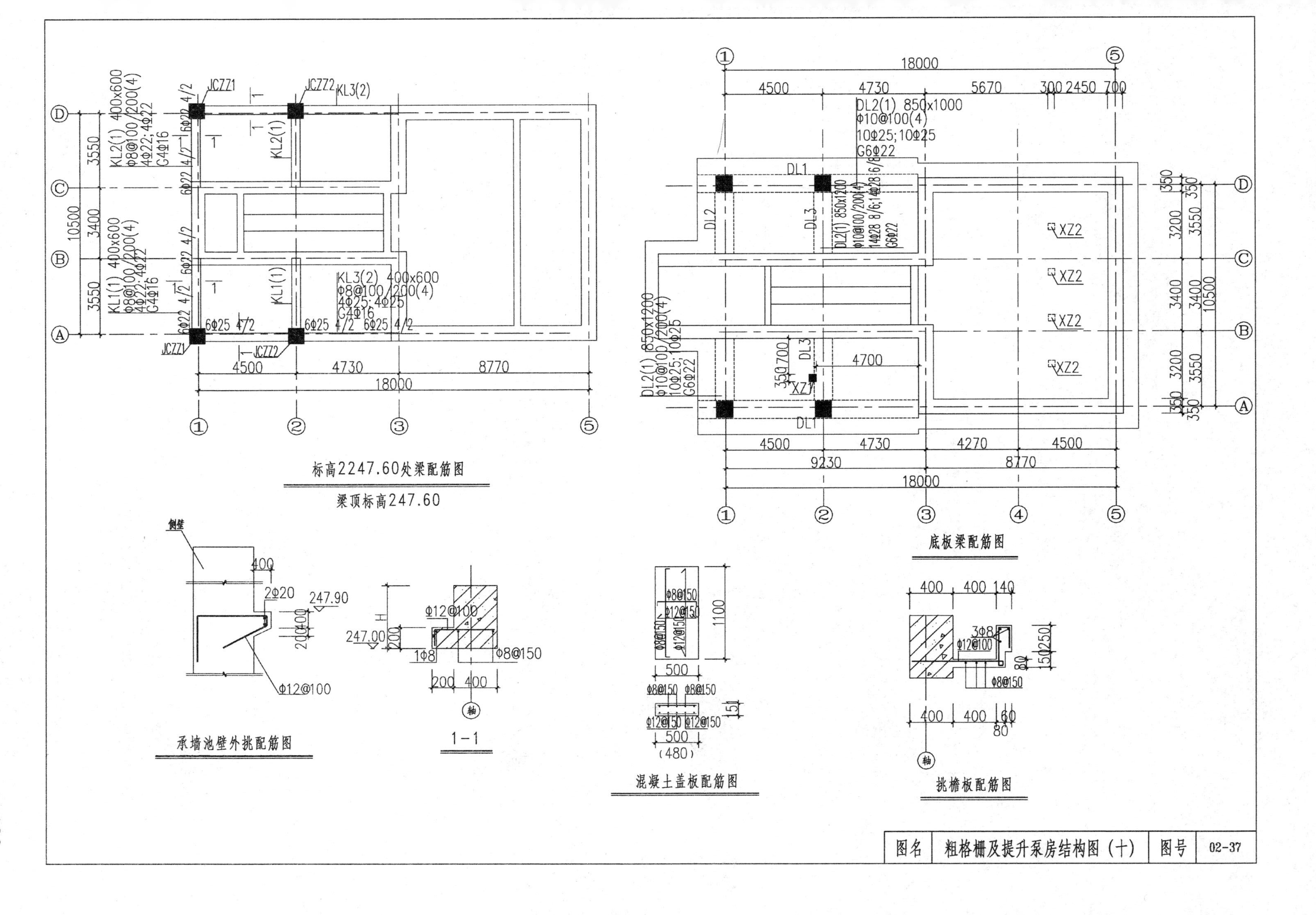
标高2247.60处梁配筋图
梁顶标高247.60
KL2(1) 400x600
Φ8@100/200(4)
4Φ22;4Φ22
G4Φ16
KL1(1) 400x600
Φ8@100/200(4)
4Φ22;4Φ22
G4Φ16
KL3(2) 400x600
Φ8@100/200(4)
4Φ25;4Φ25
G4Φ16
JCZZ1
JCZZ2
底板梁配筋图
DL2(1) 850x1000
Φ10@100(4)
10Φ25;10Φ25
G6Φ22
DL2(1) 850x1200
Φ10@100/200(4)
10Φ25;10Φ25
G6Φ22
DL1
DL2
DL3
XZ2
承墙池壁外挑配筋图
侧壁
2Φ20
Φ12@100
247.90
247.00
1-1
Φ8@150
1Φ8
混凝土盖板配筋图
Φ8@150
Φ12@150
(480)
挑檐板配筋图
3Φ8
Φ12@100
Φ8@150
图名
粗格栅及提升泵房结构图（十）
图号
02-37

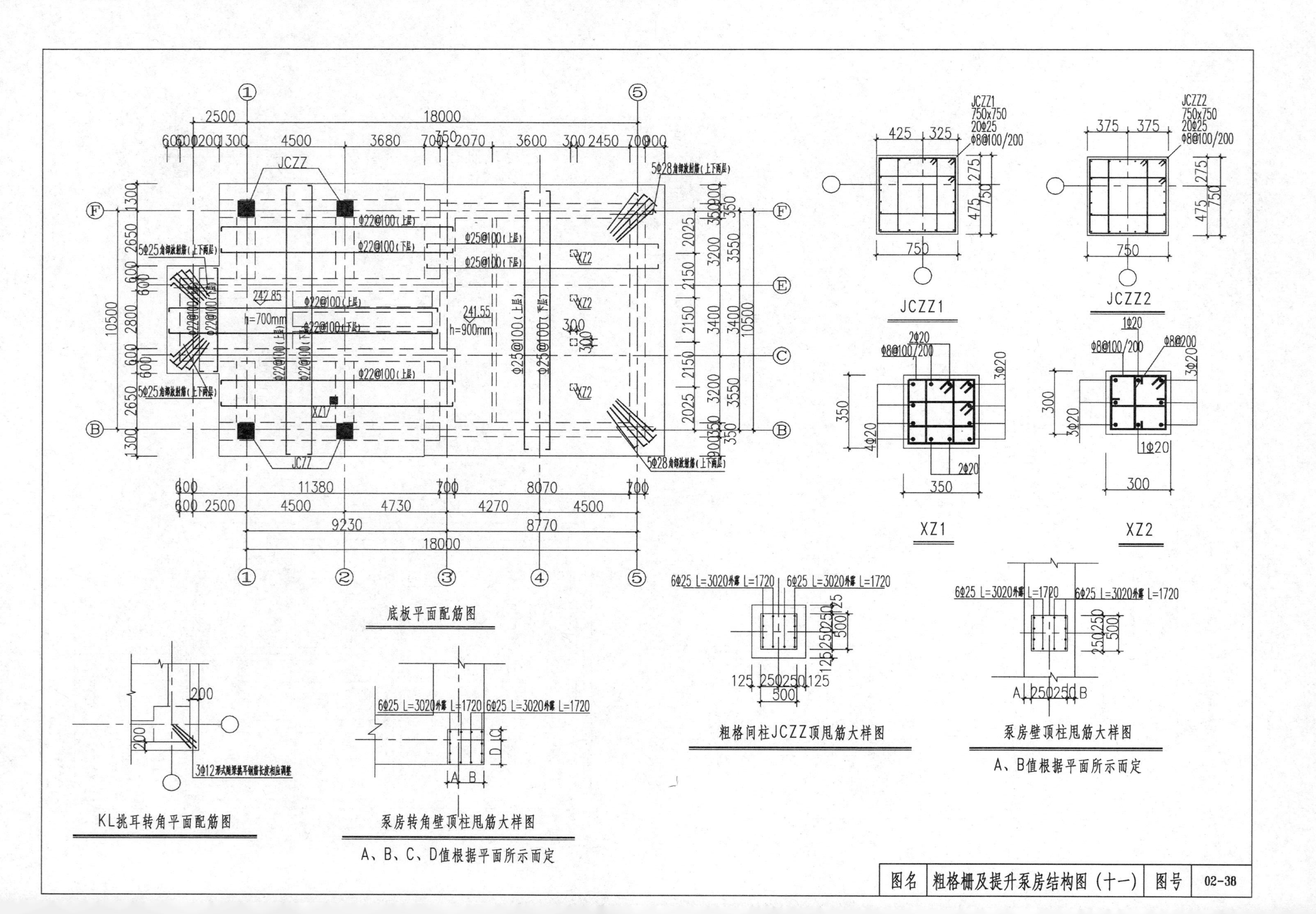
底板平面配筋图
JCZZ1
JCZZ2
XZ1
XZ2
粗格间柱JCZZ顶甩筋大样图
泵房壁顶柱甩筋大样图
A、B值根据平面所示而定
KL挑耳转角平面配筋图
泵房转角壁顶柱甩筋大样图
A、B、C、D值根据平面所示而定
图名
粗格栅及提升泵房结构图（十一）
图号
02-38

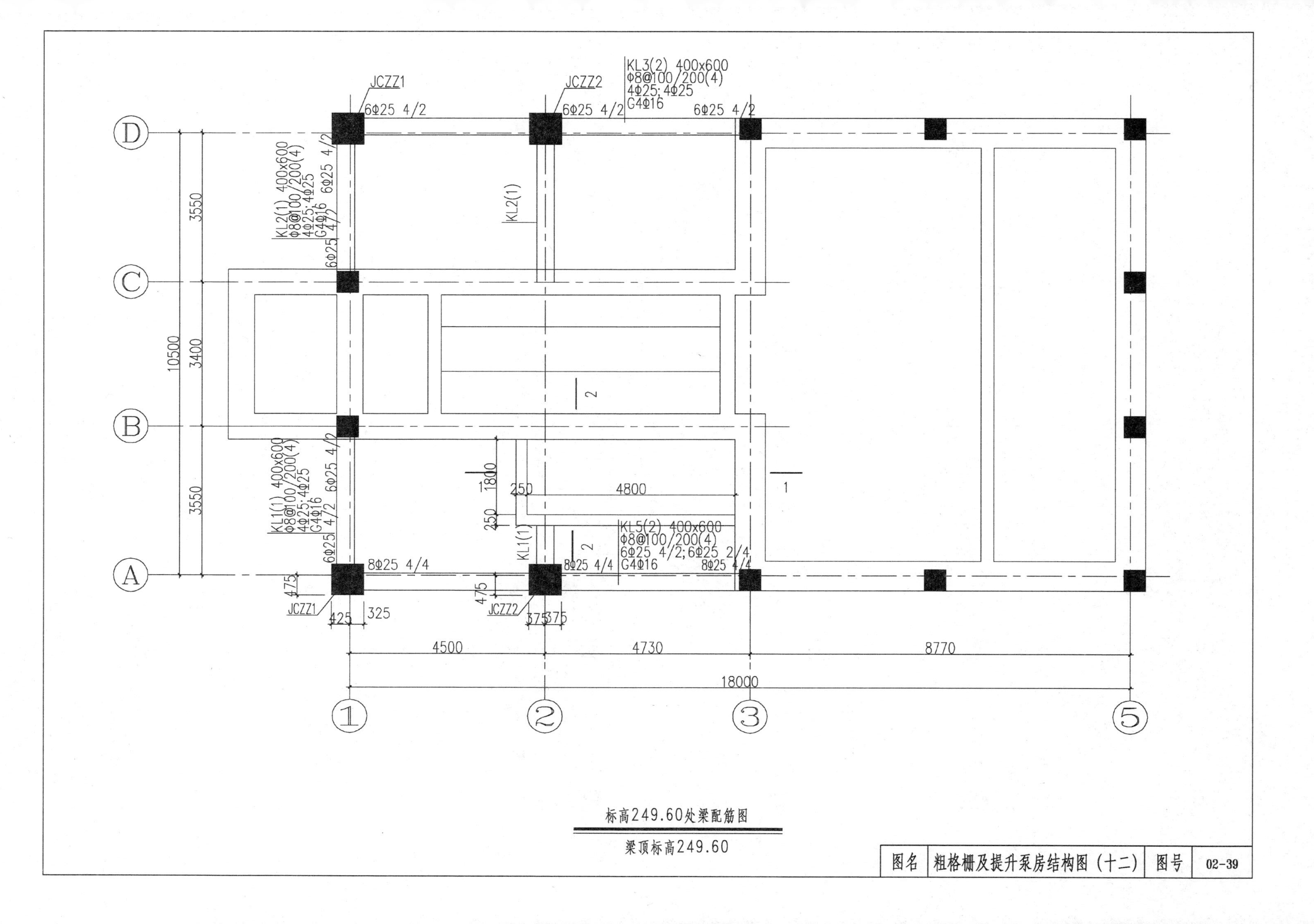
JCZZ1
JCZZ2
KL3(2) 400x600
Φ8@100/200(4)
4Φ25;4Φ25
G4Φ16
6Φ25 4/2
KL2(1) 400x600
Φ8@100/200(4)
4Φ25;4Φ25
G4Φ16
KL2(1)
KL1(1) 400x600
Φ8@100/200(4)
4Φ25;4Φ25
G4Φ16
KL1(1)
KL5(2) 400x600
Φ8@100/200(4)
6Φ25 4/2;6Φ25 2/4
G4Φ16
8Φ25 4/4
3550
3400
10500
4500
4730
8770
18000
4800
1800
250
475
425
325
375
A
B
C
D
1
2
3
5
标高249.60处梁配筋图
梁顶标高249.60
图名
粗格栅及提升泵房结构图（十二）
图号
02-39

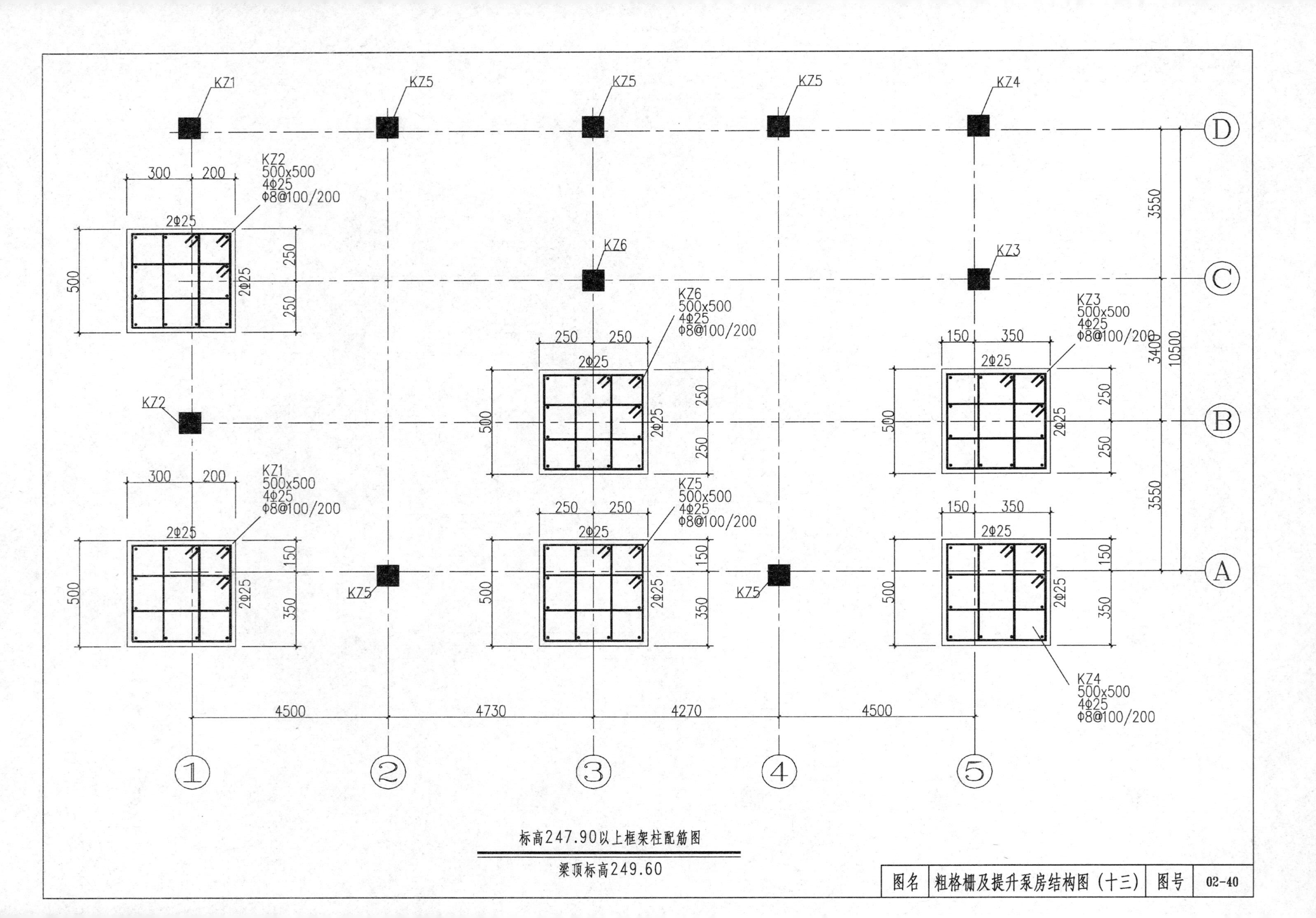
KZ1
KZ2
KZ3
KZ4
KZ5
KZ6
KZ1 500x500 4Φ25 Φ8@100/200
KZ2 500x500 4Φ25 Φ8@100/200
KZ3 500x500 4Φ25 Φ8@100/200
KZ4 500x500 4Φ25 Φ8@100/200
KZ5 500x500 4Φ25 Φ8@100/200
KZ6 500x500 4Φ25 Φ8@100/200
2Φ25
300 200 150 350 250 500
4500 4730 4270 4500
3550 3400 3550 10500
1 2 3 4 5
A B C D
标高247.90以上框架柱配筋图
梁顶标高249.60
图名 粗格栅及提升泵房结构图（十三） 图号 02-40

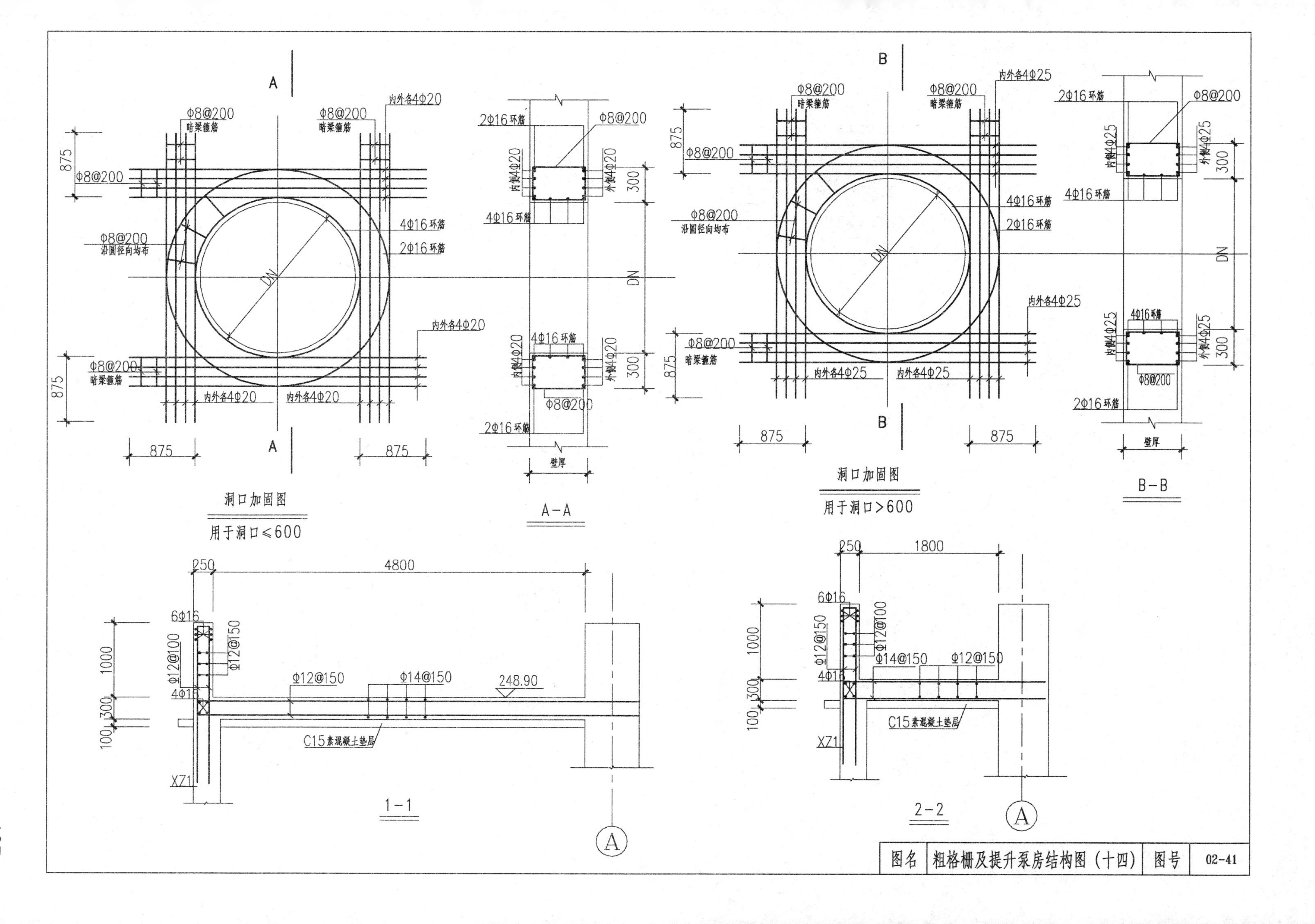

图名	粗格栅及提升泵房结构图（十四）	图号	02-41

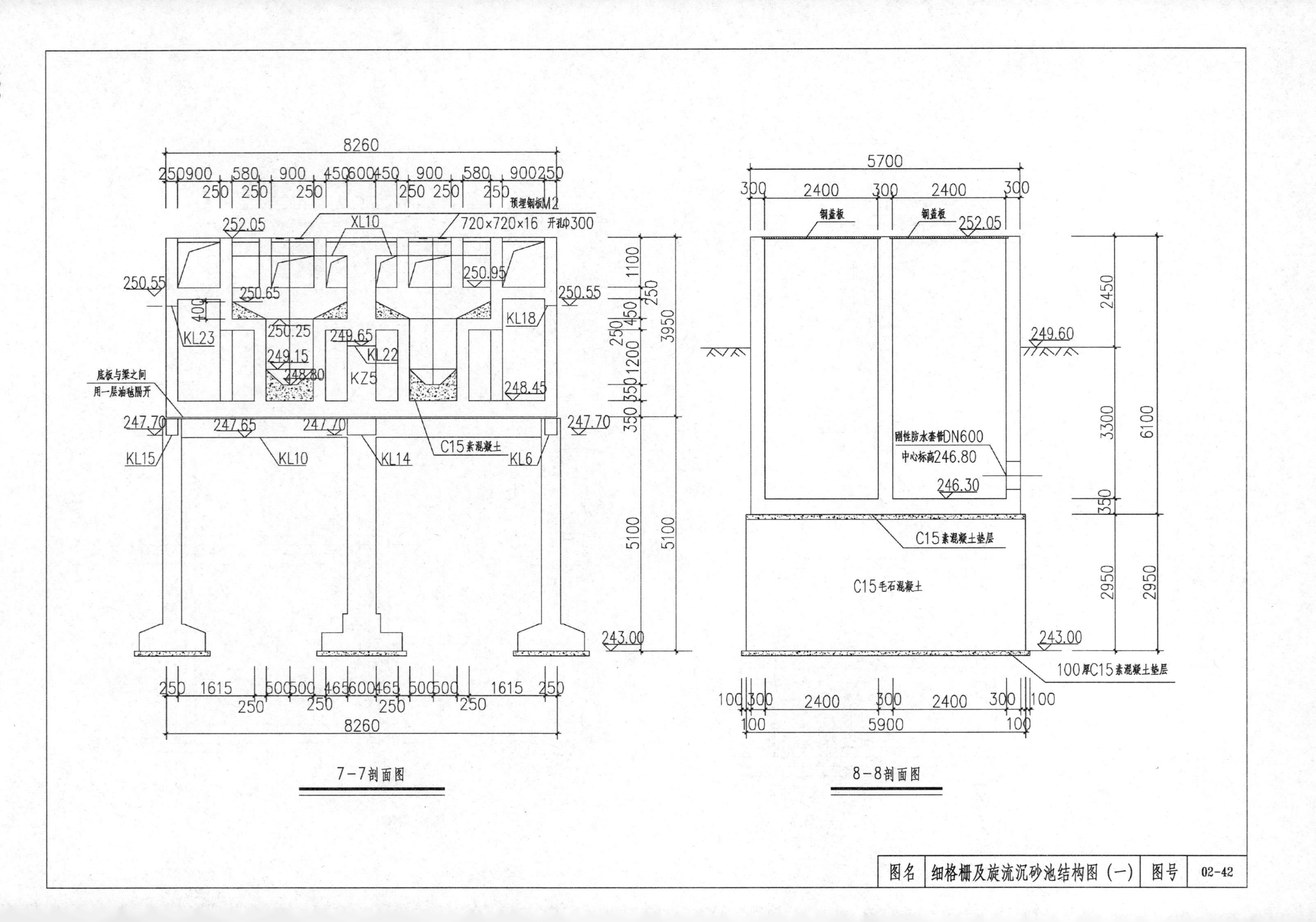
预埋钢板M2
720×720×16 开孔φ300
XL10
252.05
250.55
250.65
250.95
250.25
249.65
249.15
248.80
248.45
KL23
KL18
KL22
KZ5
底板与梁之间
用一层油毡隔开
247.70
247.65
KL15
KL10
KL14
KL6
C15素混凝土
243.00
钢盖板
249.60
刚性防水套管DN600
中心标高246.80
246.30
C15素混凝土垫层
C15毛石混凝土
100厚C15素混凝土垫层
7-7剖面图
8-8剖面图
图名
细格栅及旋流沉砂池结构图（一）
图号
02-42

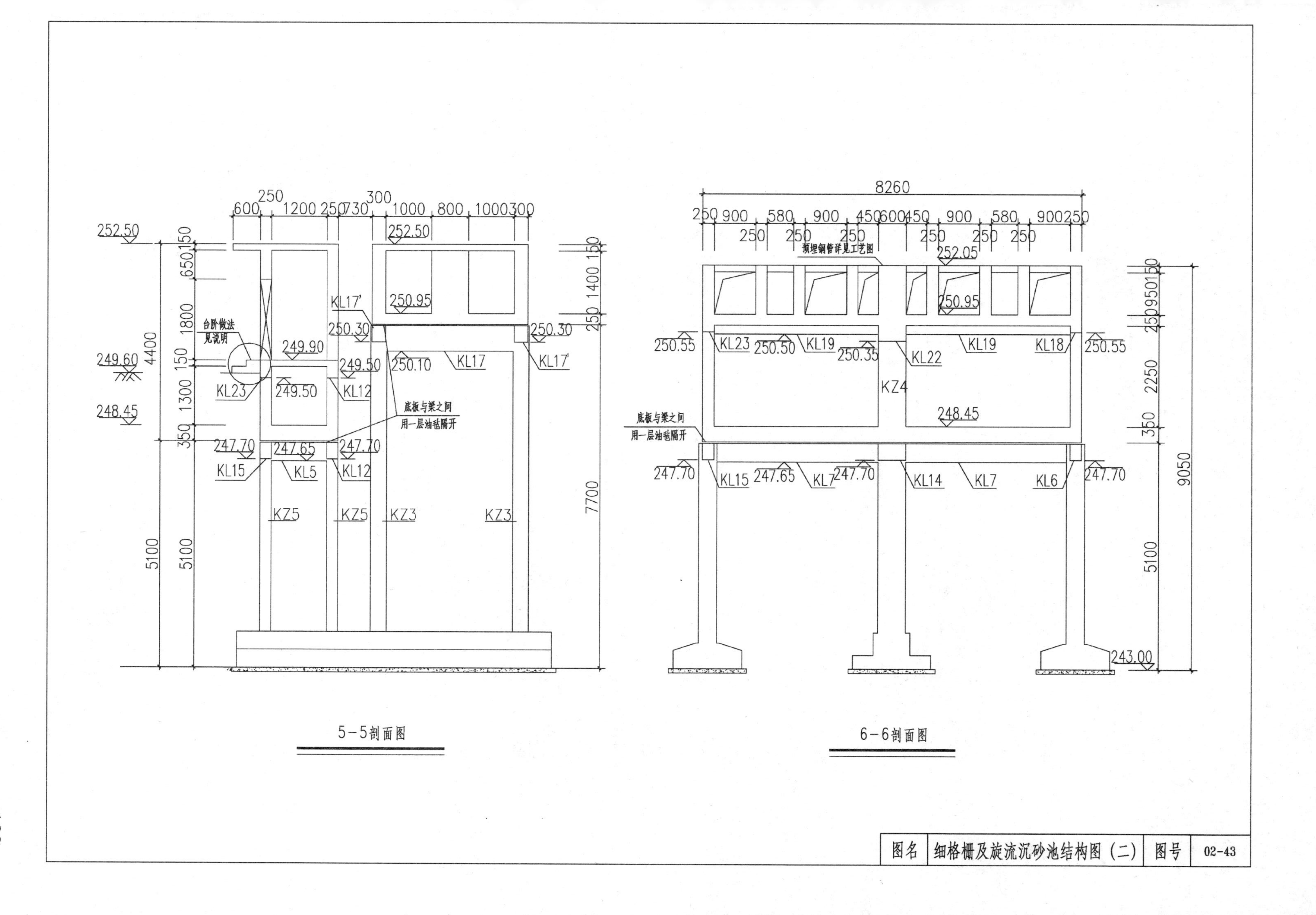

台阶做法
见说明
底板与梁之间
用一层油毡隔开
预埋钢管详见工艺图
KL17'
KL17
KL23
KL12
KL15
KL5
KZ5
KZ3
KL19
KL18
KL22
KZ4
KL14
KL7
KL6
5-5剖面图
6-6剖面图
图名
细格栅及旋流沉砂池结构图（二）
图号
02-43

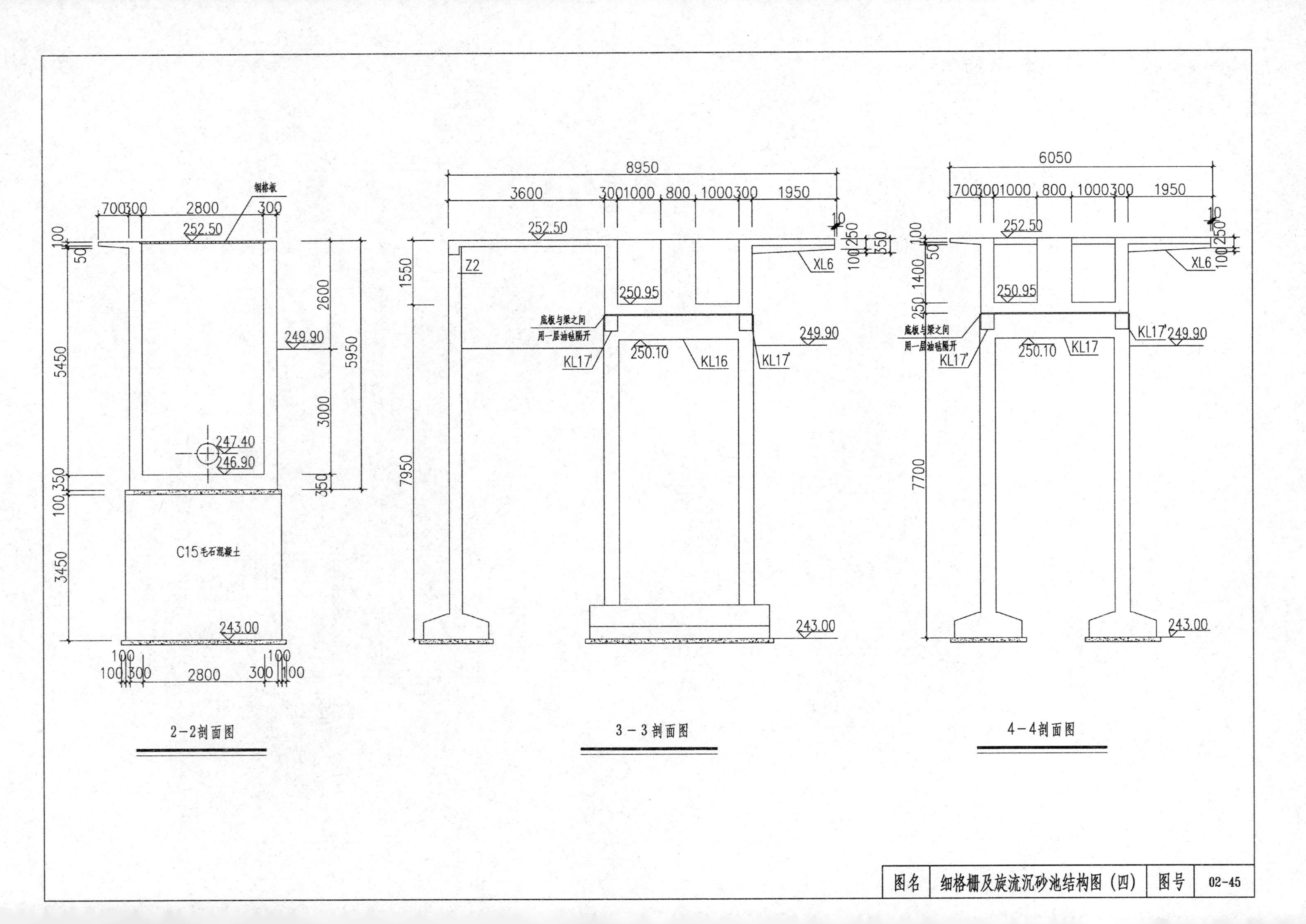
钢格板
C15毛石混凝土
底板与梁之间
用一层油毡隔开
2-2剖面图
3-3剖面图
4-4剖面图
图名
细格栅及旋流沉砂池结构图(四)
图号
02-45

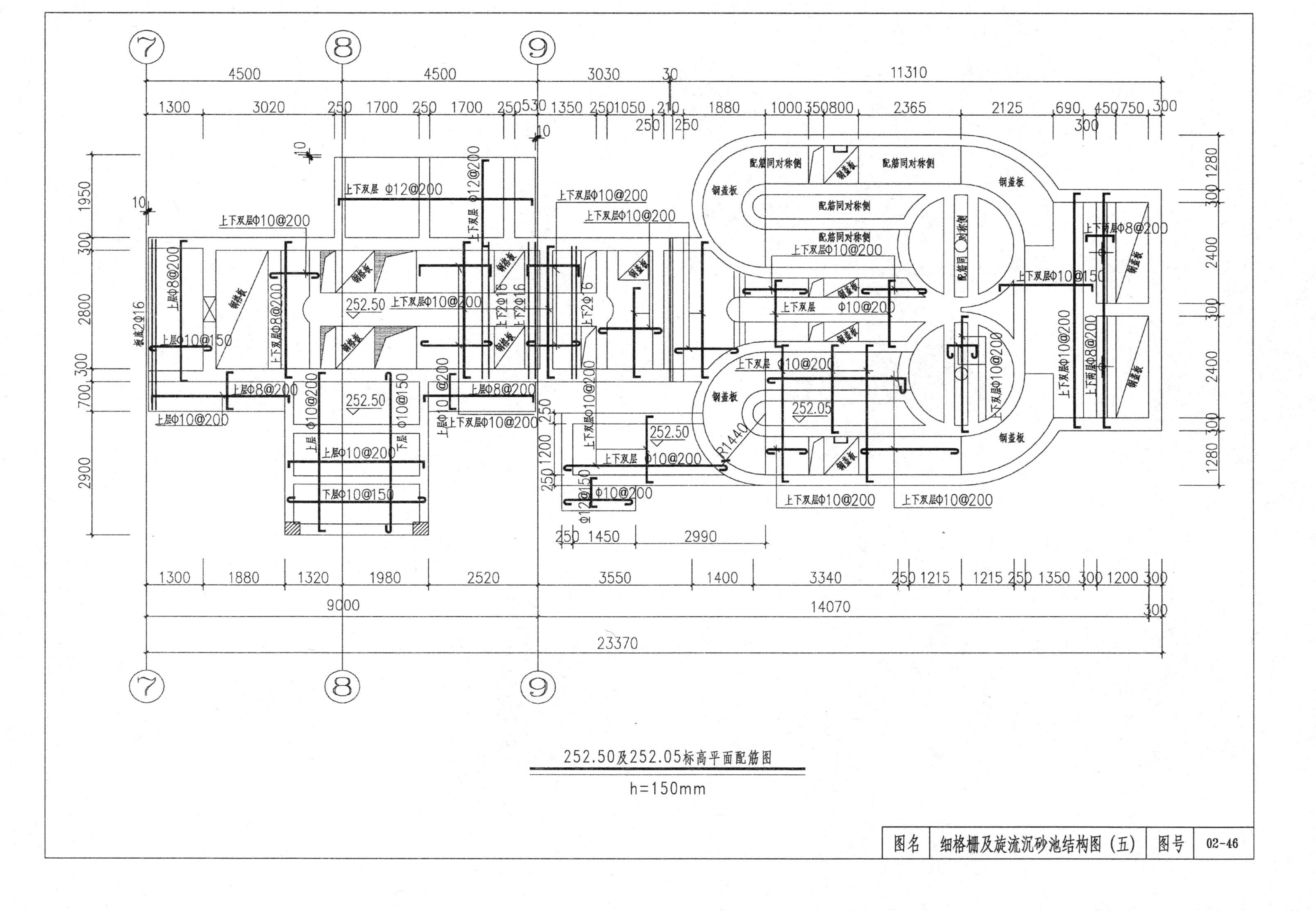
252.50及252.05标高平面配筋图
h=150mm
图名
细格栅及旋流沉砂池结构图（五）
图号
02-46

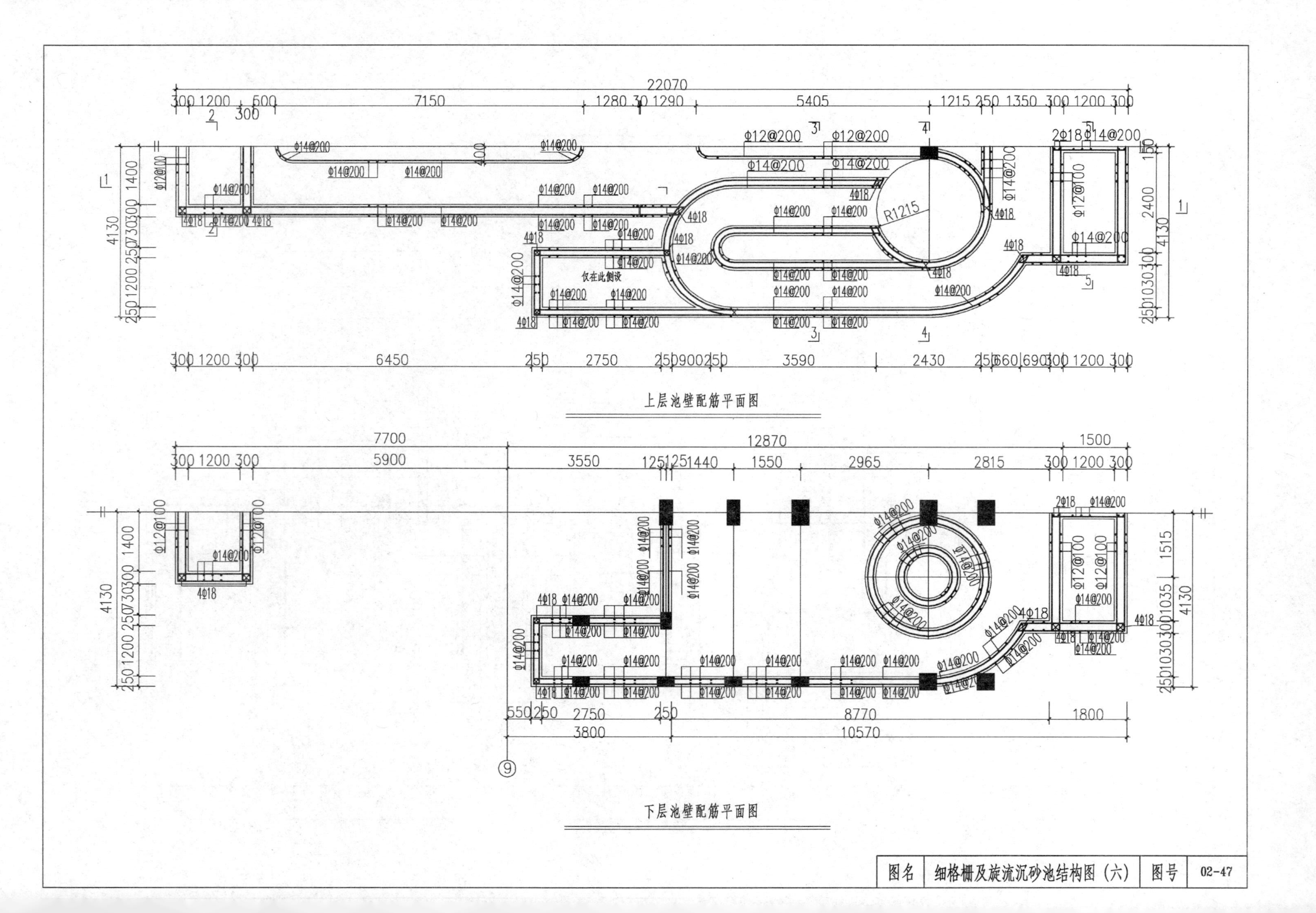

上层池壁配筋平面图
下层池壁配筋平面图
图名
细格栅及旋流沉砂池结构图（六）
图号
02-47

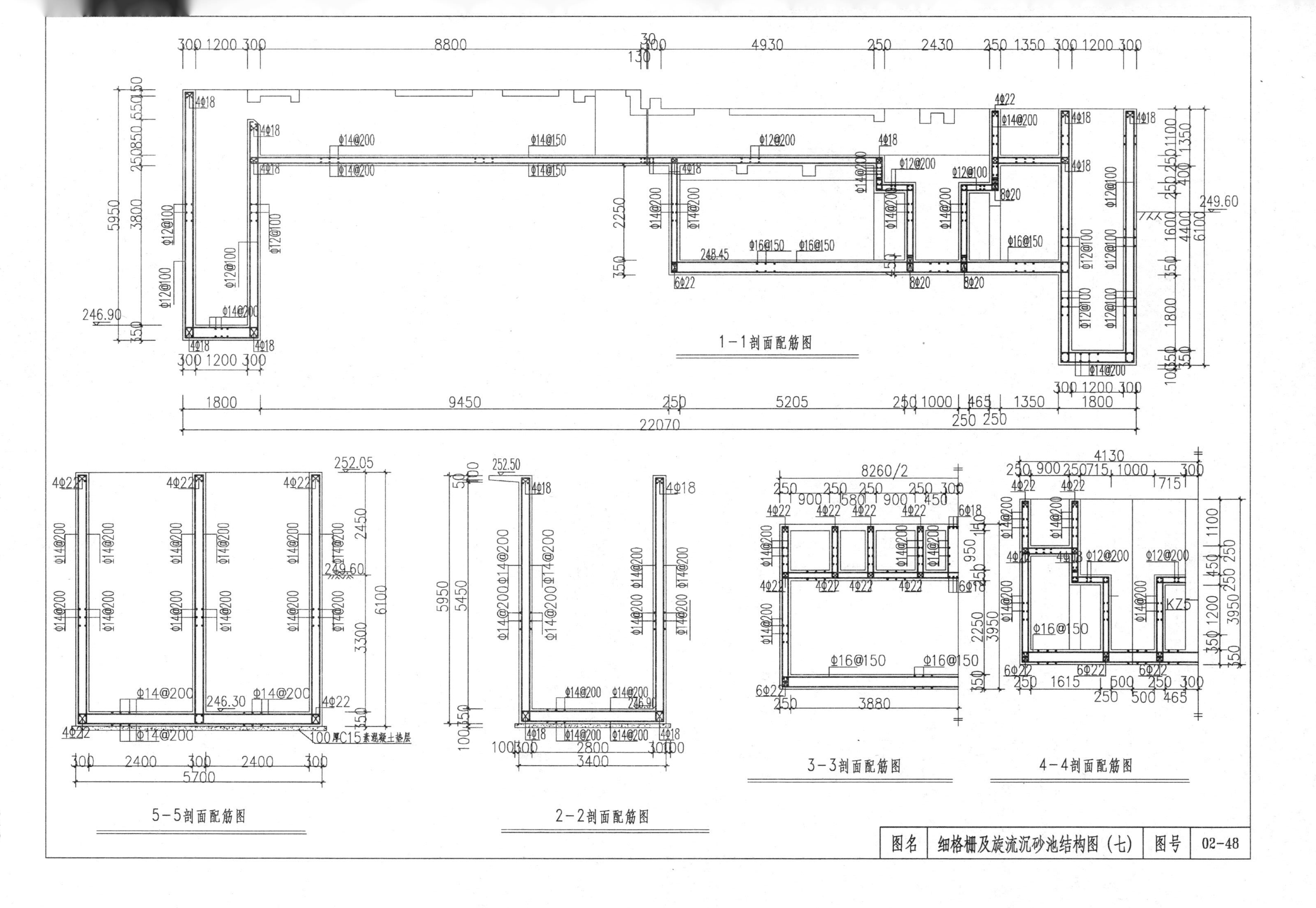
1－1剖面配筋图
5－5剖面配筋图
2－2剖面配筋图
3－3剖面配筋图
4－4剖面配筋图
100厚C15素混凝土垫层
图名
细格栅及旋流沉砂池结构图（七）
图号
02-48

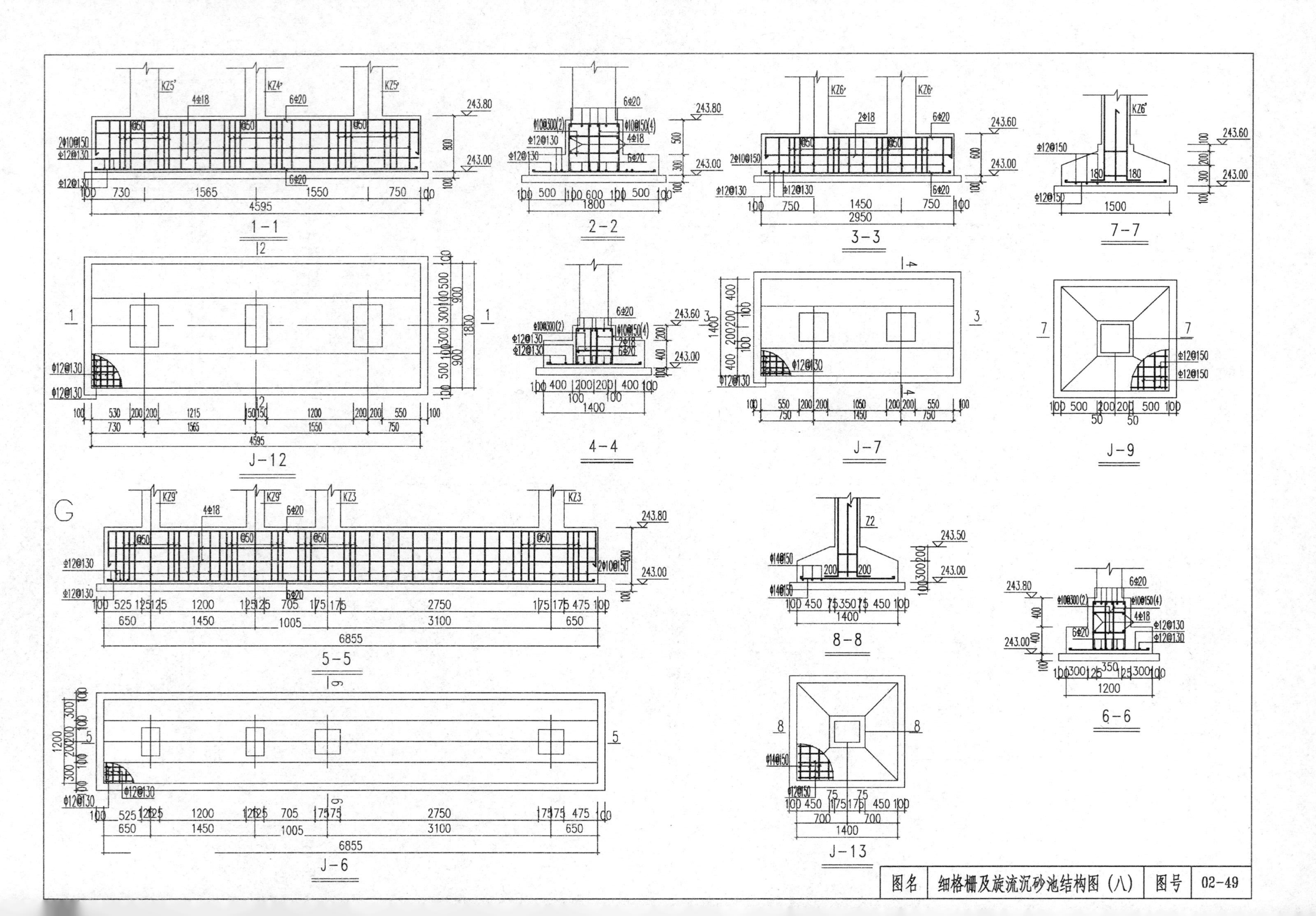

1-1
2-2
3-3
7-7
J-12
4-4
J-7
J-9
5-5
8-8
6-6
J-6
J-13
图名
细格栅及旋流沉砂池结构图（八）
图号
02-49

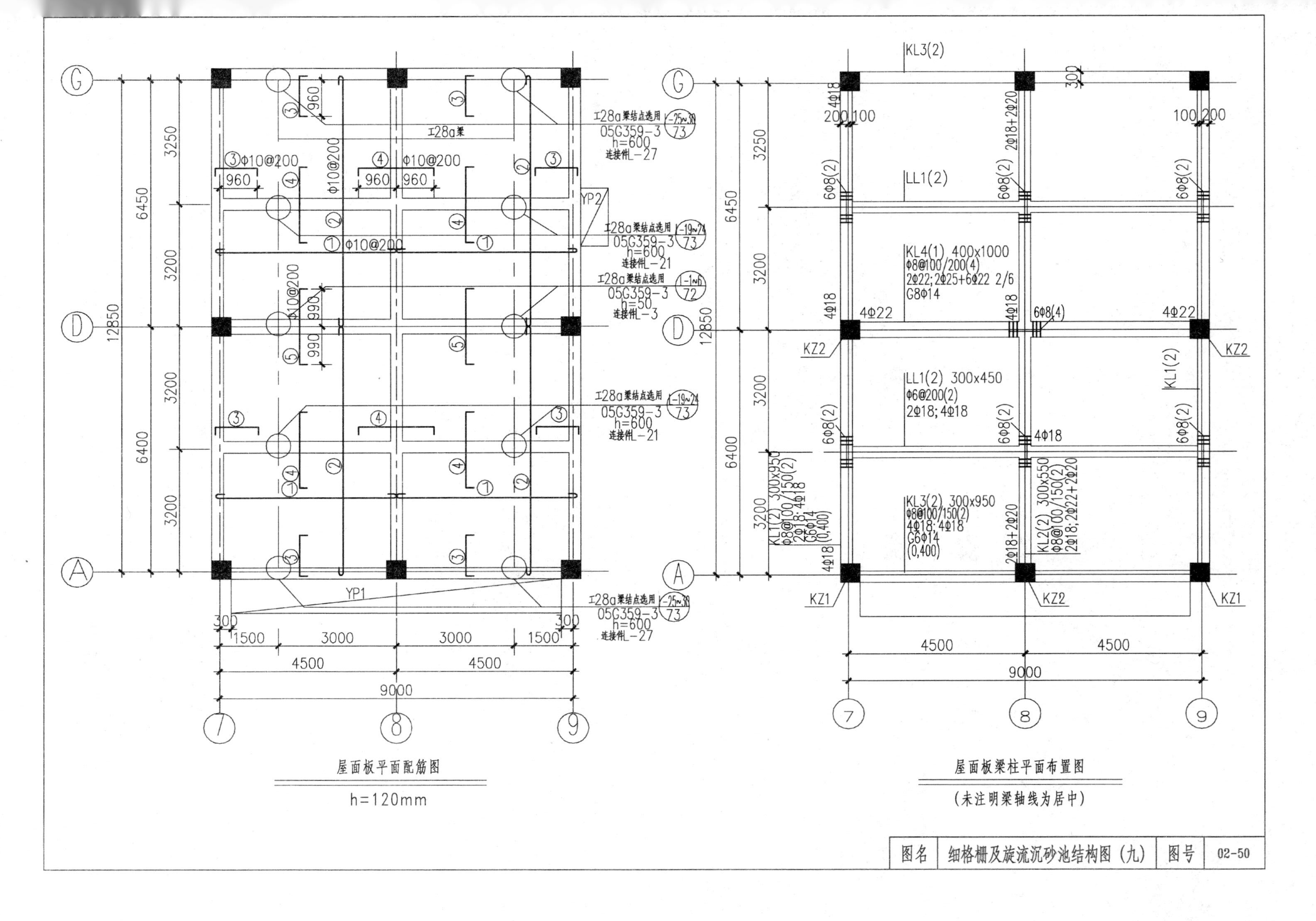
工28a梁结点选用
05G359-3
h=600
连接件L-27
工28a梁
YP2
工28a梁结点选用
05G359-3
h=600
连接件L-21
工28a梁结点选用
05G359-3
h=50
连接件L-3
YP1
Φ10@200
KL3(2)
LL1(2)
KL4(1) 400x1000
Φ8@100/200(4)
2Φ22;2Φ25+6Φ22 2/6
G8Φ14
LL1(2) 300x450
Φ6@200(2)
2Φ18;4Φ18
KL3(2) 300x950
Φ8@100/150(2)
4Φ18;4Φ18
G6Φ14
(0,400)
KL2(2) 300x550
Φ8@100/150(2)
2Φ18;2Φ22+2Φ20
KL1(2) 300x950
Φ8@100/150(2)
2Φ18;4Φ18
G6Φ14
(0,400)
KZ1
KZ2
屋面板平面配筋图
h=120mm
屋面板梁柱平面布置图
(未注明梁轴线为居中)
图名
细格栅及旋流沉砂池结构图（九）
图号
02-50

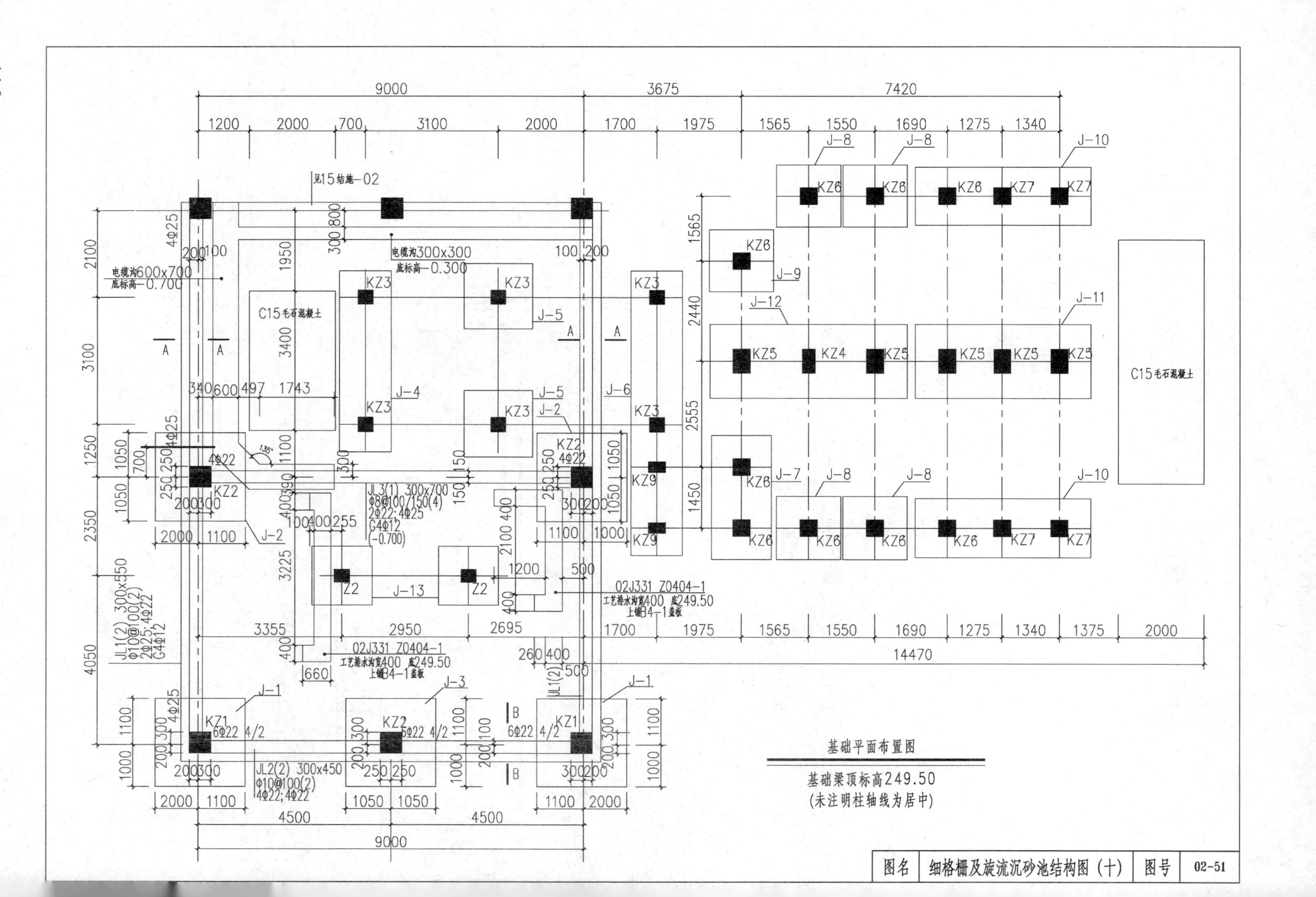
见15结施-02
电缆沟600x700
底标高-0.700
电缆沟300x300
底标高-0.300
C15毛石混凝土
JL3(1) 300x700
φ8@100/150(4)
2φ22;4φ25
G4φ12
(-0.700)
JL1(2) 300x550
φ10@100(2)
2φ25;4φ22
G4φ12
JL2(2) 300x450
φ10@100(2)
4φ22;4φ22
02J331 Z0404-1
工艺排水沟宽400 底249.50
上铺B4-1盖板
基础平面布置图
基础梁顶标高249.50
(未注明柱轴线为居中)
图名
细格栅及旋流沉砂池结构图（十）
图号
02-51

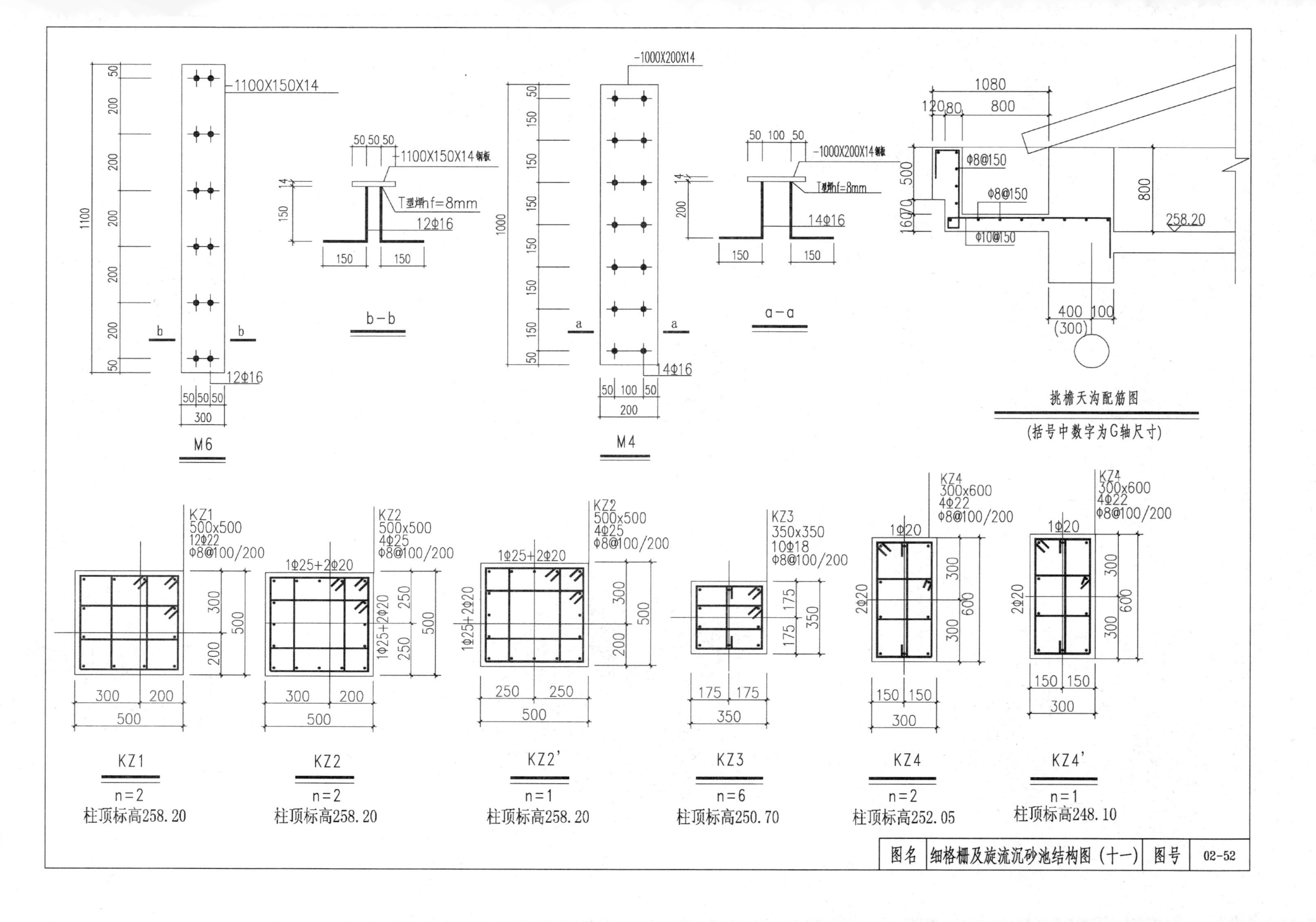
-1100X150X14
1100
12Φ16
M6
1100X150X14钢板
T型焊hf=8mm
12Φ16
b-b
-1000X200X14
1000
14Φ16
M4
-1000X200X14钢板
T型焊hf=8mm
14Φ16
a-a
1080
800
Φ8@150
Φ8@150
Φ10@150
258.20
400
100
(300)
挑檐天沟配筋图
(括号中数字为G轴尺寸)
KZ1
500x500
12Φ22
Φ8@100/200
KZ2
500x500
4Φ25
Φ8@100/200
1Φ25+2Φ20
KZ2
500x500
4Φ25
Φ8@100/200
1Φ25+2Φ20
KZ3
350x350
10Φ18
Φ8@100/200
KZ4
300x600
4Φ22
Φ8@100/200
1Φ20
2Φ20
KZ4
300x600
4Φ22
Φ8@100/200
1Φ20
2Φ20
KZ1
n=2
柱顶标高258.20
KZ2
n=2
柱顶标高258.20
KZ2'
n=1
柱顶标高258.20
KZ3
n=6
柱顶标高250.70
KZ4
n=2
柱顶标高252.05
KZ4'
n=1
柱顶标高248.10
图名
细格栅及旋流沉砂池结构图(十一)
图号
02-52

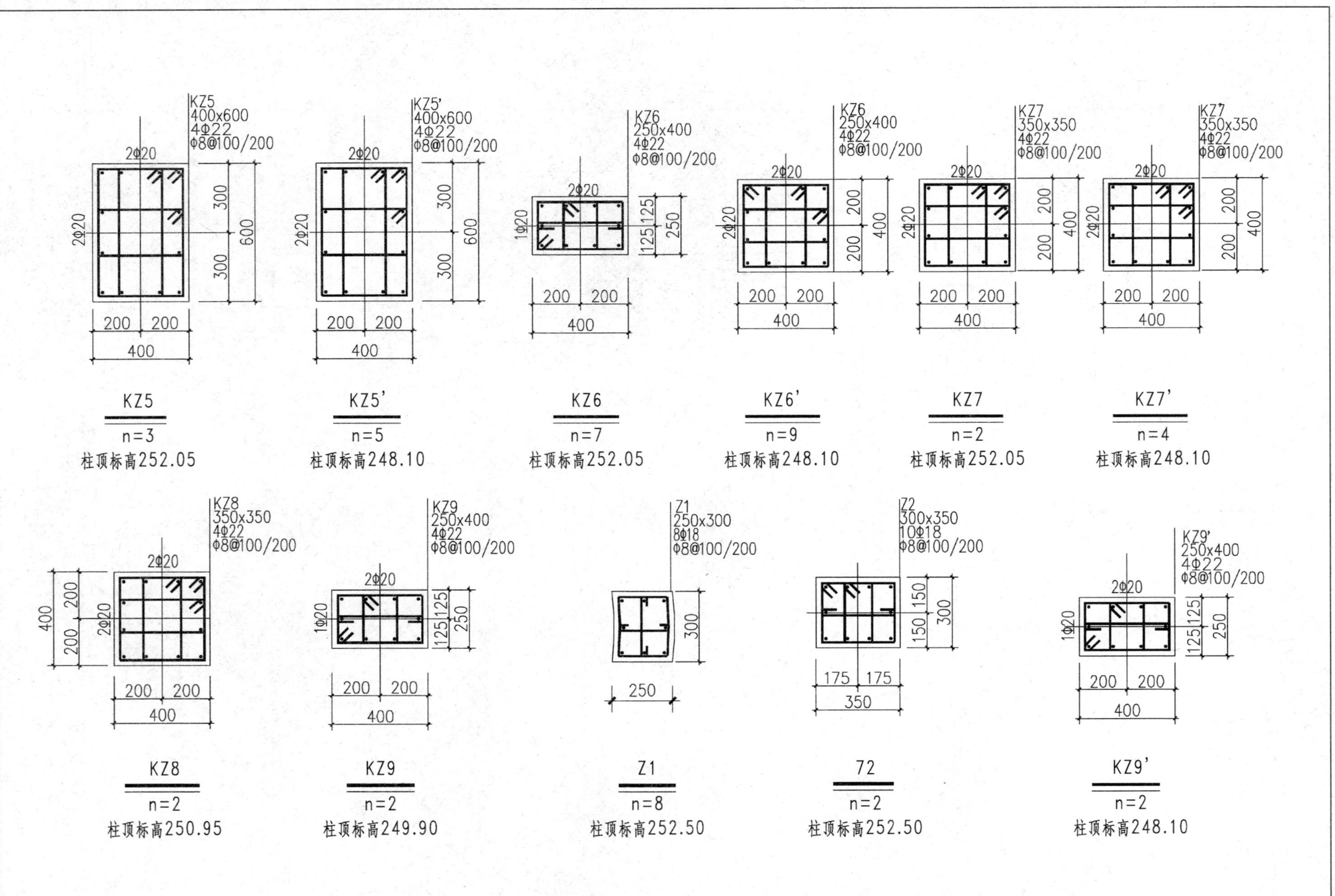
KZ5
400x600
4Φ22
Φ8@100/200
2Φ20
KZ5
n=3
柱顶标高252.05
KZ5'
400x600
4Φ22
Φ8@100/200
KZ5'
n=5
柱顶标高248.10
KZ6
250x400
4Φ22
Φ8@100/200
1Φ20
KZ6
n=7
柱顶标高252.05
KZ6'
n=9
柱顶标高248.10
KZ7
350x350
4Φ22
Φ8@100/200
KZ7
n=2
柱顶标高252.05
KZ7'
350x350
4Φ22
Φ8@100/200
KZ7'
n=4
柱顶标高248.10
KZ8
350x350
4Φ22
Φ8@100/200
KZ8
n=2
柱顶标高250.95
KZ9
250x400
4Φ22
Φ8@100/200
KZ9
n=2
柱顶标高249.90
Z1
250x300
8Φ18
Φ8@100/200
Z1
n=8
柱顶标高252.50
Z2
300x350
10Φ18
Φ8@100/200
72
n=2
柱顶标高252.50
KZ9'
250x400
4Φ22
Φ8@100/200
KZ9'
n=2
柱顶标高248.10
图名
细格栅及旋流沉砂池结构图（十二）
图号
02-53

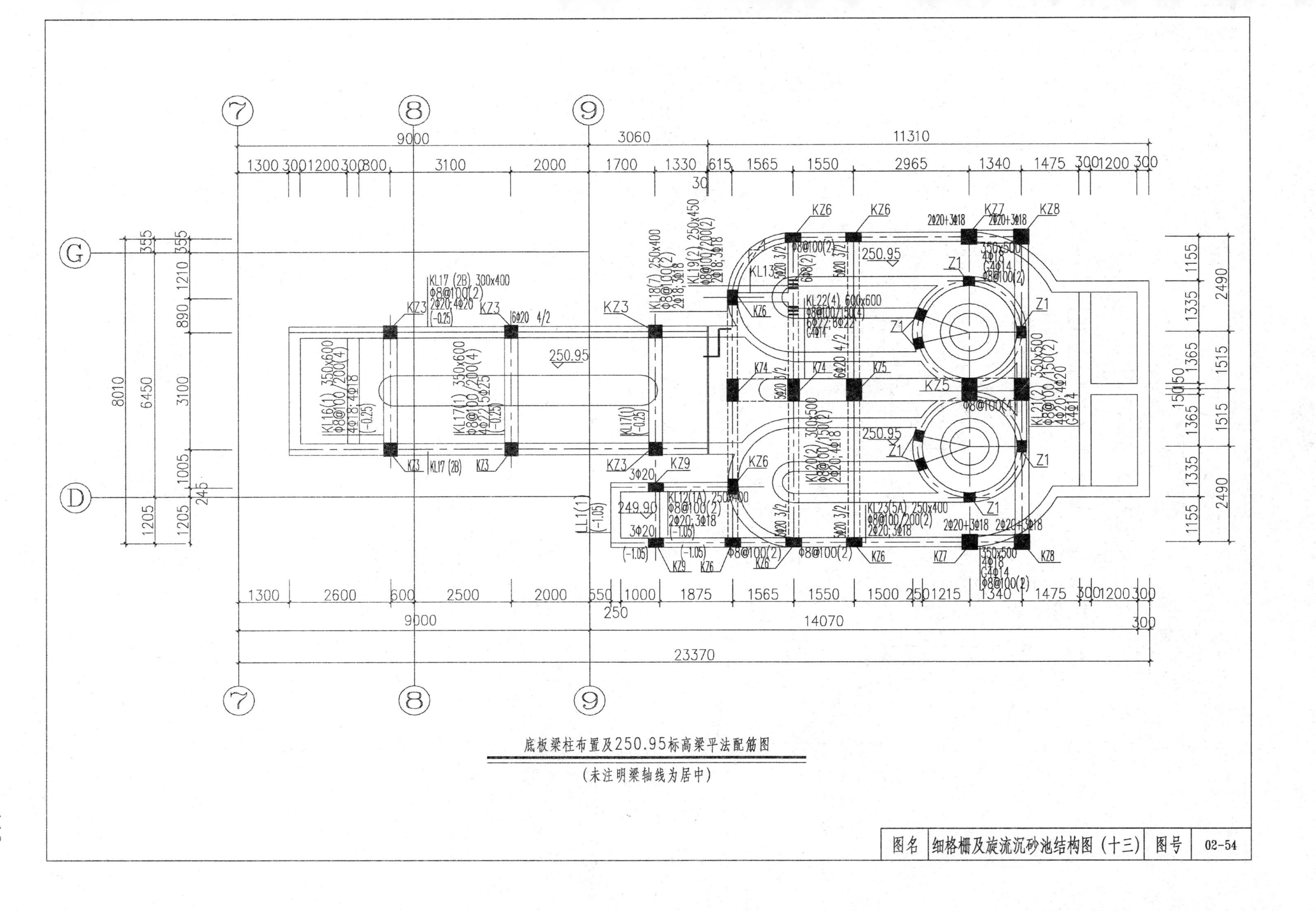

底板梁柱布置及250.95标高梁平法配筋图

（未注明梁轴线为居中）

图名	细格栅及旋流沉砂池结构图（十三）	图号	02-54

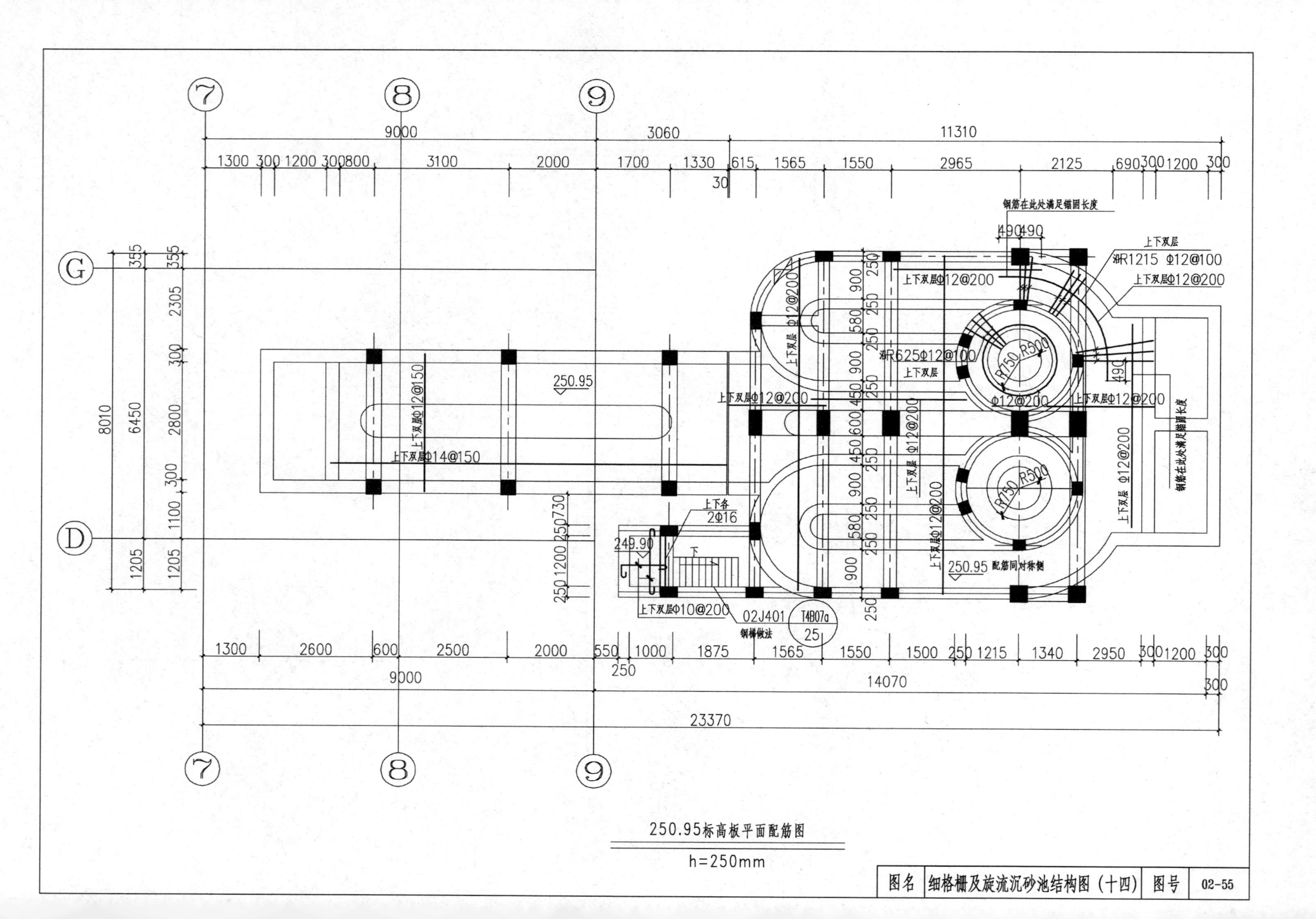

钢筋在此处满足锚固长度
上下双层
R1215 Φ12@100
上下双层Φ12@200
R625Φ12@100
上下双层
上下双层Φ14@150
上下双层Φ12@150
上下各
2Φ16
上下双层Φ10@200
02J401
钢梯做法
T4B07a
25
250.95 配筋同对称侧
250.95标高板平面配筋图
h=250mm
图名
细格栅及旋流沉砂池结构图（十四）
图号
02-55

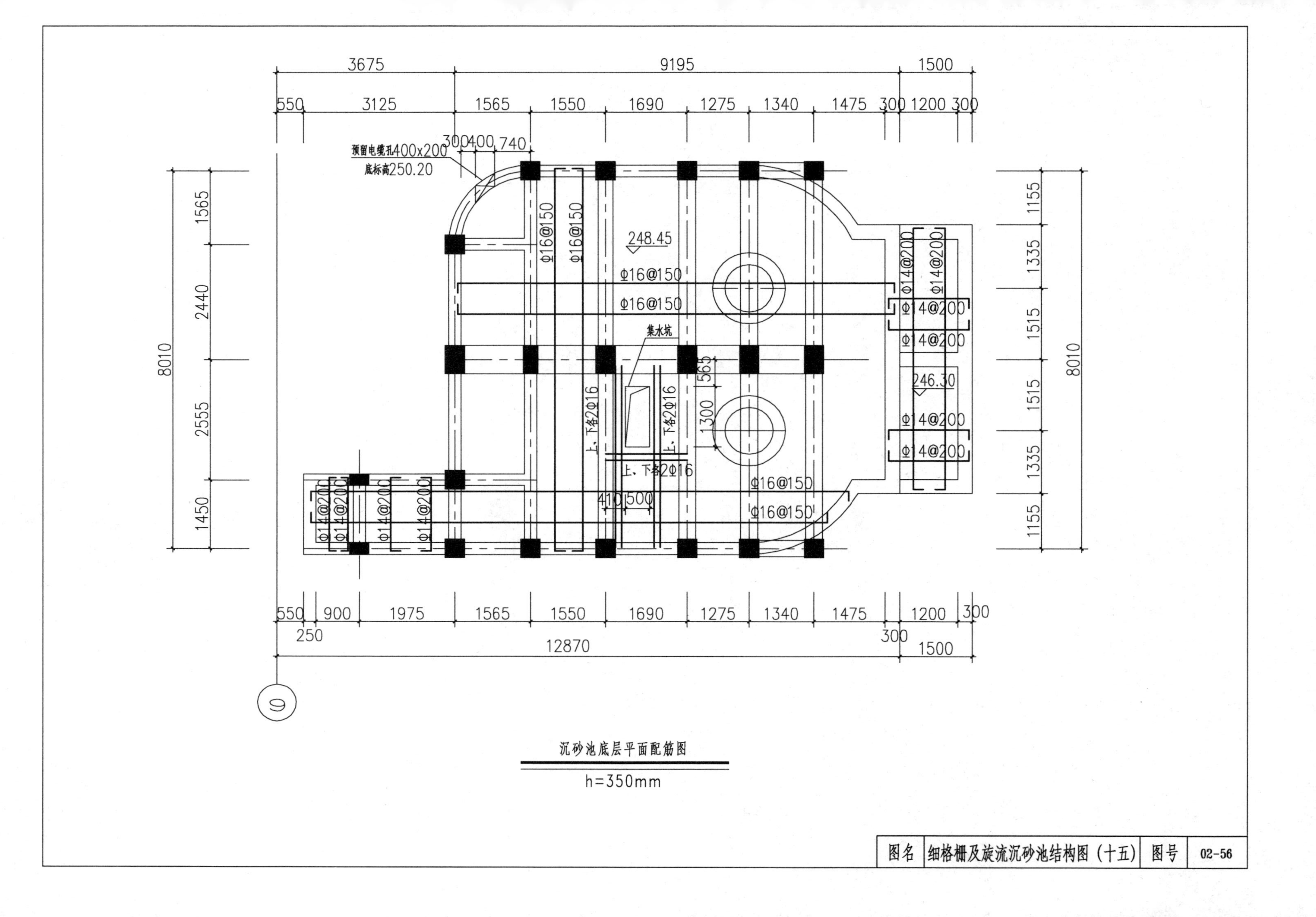

沉砂池底层平面配筋图

h=350mm

图名	细格栅及旋流沉砂池结构图（十五）	图号	02-56

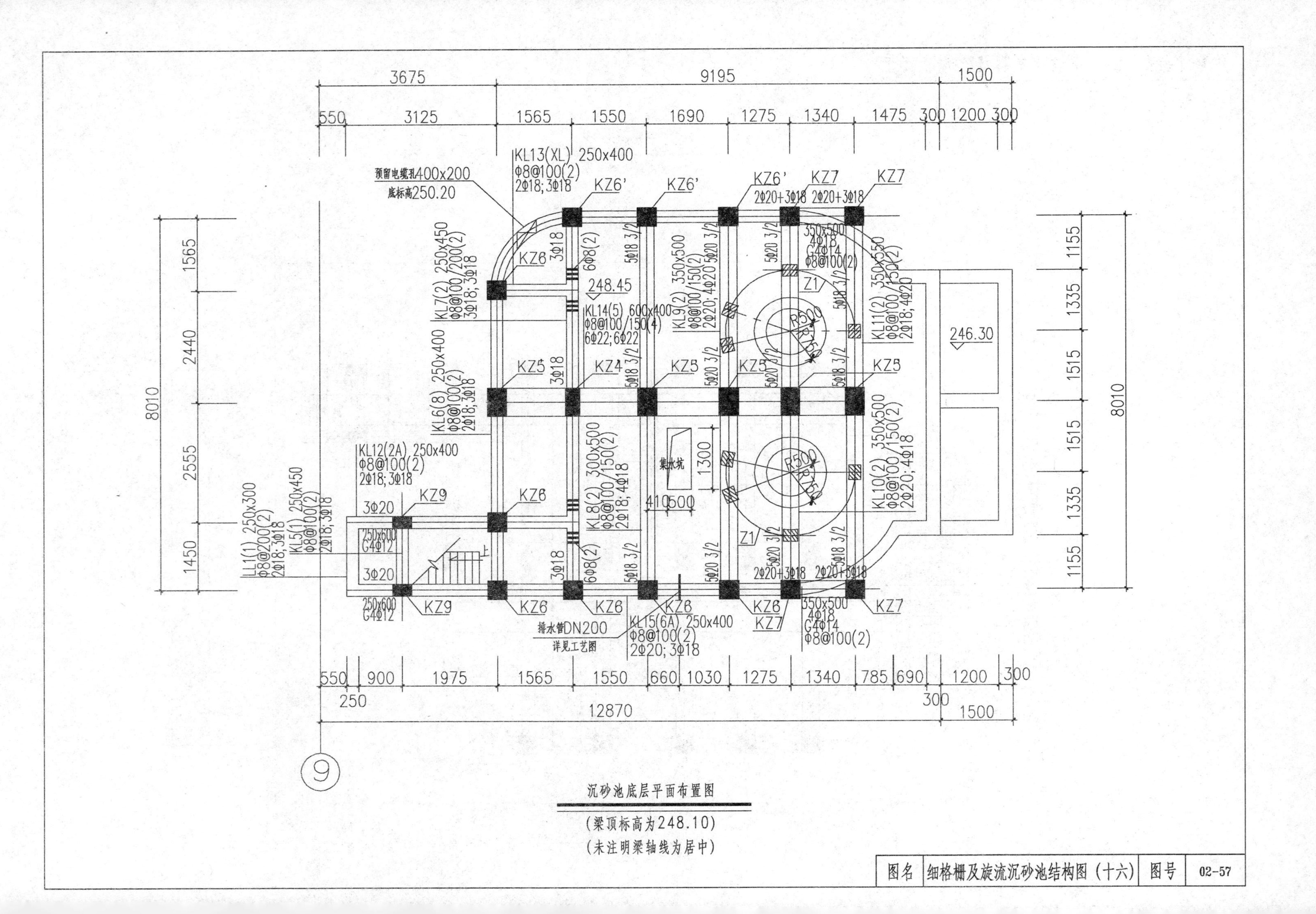
沉砂池底层平面布置图
（梁顶标高为248.10）
（未注明梁轴线为居中）
图名
细格栅及旋流沉砂池结构图（十六）
图号
02-57

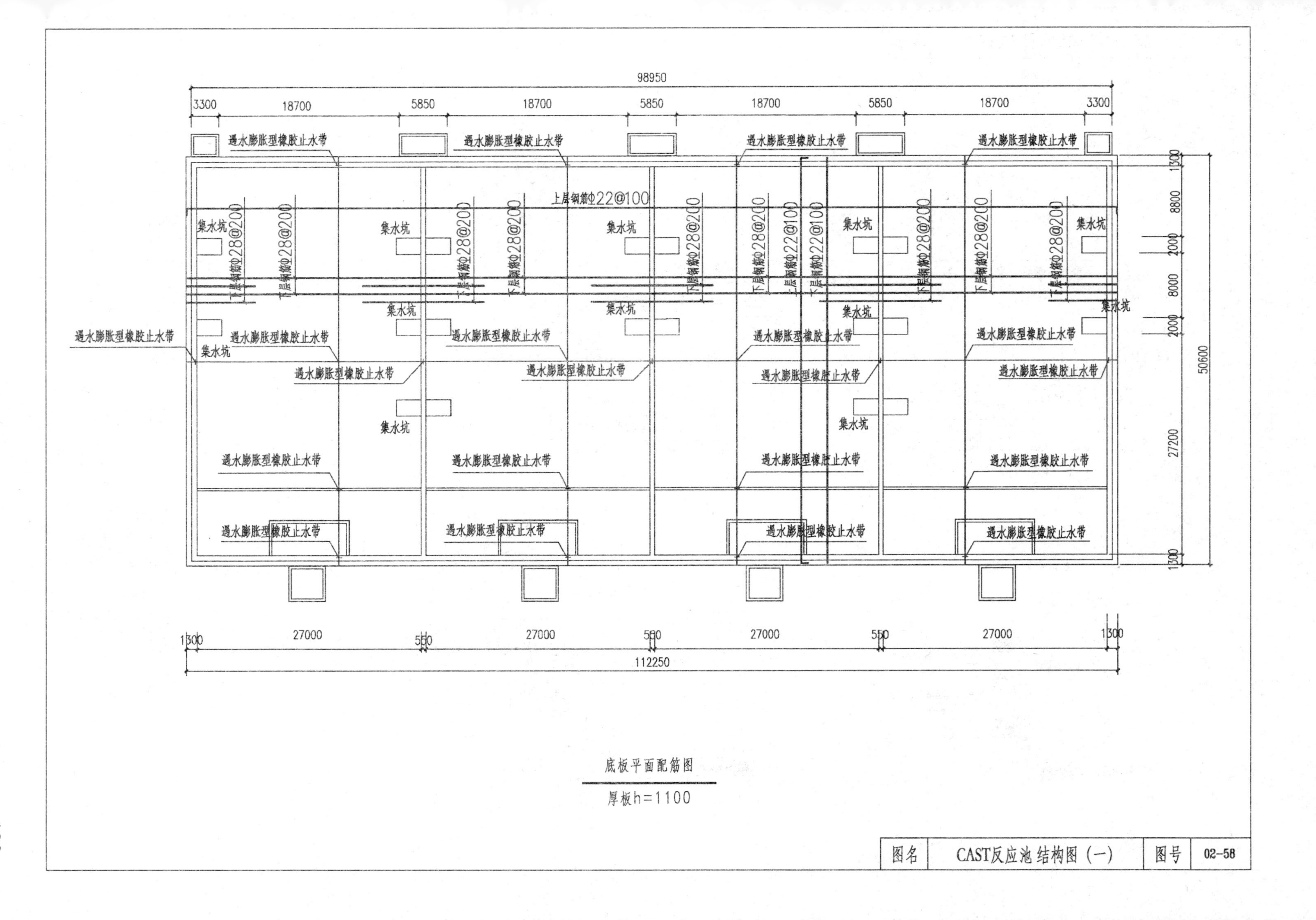

底板平面配筋图

厚板h=1100

图名	CAST反应池结构图（一）	图号	02-58

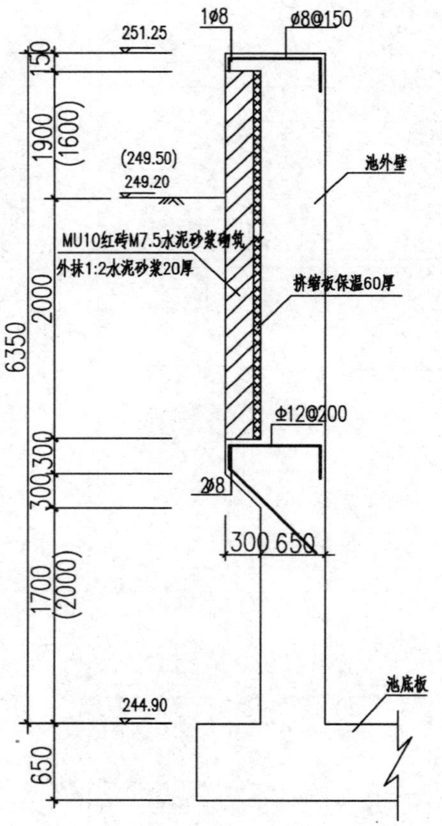

池外壁保温墙大样图

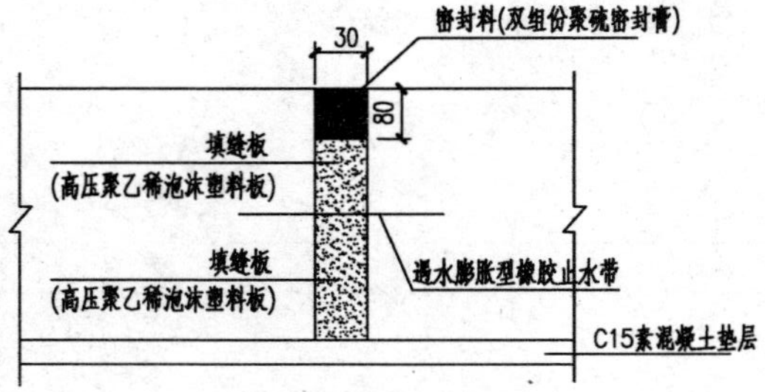

伸缩缝处底板大样图

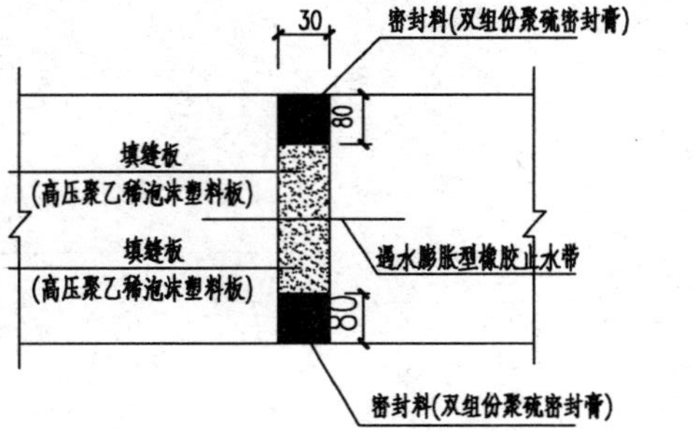

伸缩缝处壁板大样图

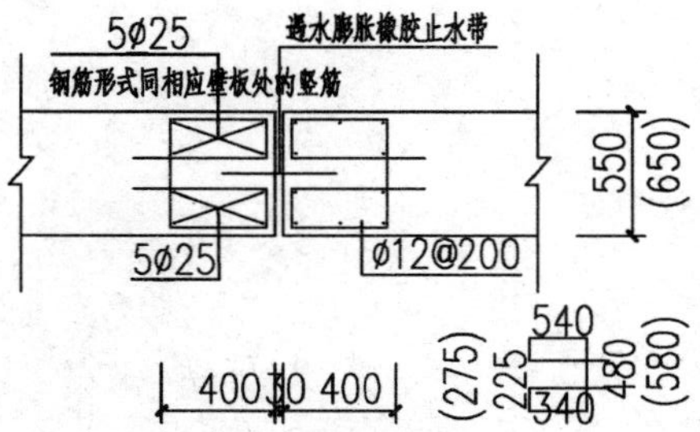

壁板伸缩缝处钢筋加固图

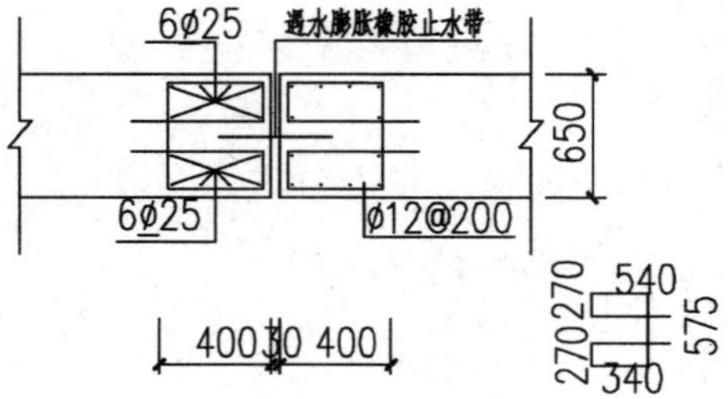

底板伸缩缝处钢筋加固图

图名	CAST反应池 结构图（二）	图号	02-59

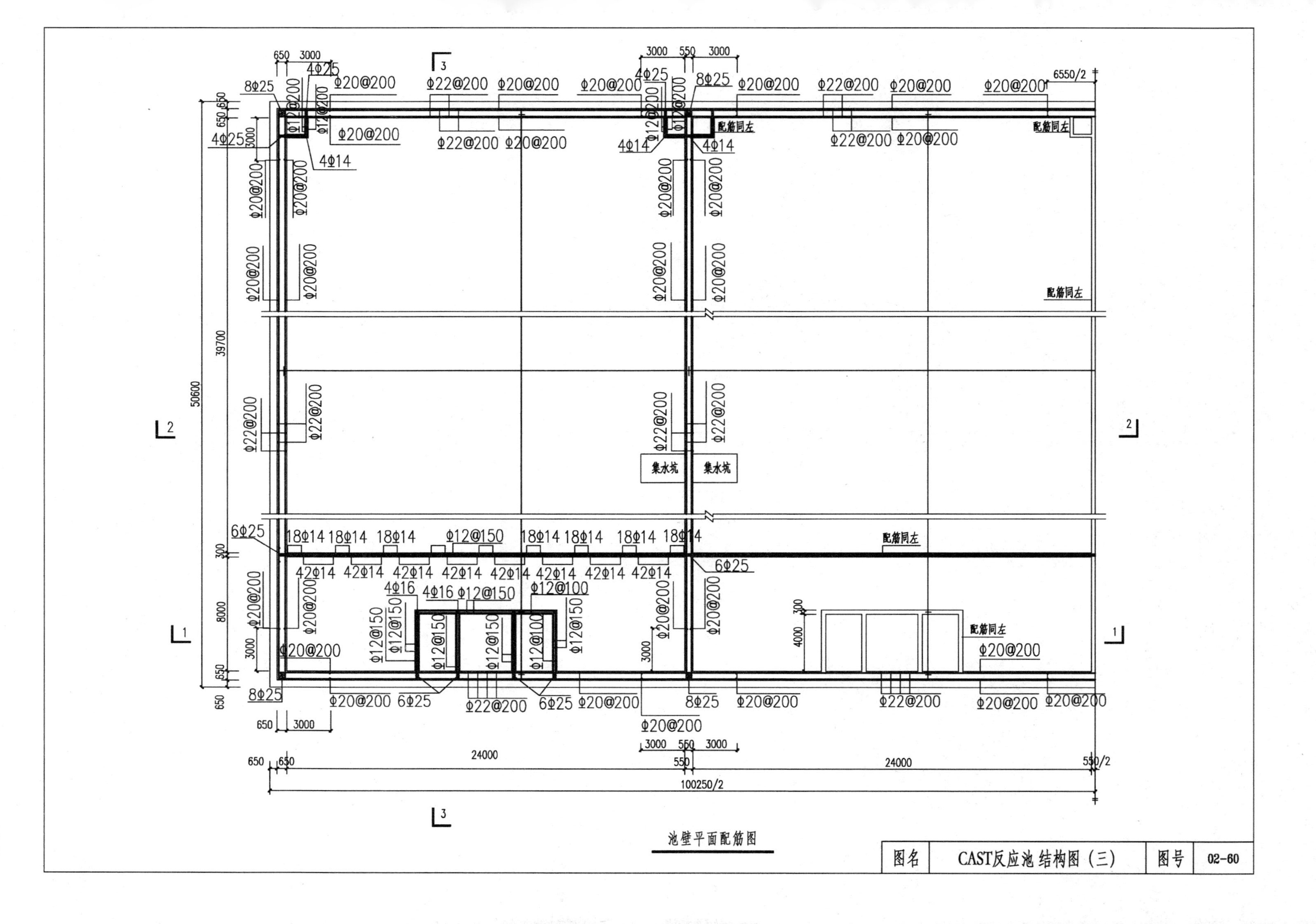

池壁平面配筋图

图名	CAST反应池结构图（三）	图号	02-60

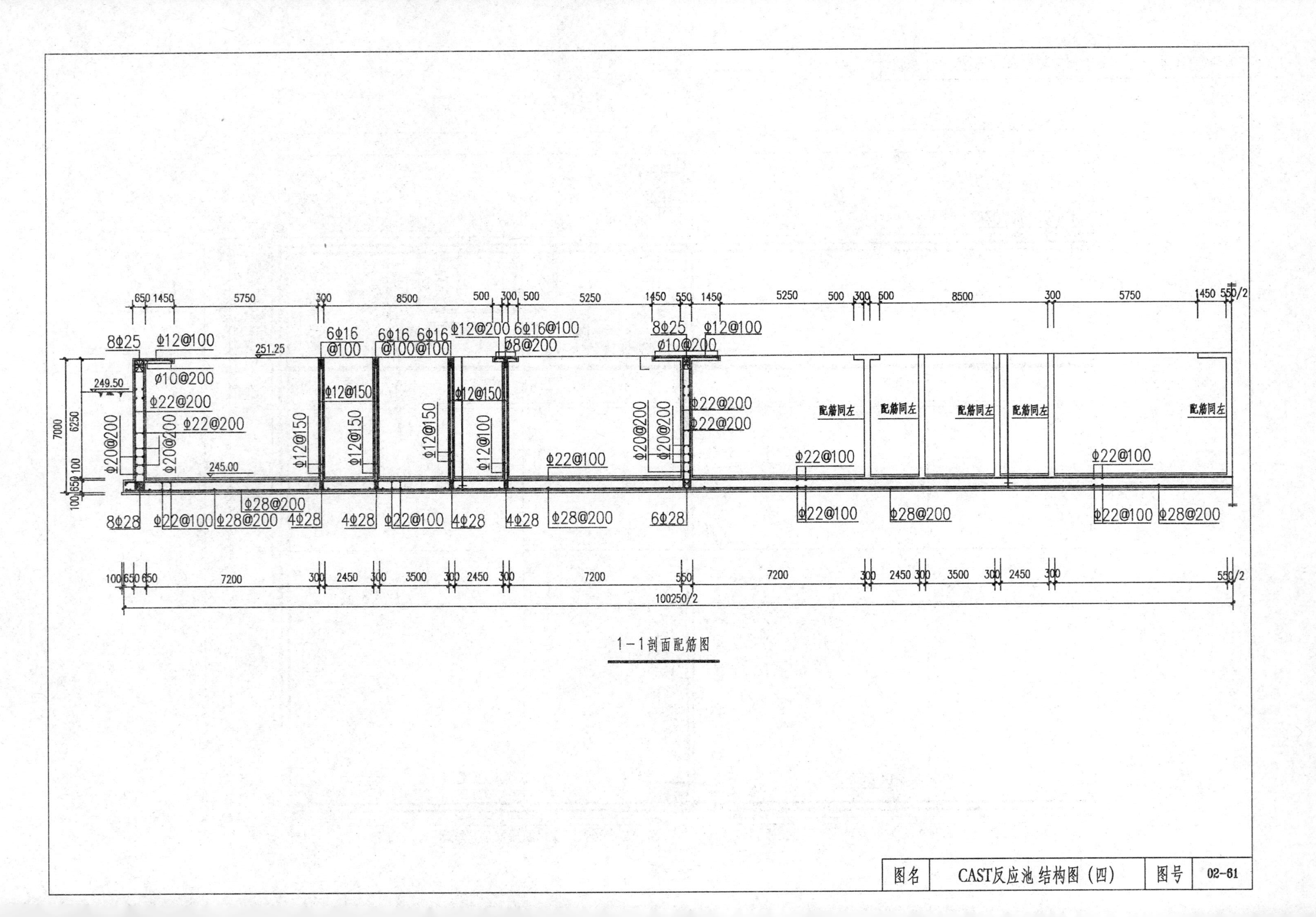
8Φ25
Φ12@100
Φ10@200
Φ22@200
Φ22@200
Φ20@200
Φ20@200
6Φ16 @100
6Φ16 6Φ16 @100@100
Φ12@200 6Φ16@100
Φ8@200
Φ12@150
Φ12@100
8Φ25
Φ12@100
Φ10@200
Φ22@200
Φ22@200
Φ22@100
配筋同左
8Φ28
Φ22@100
Φ28@200
Φ28@200
4Φ28
6Φ28
Φ28@200
100250/2

1－1剖面配筋图

图名
CAST反应池 结构图（四）
图号
02-61

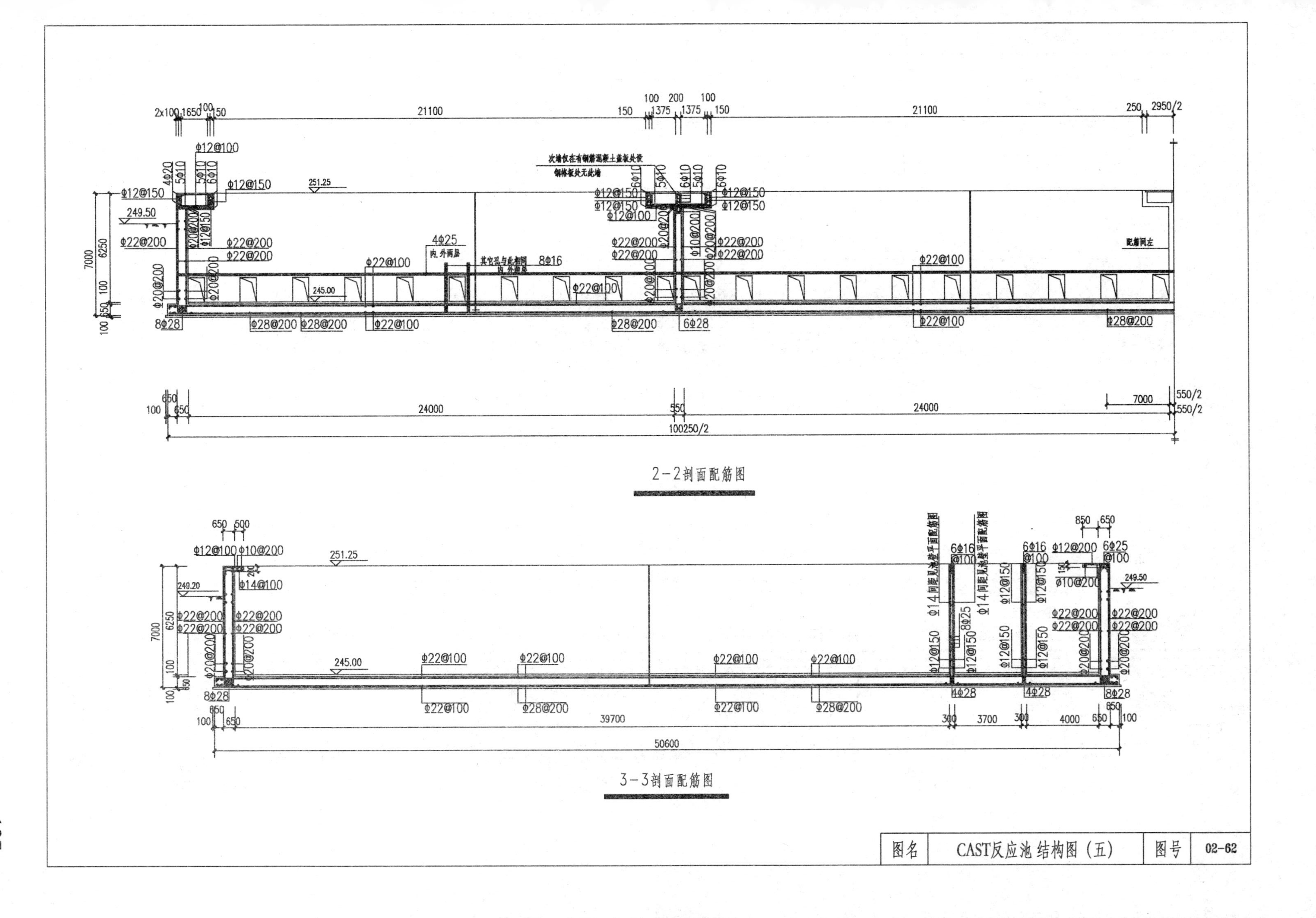
2－2剖面配筋图
3－3剖面配筋图
图名
CAST反应池结构图（五）
图号
02-62

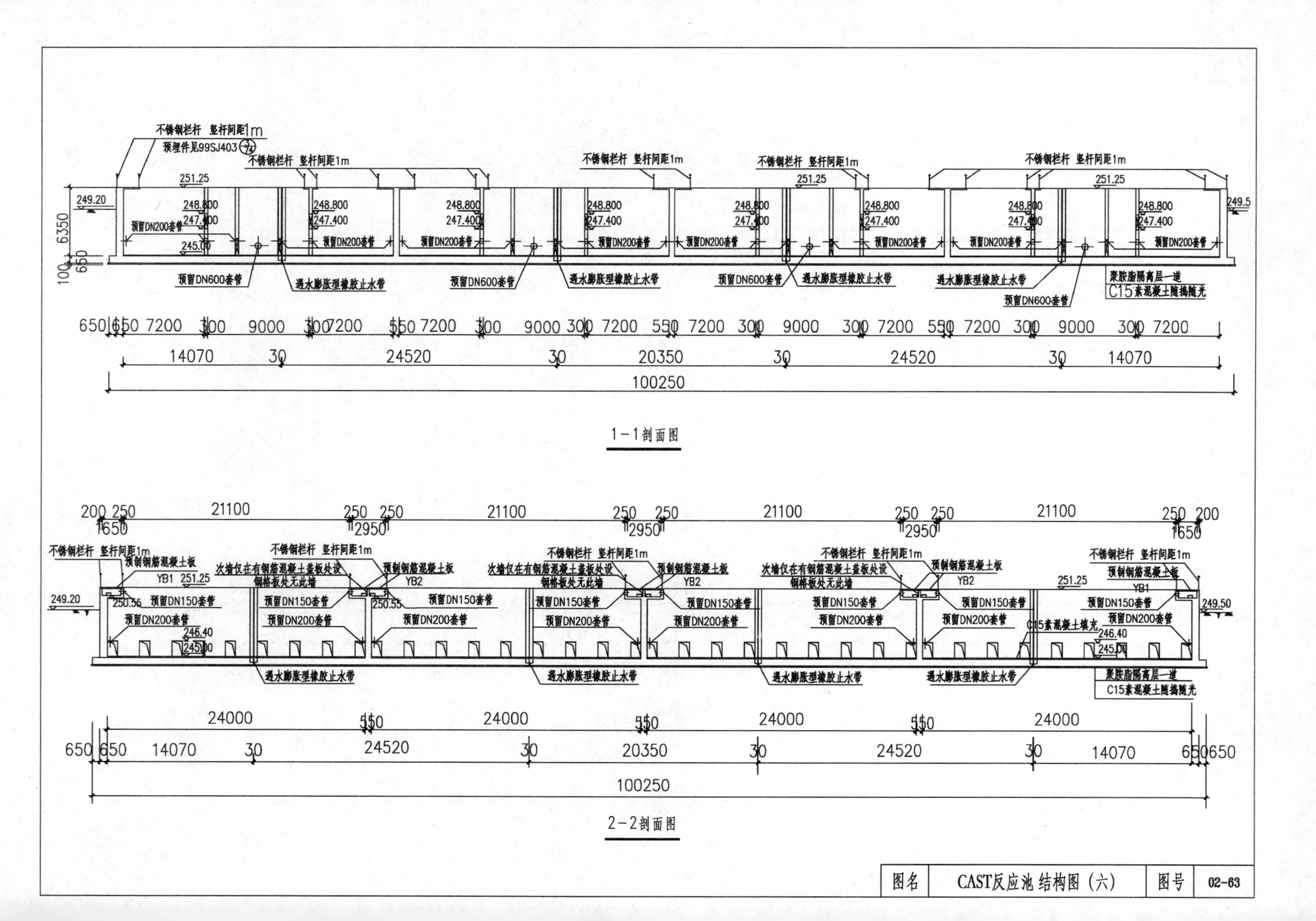

不锈钢栏杆 竖杆间距1m
预埋件见99SJ403
251.25
249.20
248.800
247.400
245.00
249.5
6350
650
100
预留DN200套管
预留DN600套管
遇水膨胀型橡胶止水带
聚胶脂隔离层一道
C15素混凝土随捣随光
650 650 7200 300 9000 300 7200 550 7200 300 9000 300 7200 550 7200 300 9000 300 7200 550 7200 300 9000 300 7200
14070 30 24520 30 20350 30 24520 30 14070
100250
1-1剖面图
200 250 21100 250 250 21100 250 250 21100 250 250 21100 250 200
1650 2950 2950 2950 1650
预制钢筋混凝土板
次墙仅在有钢筋混凝土盖板处设
钢格板处无此墙
YB1
YB2
250.55
249.50
预留DN150套管
246.40
C15素混凝土填充
24000 550 24000 550 24000 550 24000
650 650 14070 30 24520 30 20350 30 24520 30 14070 650 650
100250
2-2剖面图
图名
CAST反应池结构图（六）
图号
02-63

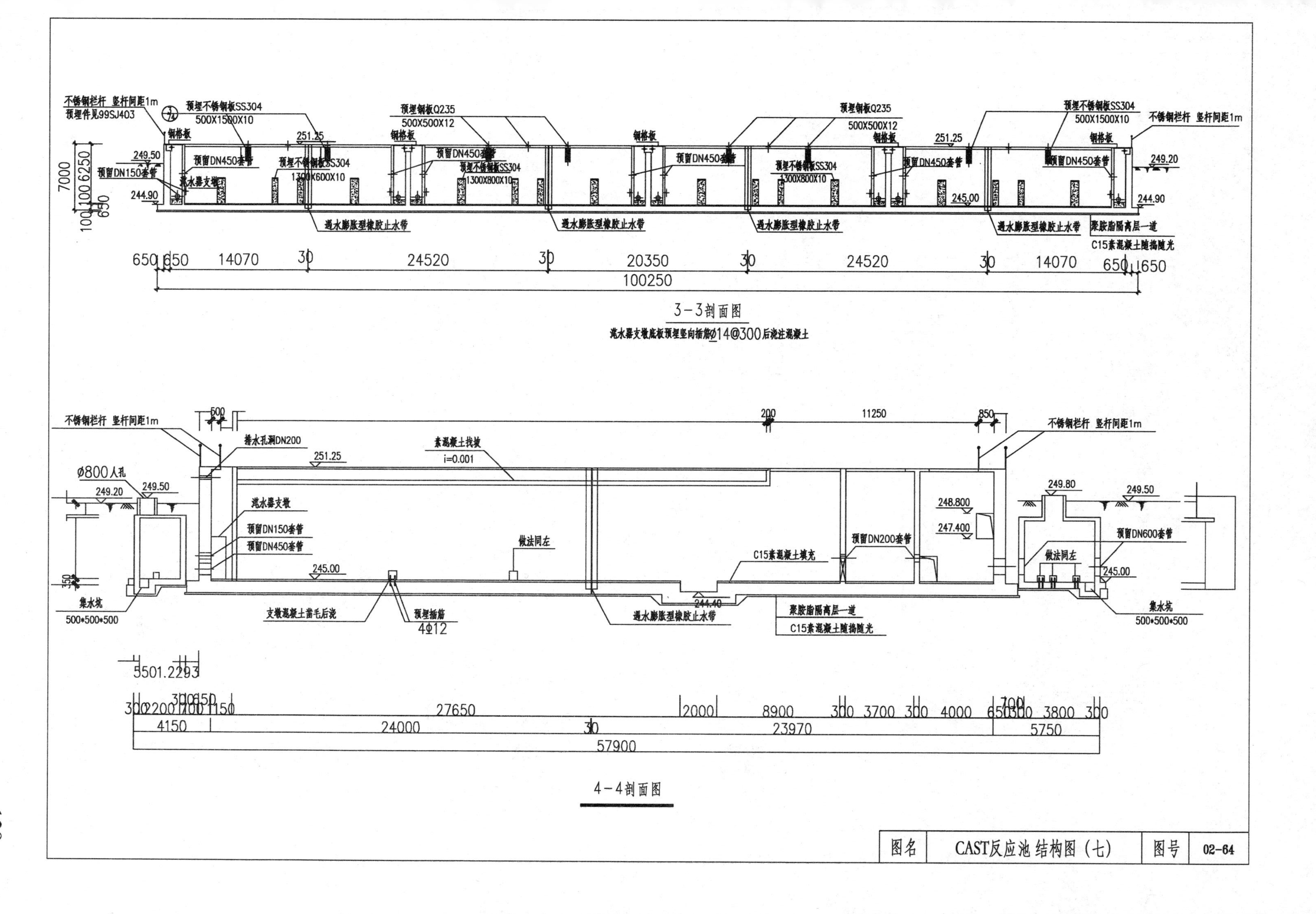

图名	CAST反应池 结构图（七）	图号	02-64

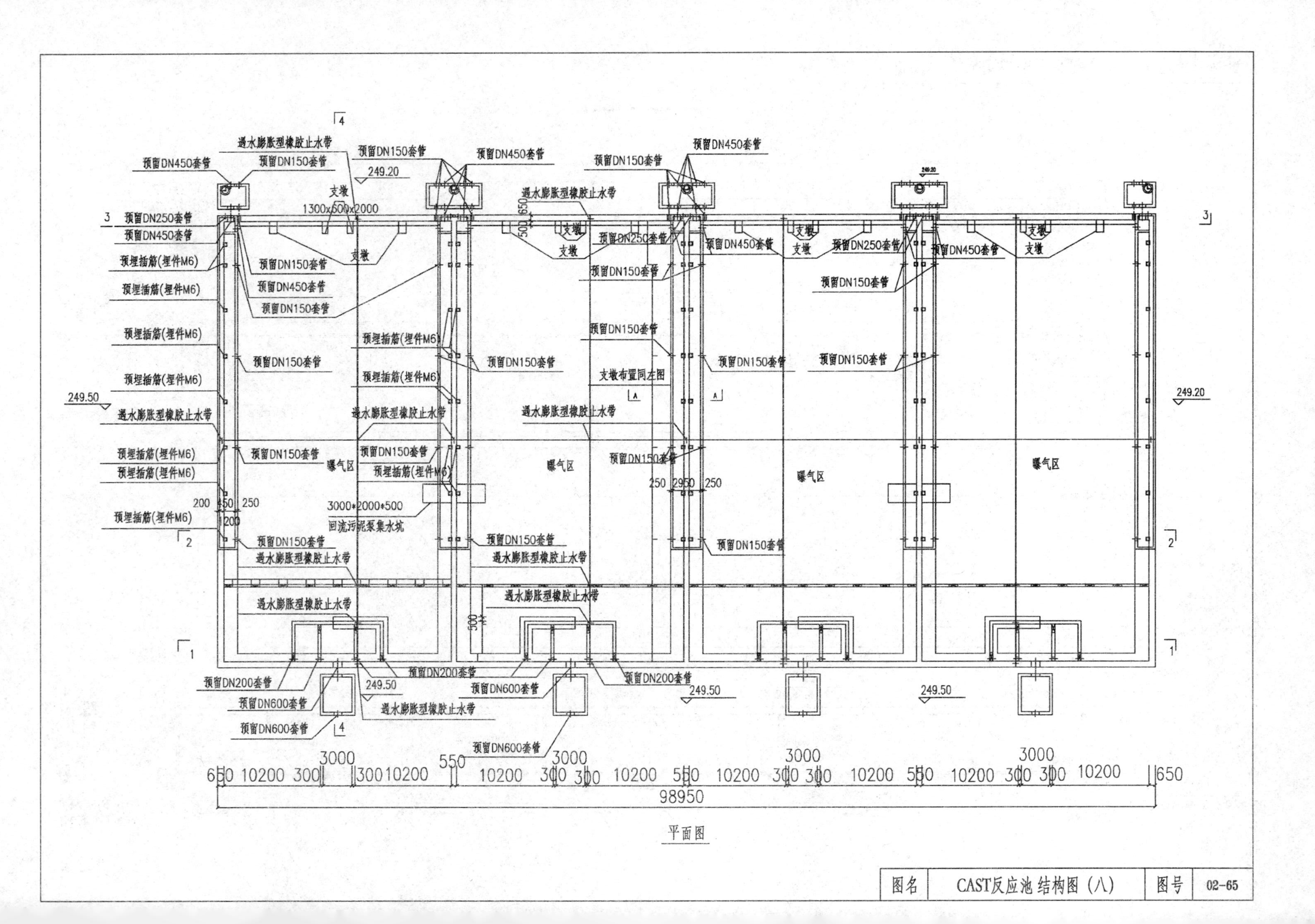

平面图

图名	CAST反应池 结构图（八）	图号	02-65

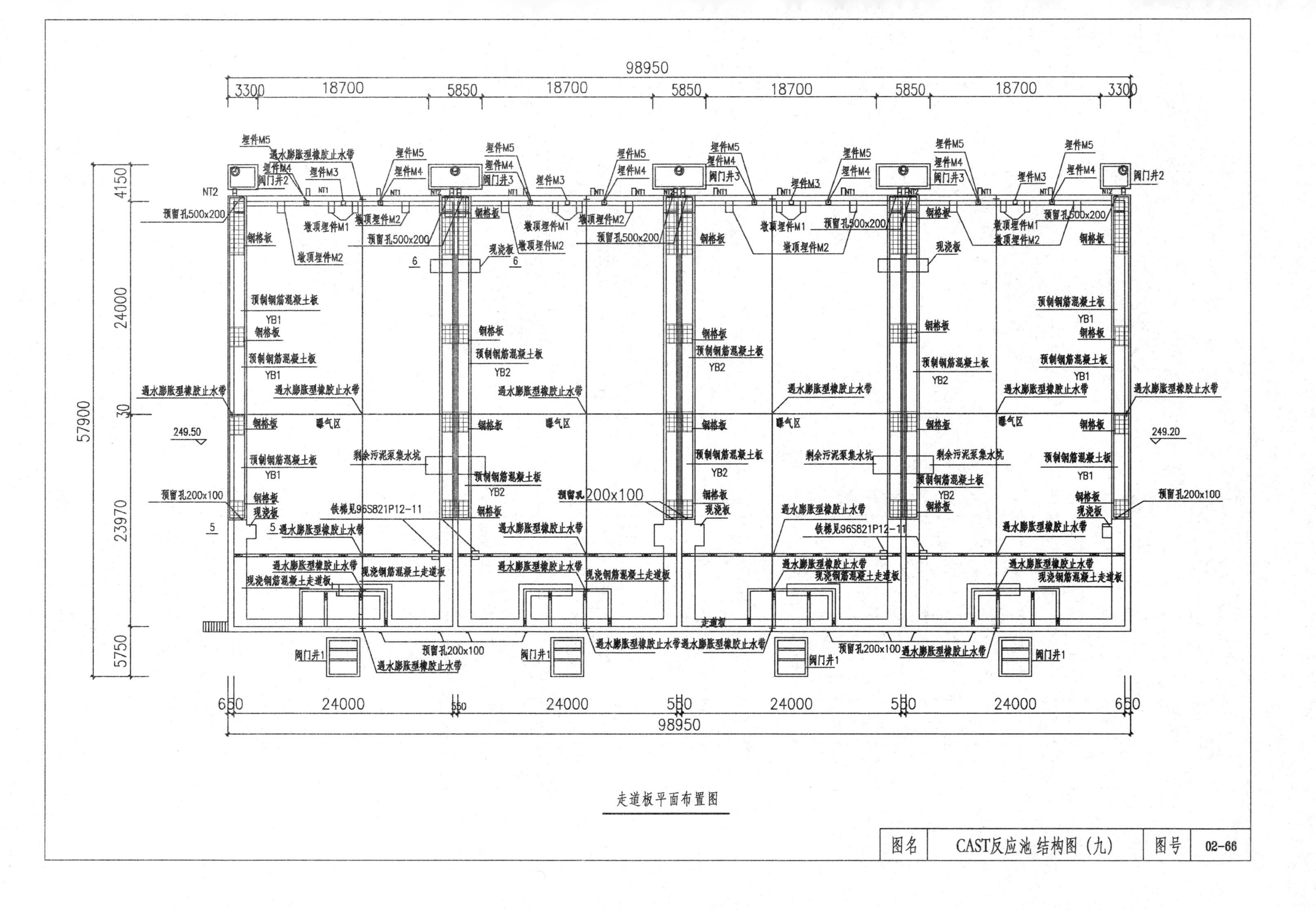

走道板平面布置图

图名	CAST反应池结构图（九）	图号	02-66

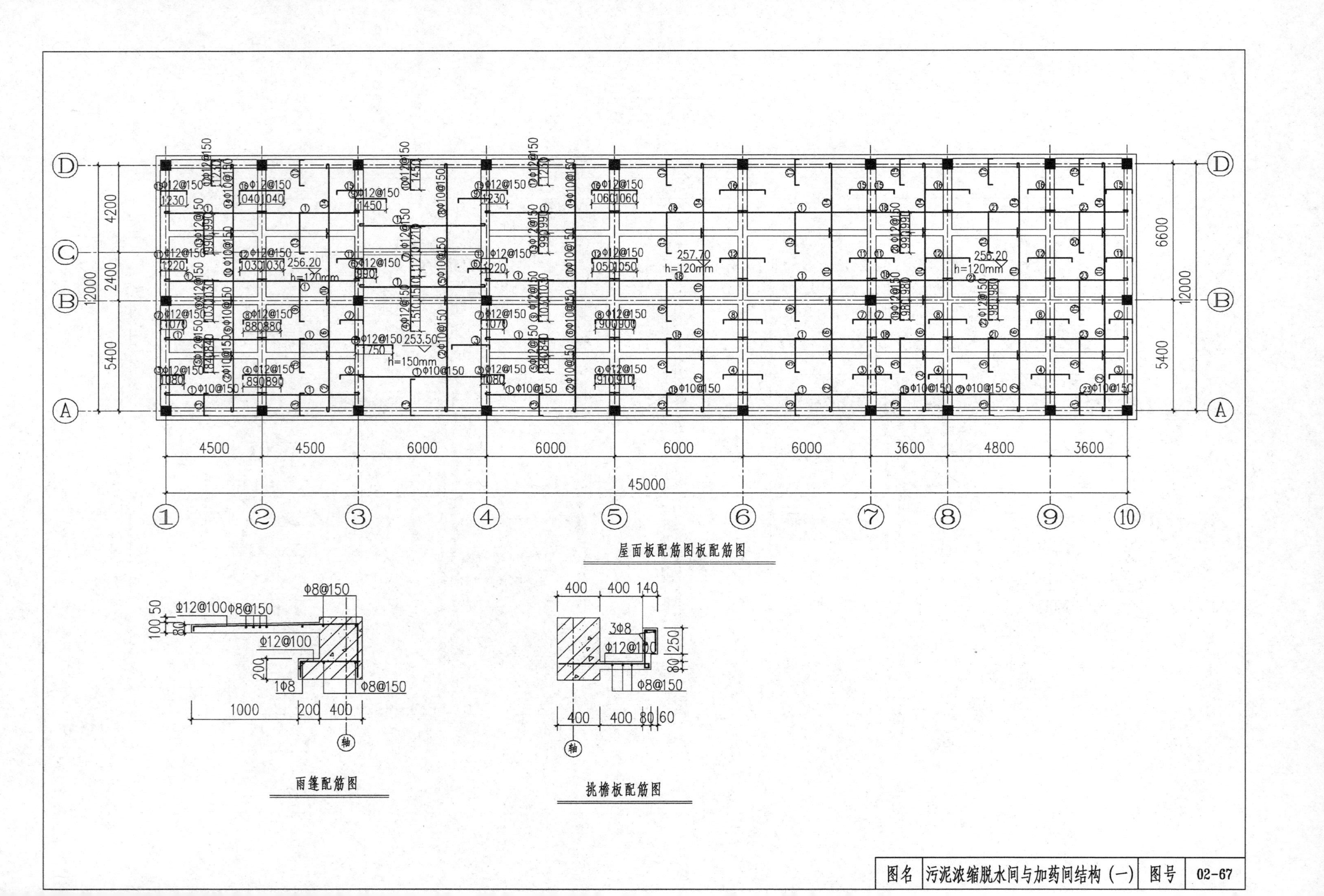
屋面板配筋图板配筋图
雨篷配筋图
挑檐板配筋图
45000
12000
图名
污泥浓缩脱水间与加药间结构（一）
图号
02-67

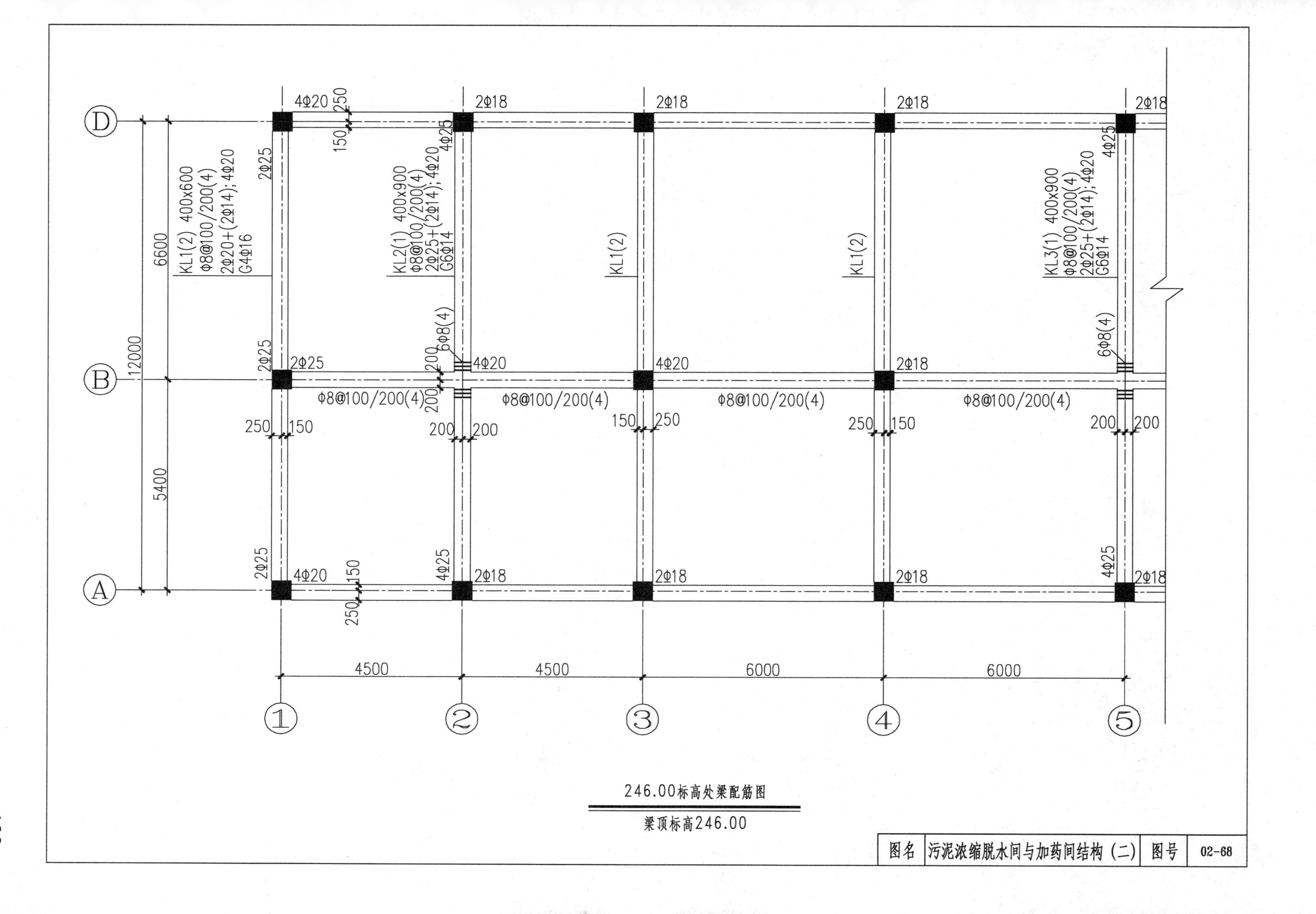
KL1(2) 400x600
Φ8@100/200(4)
2Φ20+(2Φ14);4Φ20
G4Φ16
KL2(1) 400x900
Φ8@100/200(4)
2Φ25+(2Φ14);4Φ20
G6Φ14
KL1(2)
KL1(2)
KL3(1) 400x900
Φ8@100/200(4)
2Φ25+(2Φ14);4Φ20
G6Φ14
6Φ8(4)
6Φ8(4)
Φ8@100/200(4)
Φ8@100/200(4)
Φ8@100/200(4)
Φ8@100/200(4)
4Φ20
2Φ18
2Φ25
4Φ25
4500
4500
6000
6000
6600
5400
12000
246.00标高处梁配筋图
梁顶标高246.00
图名
污泥浓缩脱水间与加药间结构（二）
图号
02-68

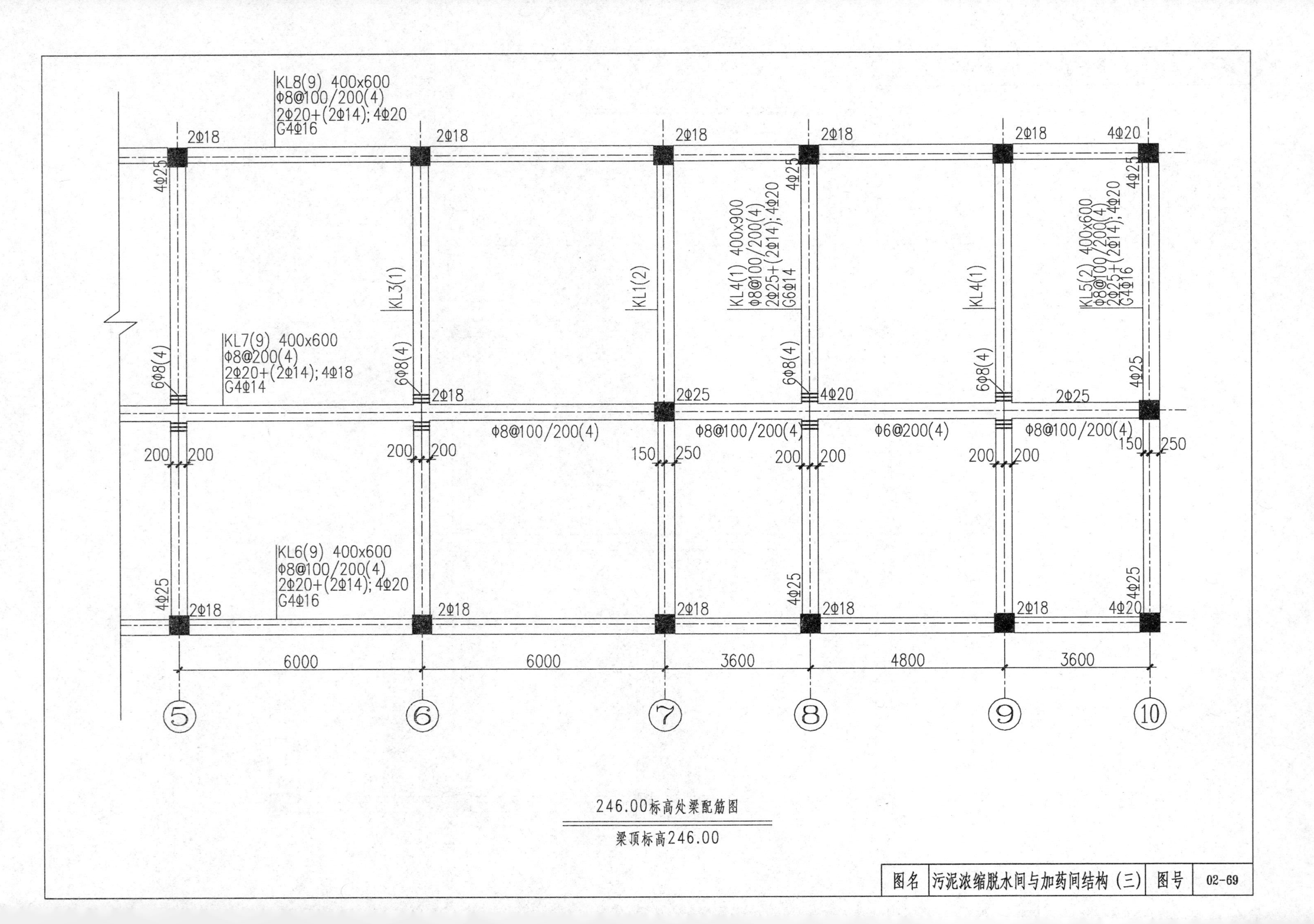

246.00标高处梁配筋图

梁顶标高246.00

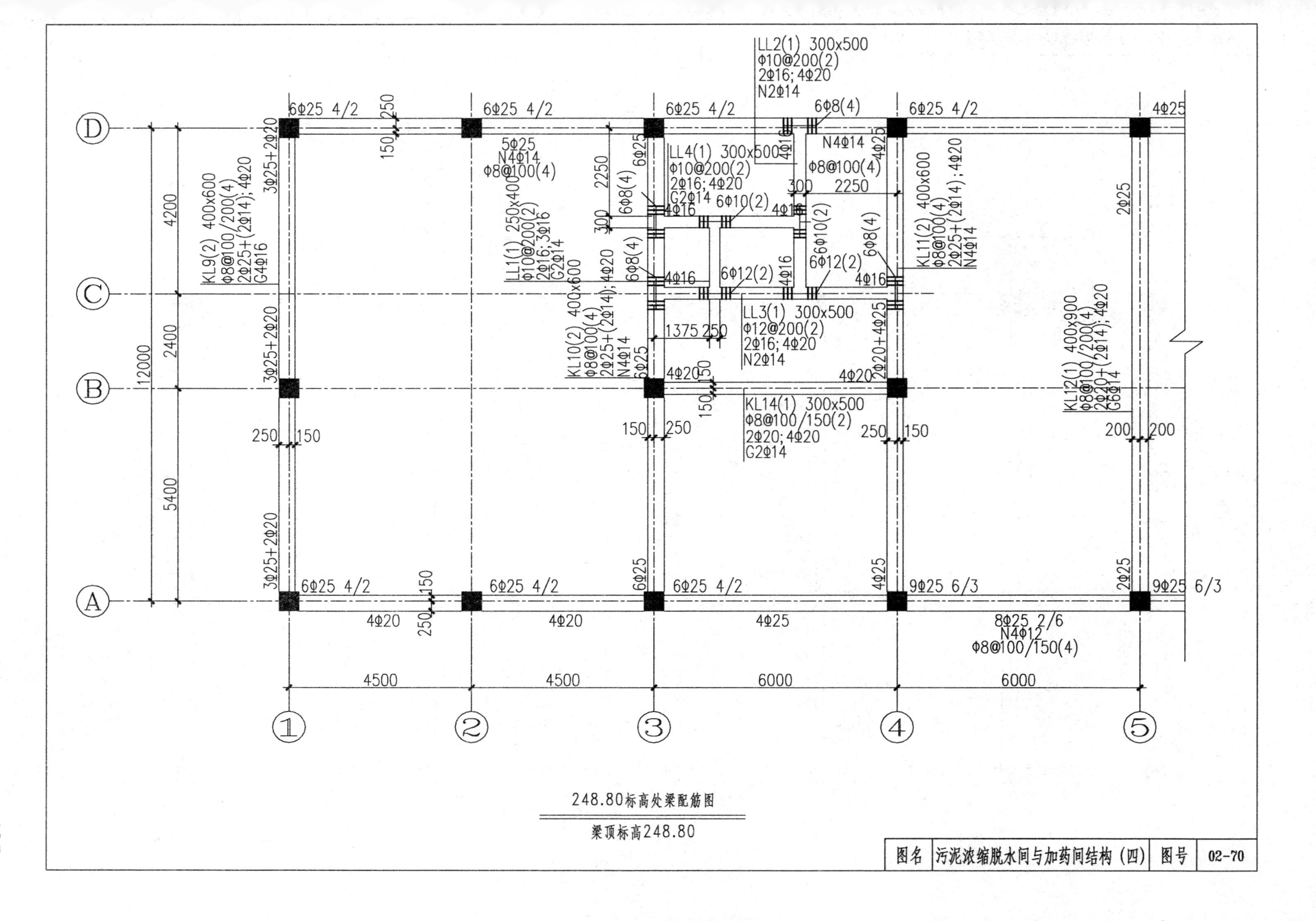
LL2(1) 300x500
Φ10@200(2)
2Φ16; 4Φ20
N2Φ14
LL4(1) 300x500
Φ10@200(2)
2Φ16; 4Φ20
G2Φ14
LL3(1) 300x500
Φ12@200(2)
2Φ16; 4Φ20
N2Φ14
KL14(1) 300x500
Φ8@100/150(2)
2Φ20; 4Φ20
G2Φ14
KL9(2) 400x600
Φ8@100/200(4)
2Φ25+(2Φ14); 4Φ20
G4Φ16
LL1(1) 250x400
Φ10@200(2)
2Φ16; 3Φ16
G2Φ14
KL10(2) 400x600
Φ8@100(4)
2Φ25+(2Φ14); 4Φ20
N4Φ14
KL11(2) 400x600
Φ8@100(4)
2Φ25+(2Φ14); 4Φ20
N4Φ14
KL12(1) 400x900
Φ8@100/200(4)
2Φ20+(2Φ14); 4Φ20
G6Φ14
8Φ25 2/6
N4Φ12
Φ8@100/150(4)
248.80标高处梁配筋图
梁顶标高248.80
图名
污泥浓缩脱水间与加药间结构（四）
图号
02-70

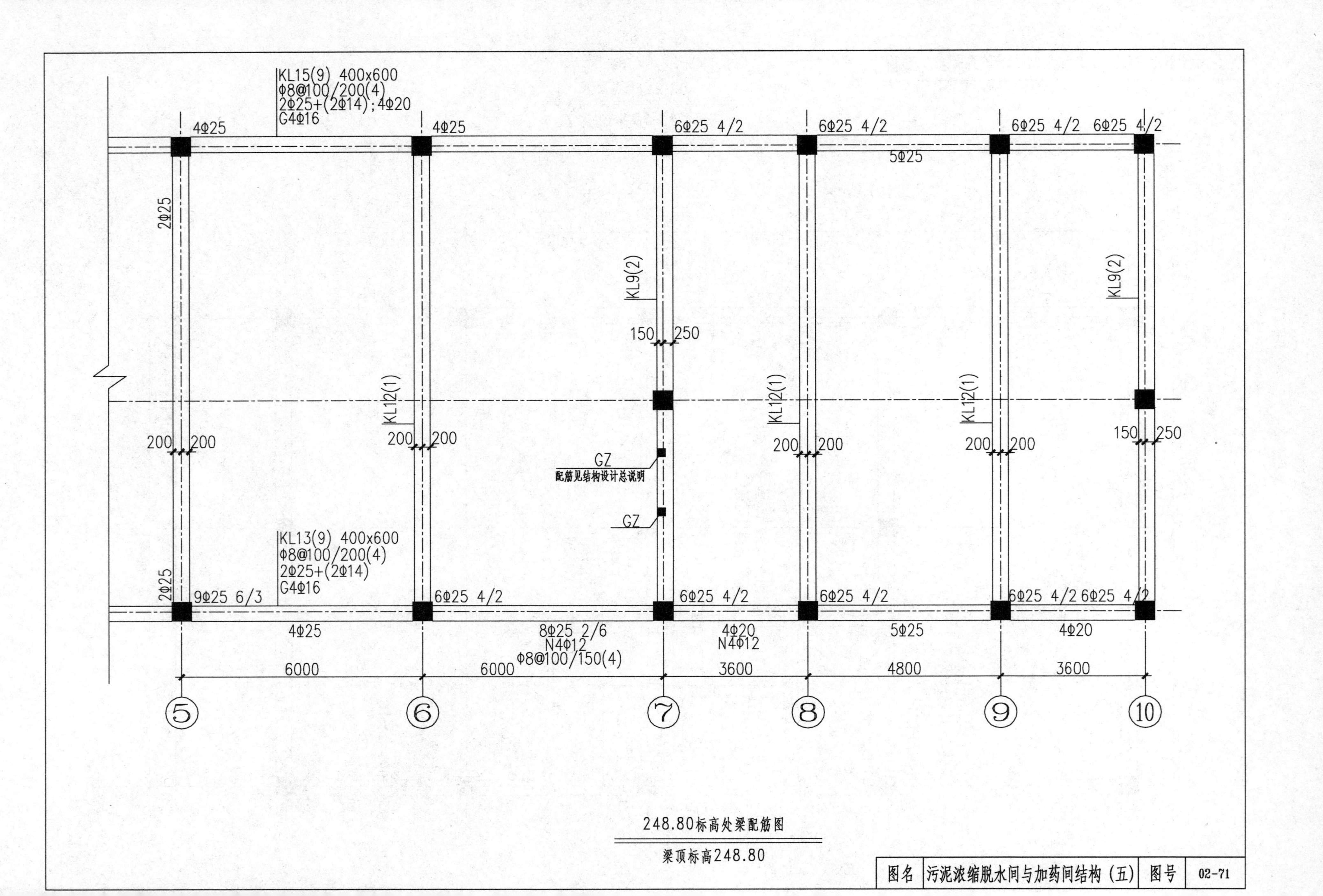
KL15(9) 400x600
Φ8@100/200(4)
2Φ25+(2Φ14);4Φ20
G4Φ16
4Φ25
4Φ25
6Φ25 4/2
6Φ25 4/2
6Φ25 4/2 6Φ25 4/2
5Φ25
2Φ25
KL9(2)
150 250
KL12(1)
200 200
GZ
配筋见结构设计总说明
GZ
KL13(9) 400x600
Φ8@100/200(4)
2Φ25+(2Φ14)
G4Φ16
2Φ25
9Φ25 6/3
6Φ25 4/2
6Φ25 4/2
6Φ25 4/2
6Φ25 4/2 6Φ25 4/2
4Φ25
8Φ25 2/6
N4Φ12
Φ8@100/150(4)
4Φ20
N4Φ12
5Φ25
4Φ20
6000
6000
3600
4800
3600
5
6
7
8
9
10
248.80标高处梁配筋图
梁顶标高248.80
图名
污泥浓缩脱水间与加药间结构（五）
图号
02-71

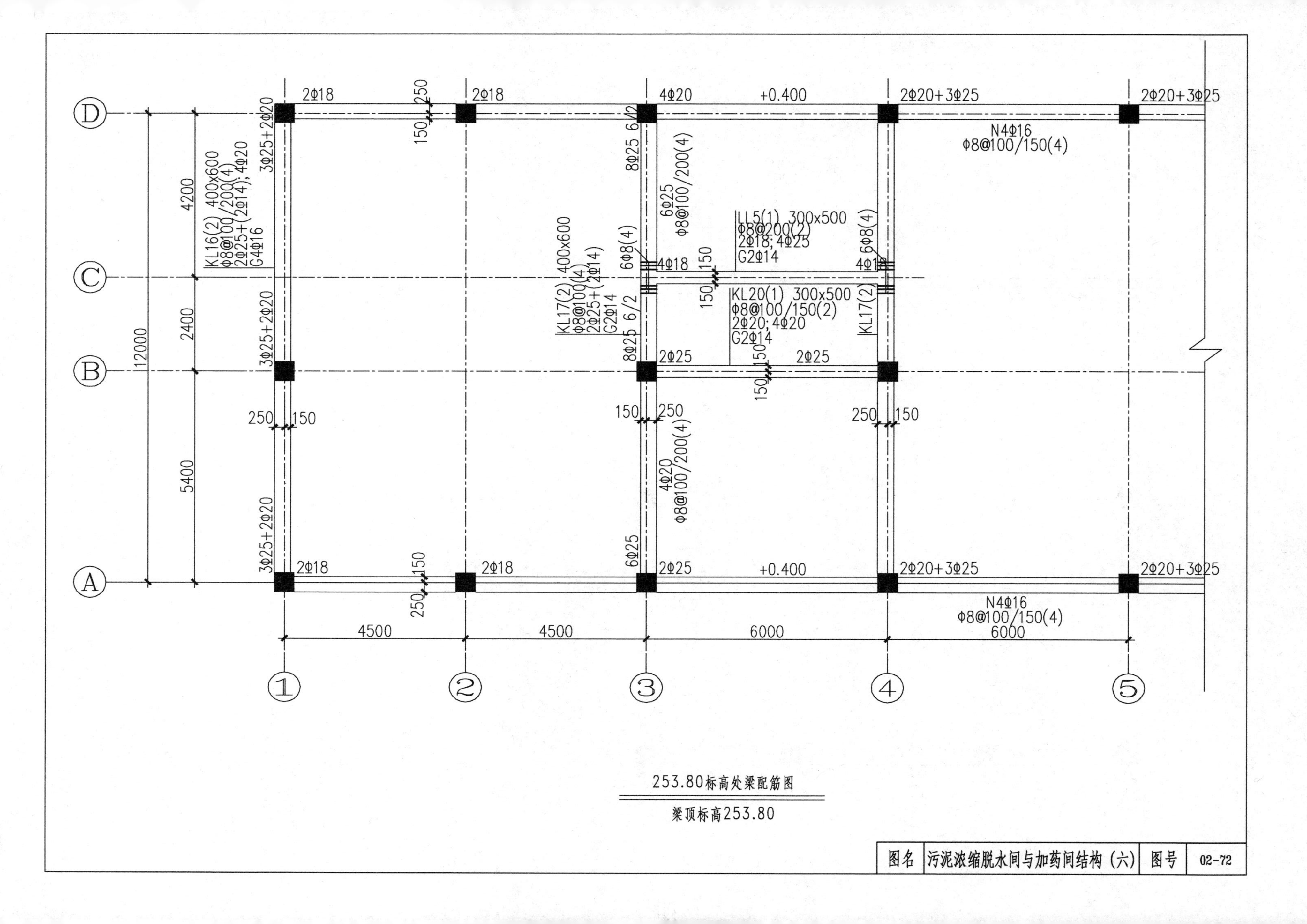

253.80标高处梁配筋图

梁顶标高253.80

图名	污泥浓缩脱水间与加药间结构（六）	图号	02-72

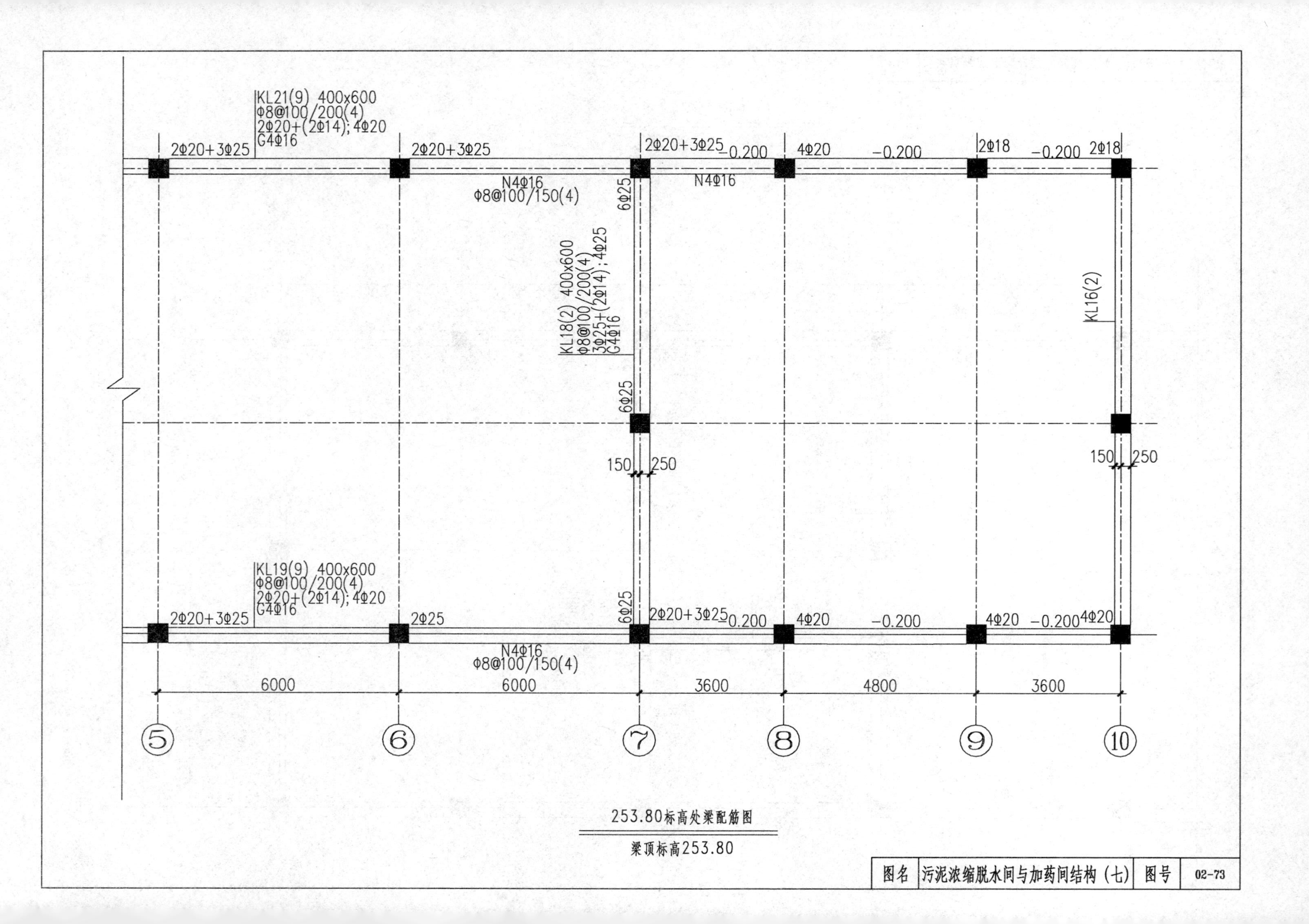

253.80标高处梁配筋图

梁顶标高253.80

图名	污泥浓缩脱水间与加药间结构（七）	图号	02-73

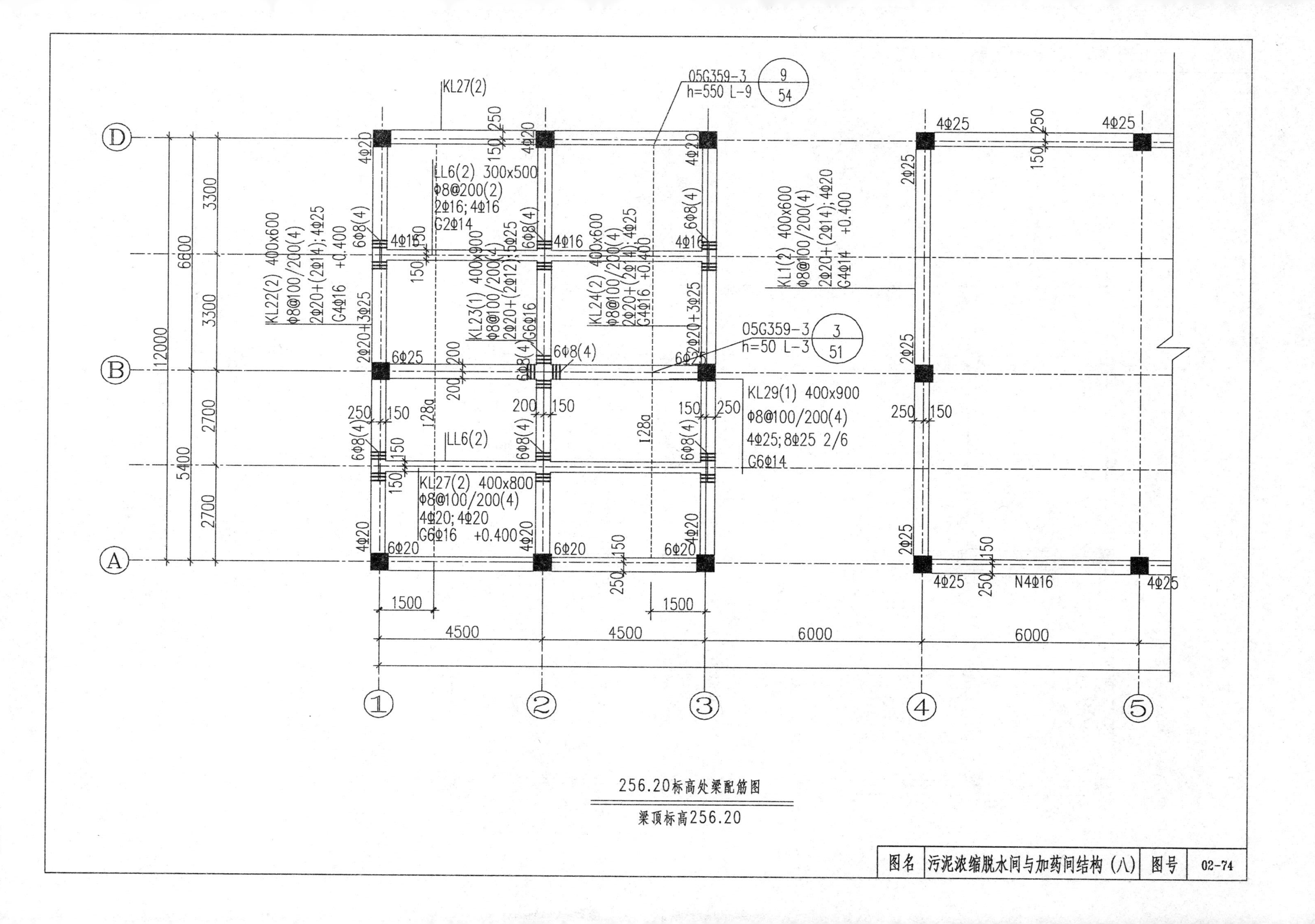
KL27(2)
05G359-3
h=550 L-9
9
54
LL6(2) 300x500
Φ8@200(2)
2Φ16;4Φ16
G2Φ14
KL22(2) 400x600
Φ8@100/200(4)
2Φ20+(2Φ14);4Φ25
G4Φ16 +0.400
KL23(1) 400x900
Φ8@100/200(4)
2Φ20+(2Φ12);5Φ25
G6Φ16
KL24(2) 400x600
Φ8@100/200(4)
2Φ20+(2Φ14);4Φ25
G4Φ16 +0.400
KL1(2) 400x600
Φ8@100/200(4)
2Φ20+(2Φ14);4Φ20
G4Φ14 +0.400
05G359-3
h=50 L-3
3
51
KL29(1) 400x900
Φ8@100/200(4)
4Φ25;8Φ25 2/6
G6Φ14
LL6(2)
KL27(2) 400x800
Φ8@100/200(4)
4Φ20;4Φ20
G6Φ16 +0.400
N4Φ16
256.20标高处梁配筋图
梁顶标高256.20
图名
污泥浓缩脱水间与加药间结构（八）
图号
02-74

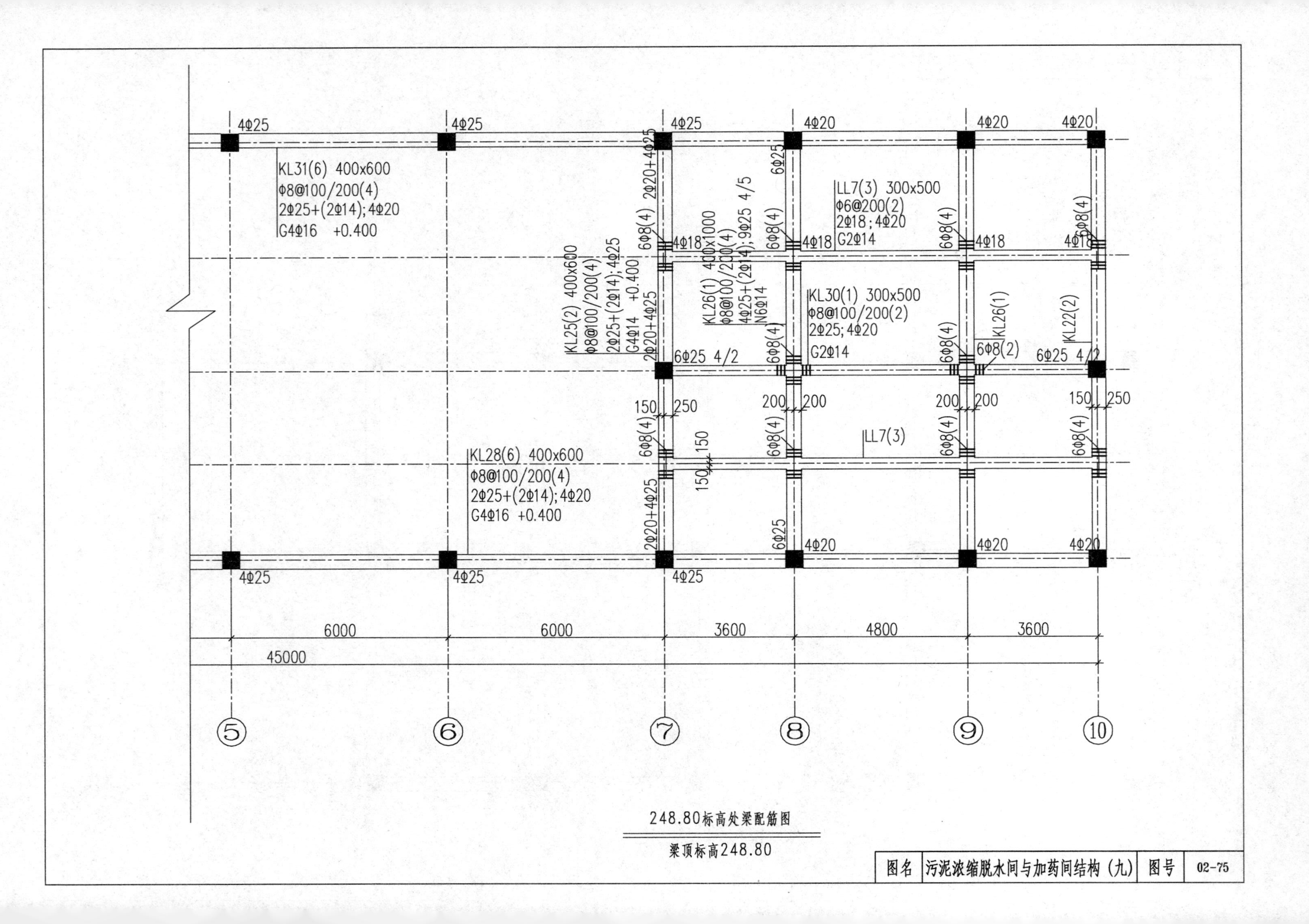
KL31(6) 400x600
Φ8@100/200(4)
2Φ25+(2Φ14);4Φ20
G4Φ16 +0.400
KL28(6) 400x600
Φ8@100/200(4)
2Φ25+(2Φ14);4Φ20
G4Φ16 +0.400
KL25(2) 400x600
Φ8@100/200(4)
2Φ25+(2Φ14);4Φ25
G4Φ14 +0.400
KL26(1) 400x1000
Φ8@100/200(4)
4Φ25+(2Φ14);9Φ25 4/5
N6Φ14
LL7(3) 300x500
Φ6@200(2)
2Φ18;4Φ20
G2Φ14
KL30(1) 300x500
Φ8@100/200(2)
2Φ25;4Φ20
G2Φ14
KL26(1)
KL22(2)
LL7(3)
6Φ25 4/2
6Φ8(2)
6000
6000
3600
4800
3600
45000
5
6
7
8
9
10
248.80标高处梁配筋图
梁顶标高248.80
图名
污泥浓缩脱水间与加药间结构（九）
图号
02-75

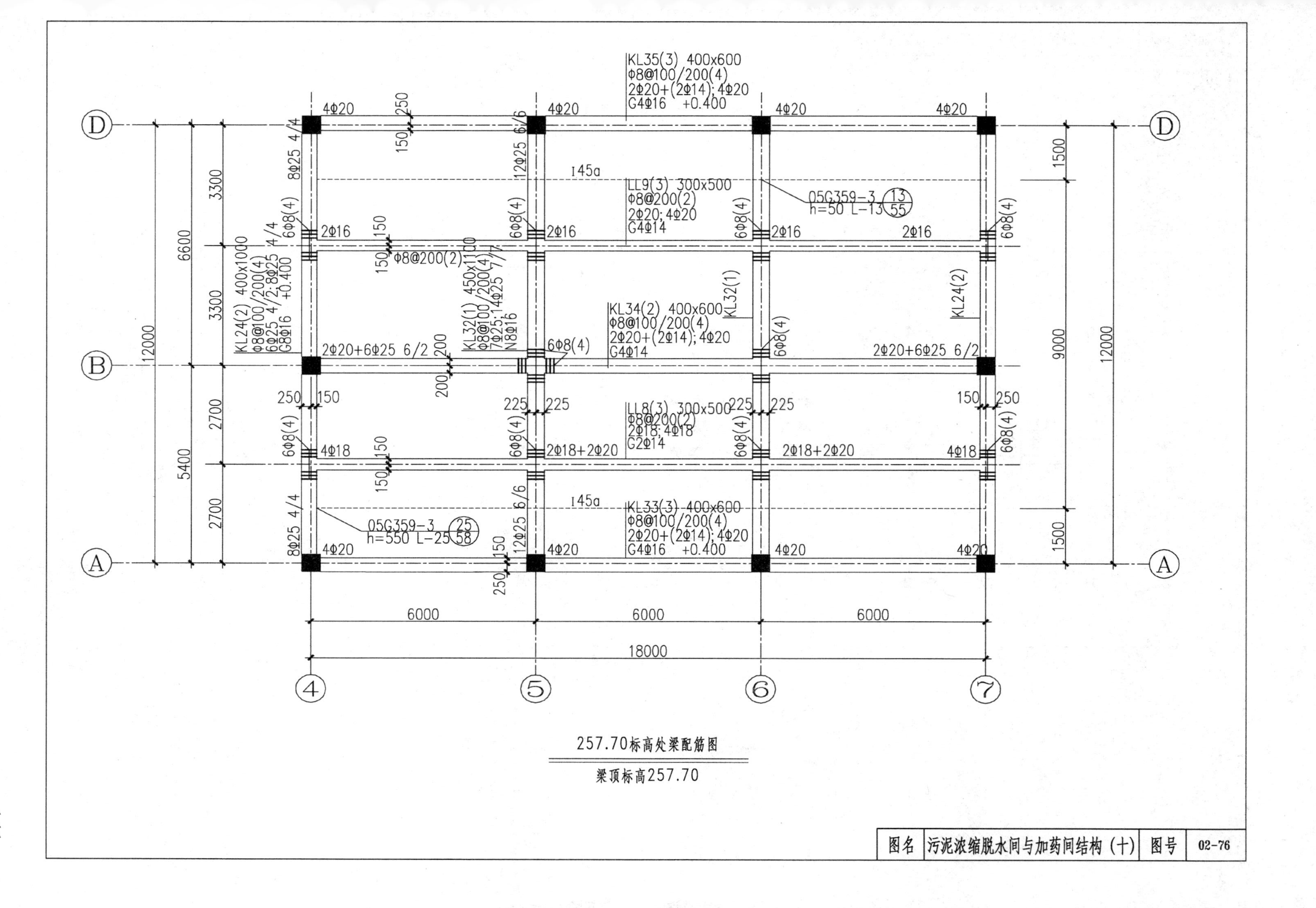

KL35(3) 400x600
Φ8@100/200(4)
2Φ20+(2Φ14);4Φ20
G4Φ16 +0.400
LL9(3) 300x500
Φ8@200(2)
2Φ20;4Φ20
G4Φ14
05G359-3 13/55
h=50 L-13
KL24(2) 400x1000
Φ8@100/200(4)
6Φ25 4/2;8Φ25 4/4
G8Φ16 +0.400
KL32(1) 450x1100
Φ8@100/200(4)
7Φ25;14Φ25 7/7
N8Φ16
KL34(2) 400x600
Φ8@100/200(4)
2Φ20+(2Φ14);4Φ20
G4Φ14
KL32(1)
KL24(2)
LL8(3) 300x500
Φ8@200(2)
2Φ18;4Φ18
G2Φ14
KL33(3) 400x600
Φ8@100/200(4)
2Φ20+(2Φ14);4Φ20
G4Φ16 +0.400
05G359-3 25/58
h=550 L-25
I45a
2Φ20+6Φ25 6/2
2Φ18+2Φ20
6Φ8(4)
Φ8@200(2)
12Φ25 6/6
8Φ25 4/4
4Φ20
4Φ18
2Φ16
257.70标高处梁配筋图
梁顶标高257.70
图名
污泥浓缩脱水间与加药间结构（十）
图号
02-76

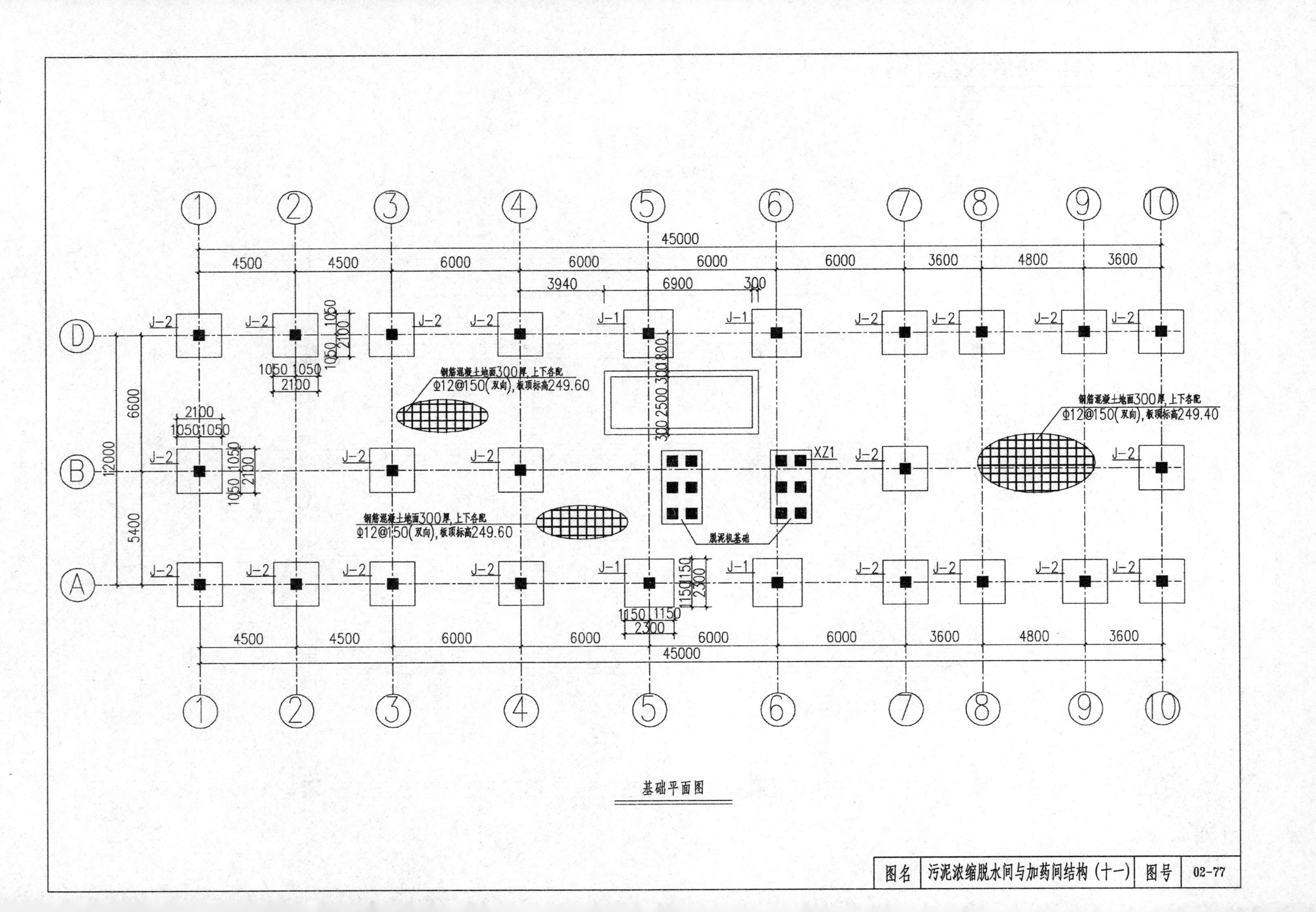

基础平面图

图名	污泥浓缩脱水间与加药间结构（十一）	图号	02-77

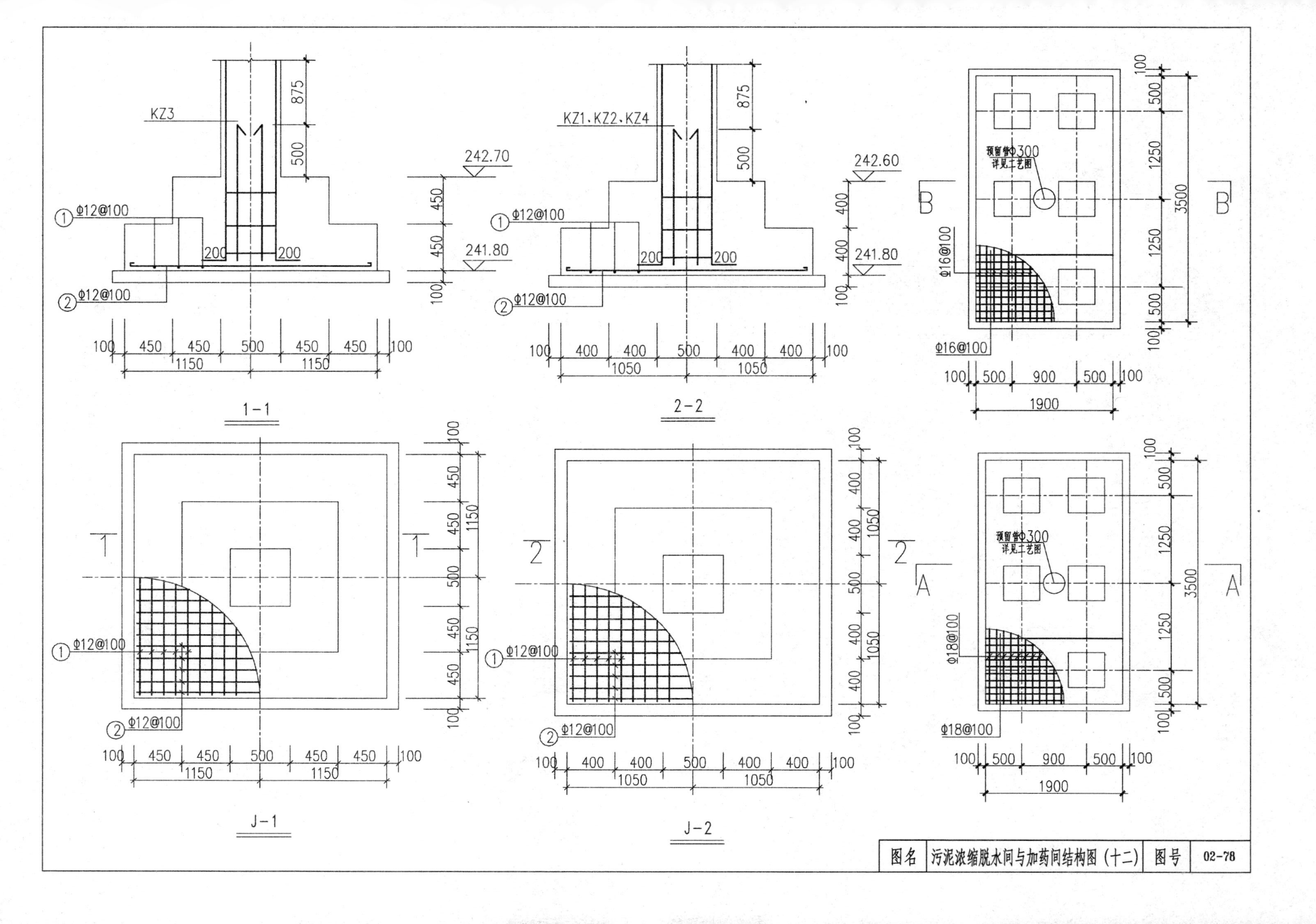

KZ3
KZ1、KZ2、KZ4
①Φ12@100
②Φ12@100
242.70
241.80
242.60
1-1
2-2
J-1
J-2
预留管Φ300
详见工艺图
Φ16@100
Φ18@100
3500
1900
1150
1050
图名
污泥浓缩脱水间与加药间结构图（十二）
图号
02-78

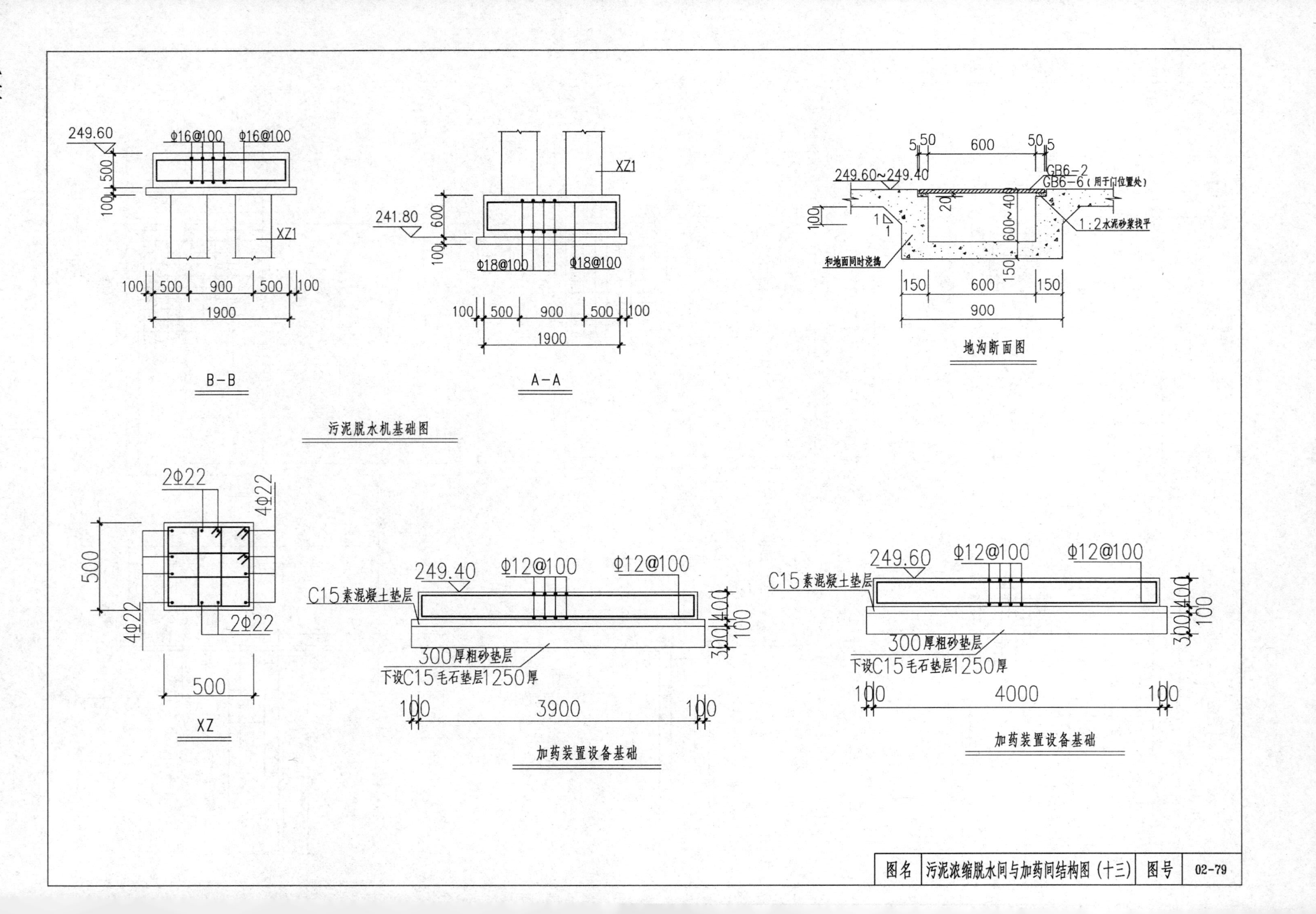

图名	污泥浓缩脱水间与加药间结构图（十三）	图号	02-79

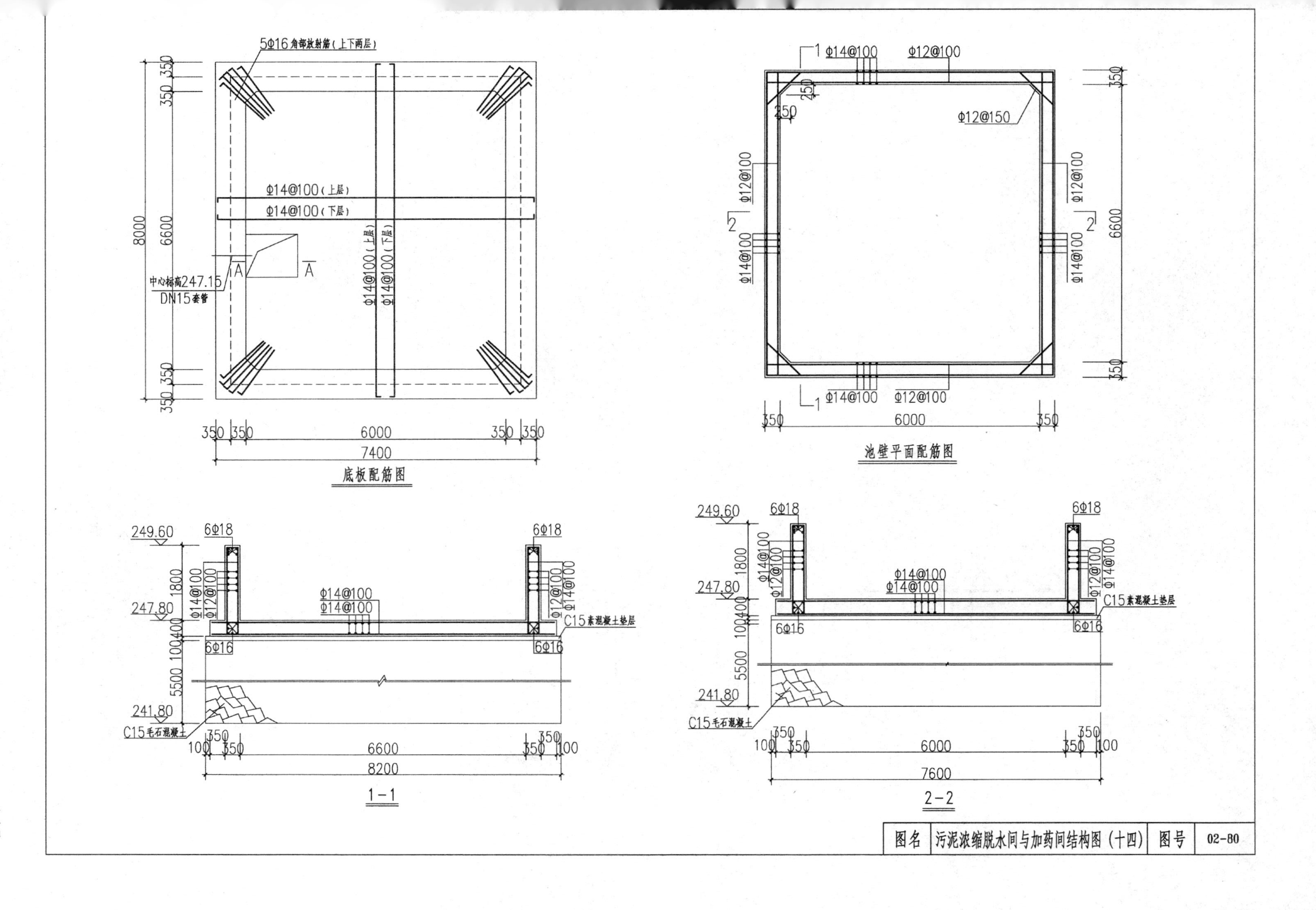
5Φ16 角部放射筋（上下两层）
Φ14@100（上层）
Φ14@100（下层）
中心标高247.15
DN15套管
A
8000
6600
350 350
6000
7400
底板配筋图
Φ14@100
Φ12@100
Φ12@150
250
池壁平面配筋图
249.60
247.80
241.80
6Φ18
6Φ16
C15素混凝土垫层
C15毛石混凝土
1800
5500
8200
1-1
7600
2-2
图名
污泥浓缩脱水间与加药间结构图（十四）
图号
02-80

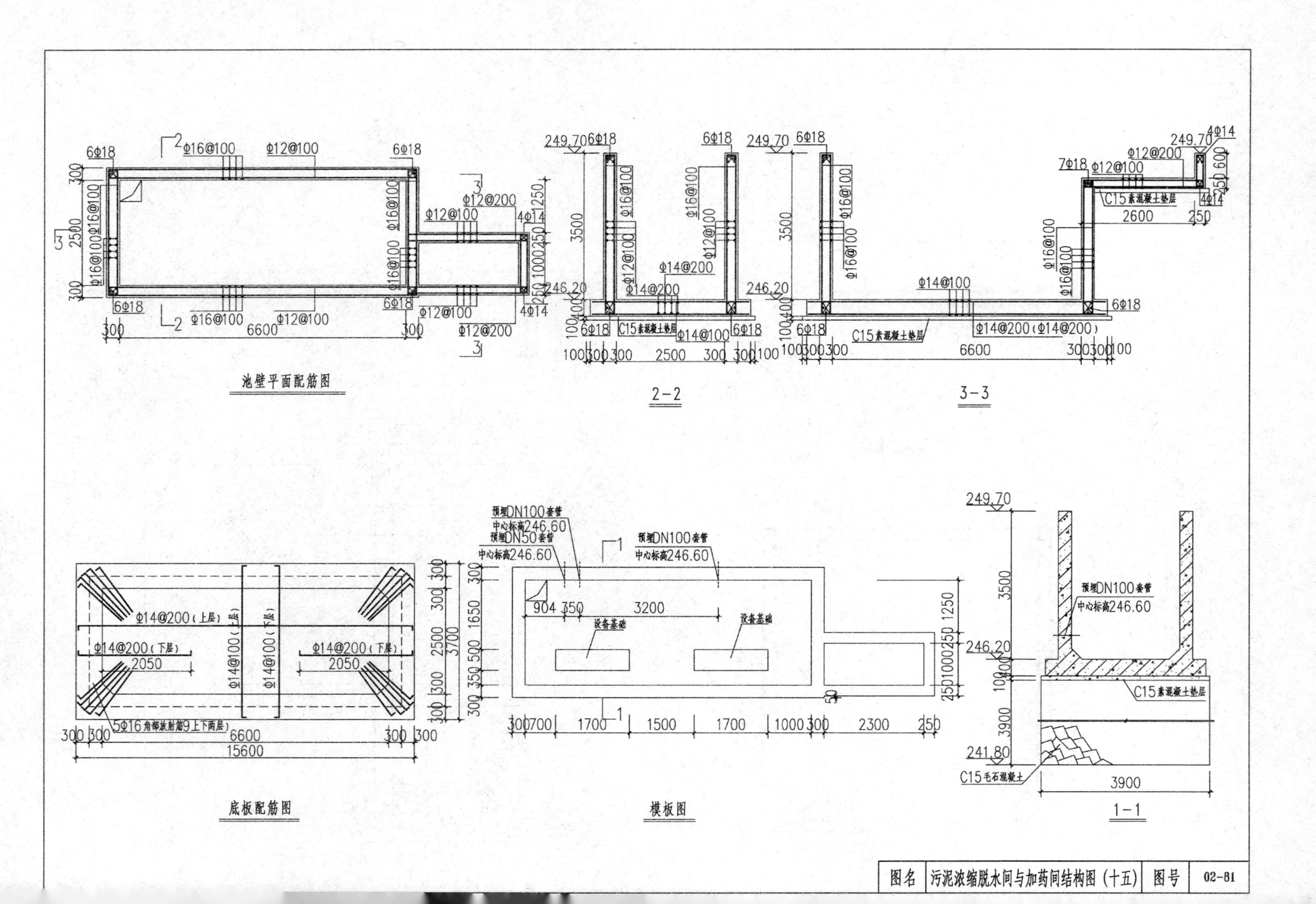
池壁平面配筋图
2-2
3-3
底板配筋图
模板图
1-1
6Φ18
Φ16@100
Φ12@100
Φ12@200
4Φ14
7Φ18
249.70
246.20
241.80
C15素混凝土垫层
C15毛石混凝土
Φ14@200
Φ14@100
Φ14@200（Φ14@200）
Φ14@200（上层）
Φ14@200（下层）
Φ14@100（上层）
Φ14@100（下层）
5Φ16 角部放射筋9上下两层
预埋DN100套管
中心标高246.60
预埋DN50套管
设备基础
6600
15600
3700
3500
3900
2600
2500
2050
3200
图名
污泥浓缩脱水间与加药间结构图（十五）
图号
02-81

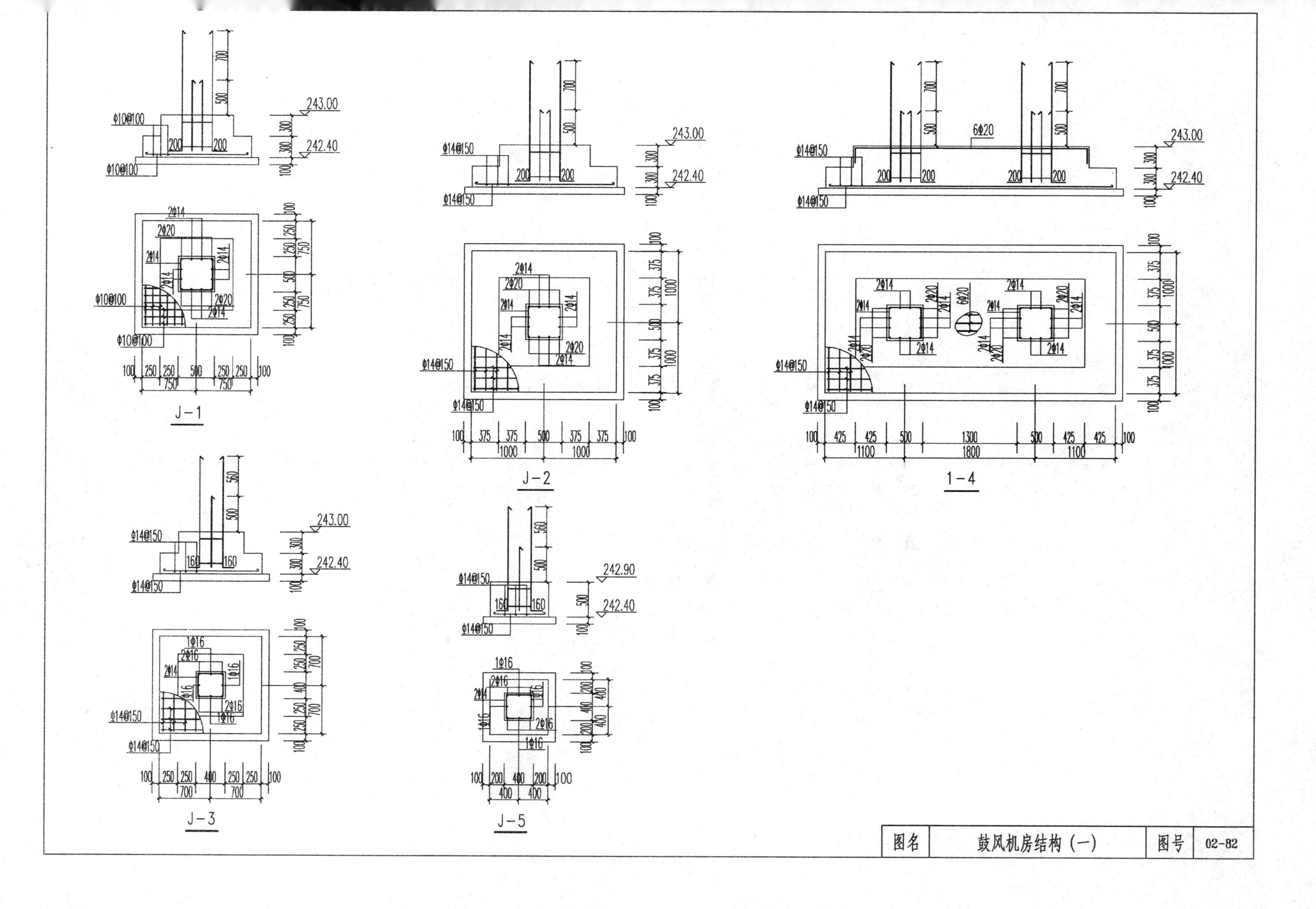
J－1
J－2
1－4
J－3
J－5
243.00
242.40
242.90
φ10@100
φ14@150
2φ14
2φ20
1φ16
2φ16
6φ20
图名
鼓风机房结构（一）
图号
02-82

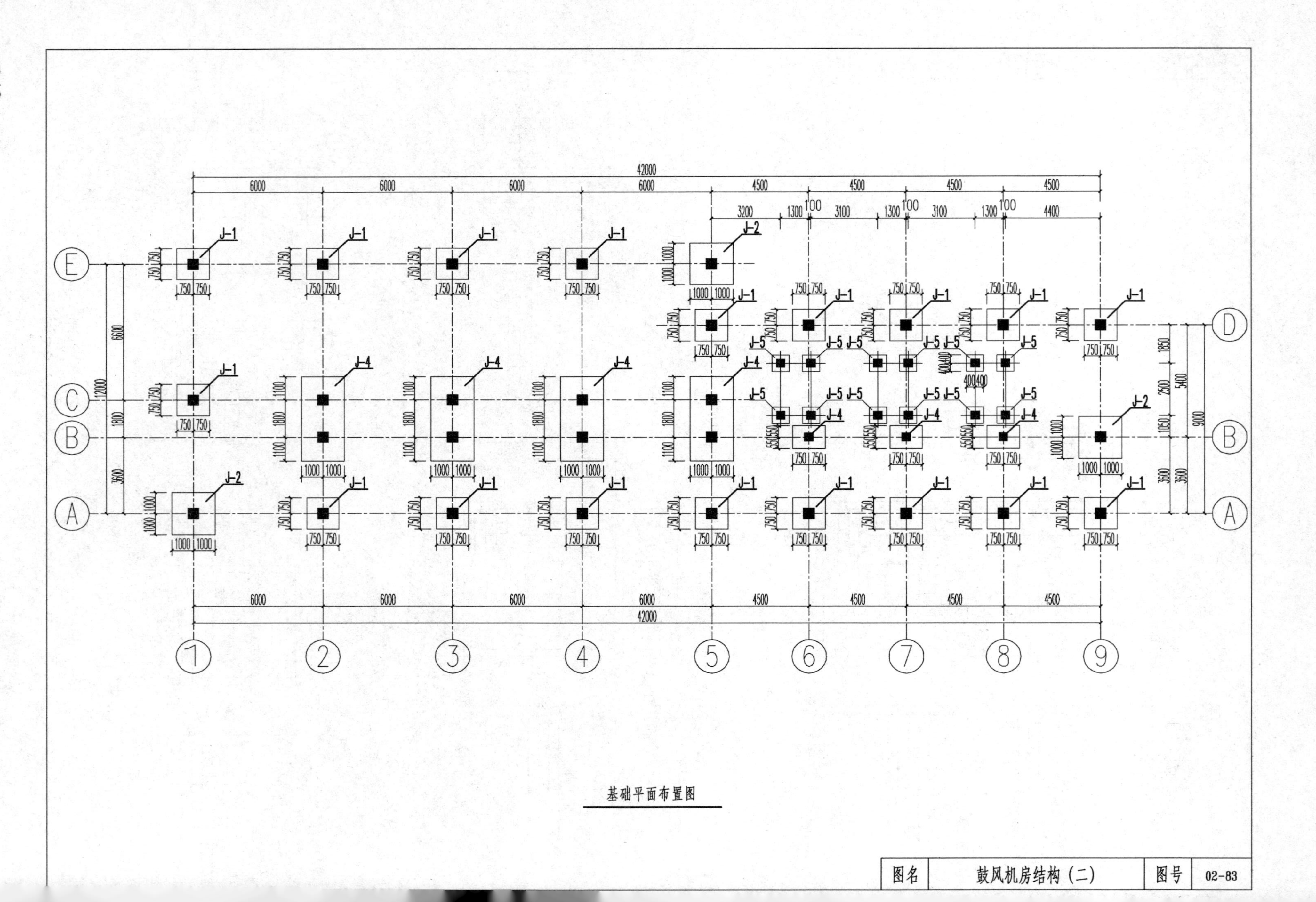
基础平面布置图
图名
鼓风机房结构（二）
图号
02-83

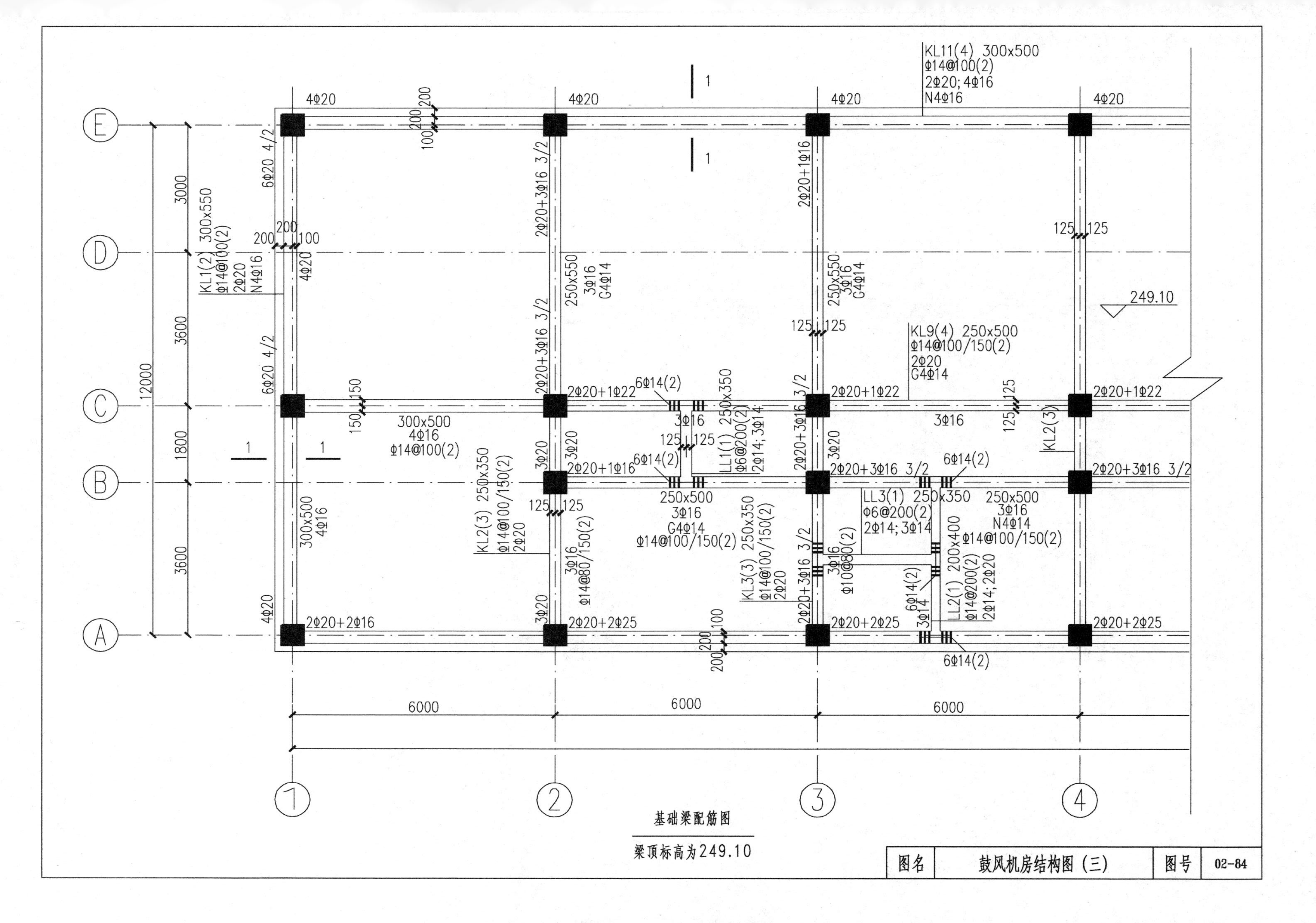
KL11(4) 300x500
Φ14@100(2)
2Φ20; 4Φ16
N4Φ16
KL1(2) 300x550
Φ14@100(2)
2Φ20
N4Φ16
KL9(4) 250x500
Φ14@100/150(2)
2Φ20
G4Φ14
KL2(3) 250x350
Φ14@100/150(2)
2Φ20
KL3(3) 250x350
Φ14@100/150(2)
2Φ20
LL1(1) 250x350
Φ6@200(2)
2Φ14; 3Φ14
LL2(1) 200x400
Φ14@200(2)
2Φ14; 2Φ20
LL3(1) 250x350
Φ6@200(2)
2Φ14; 3Φ14
249.10
6000
6000
6000
3000
3600
1800
3600
12000
基础梁配筋图
梁顶标高为249.10
图名
鼓风机房结构图（三）
图号
02-84

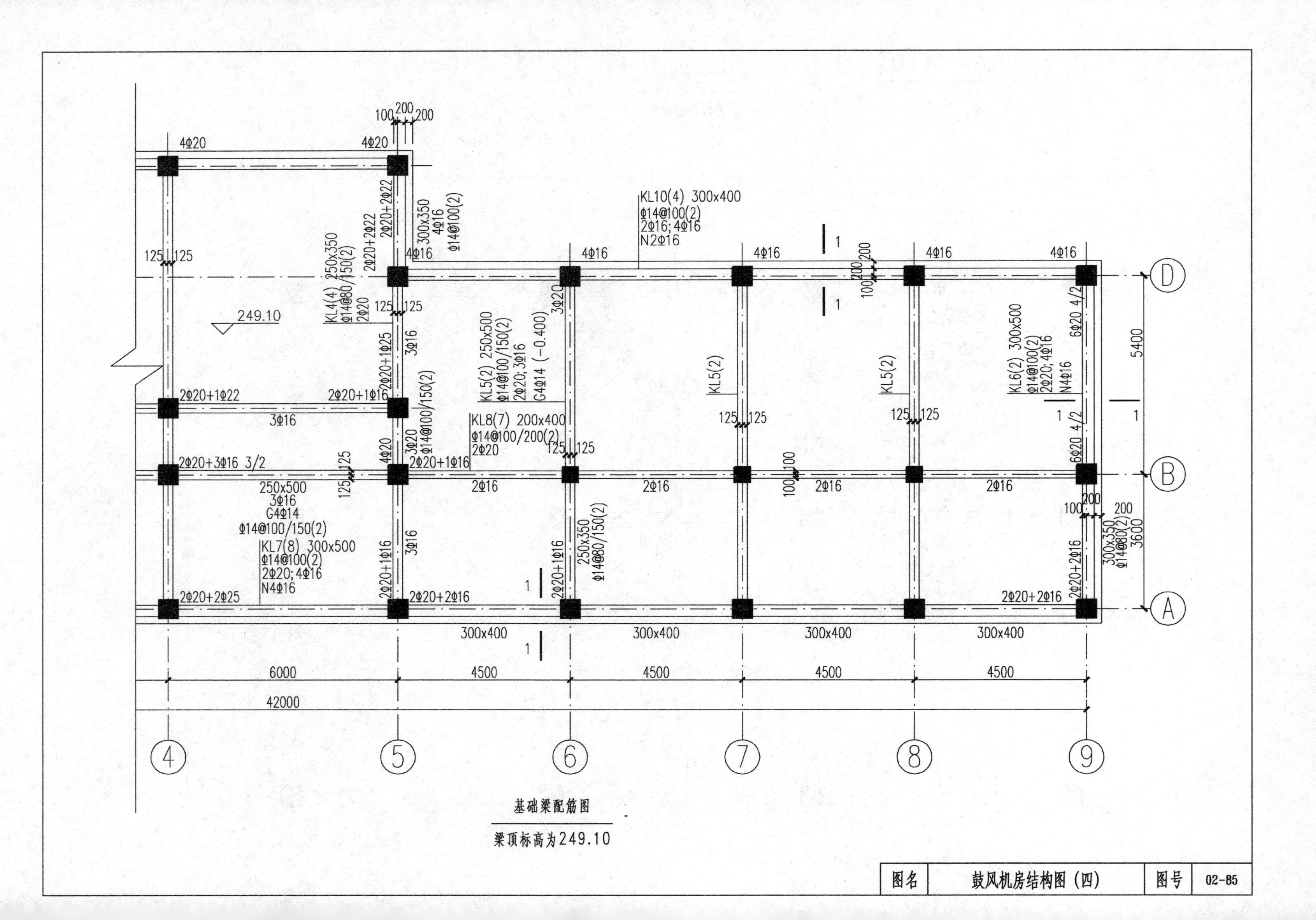
KL10(4) 300x400
Φ14@100(2)
2Φ16;4Φ16
N2Φ16
KL4(4) 250x350
Φ14@80/150(2)
2Φ20
KL5(2) 250x500
Φ14@100/150(2)
2Φ20;3Φ16
G4Φ14 (-0.400)
KL8(7) 200x400
Φ14@100/200(2)
2Φ20
KL5(2)
KL6(2) 300x500
Φ14@100(2)
2Φ20;4Φ16
N4Φ16
250x500
3Φ16
G4Φ14
Φ14@100/150(2)
KL7(8) 300x500
Φ14@100(2)
2Φ20;4Φ16
N4Φ16
249.10
42000
6000
4500
5400
3600
基础梁配筋图
梁顶标高为249.10
图名
鼓风机房结构图（四）
图号
02-85

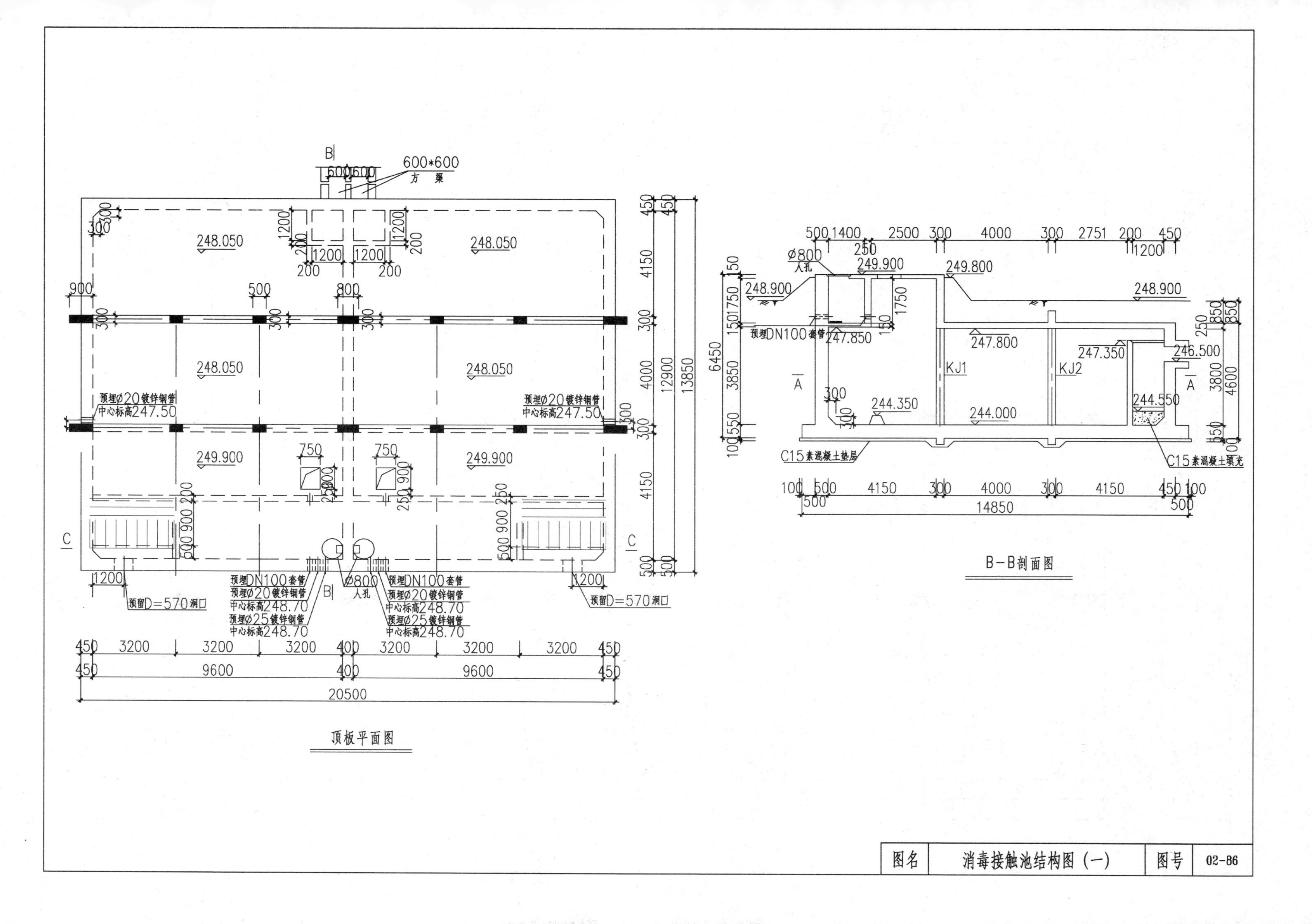

600*600
方渠
预埋φ20镀锌钢管
中心标高247.50
预埋DN100套管
预埋φ20镀锌钢管
中心标高248.70
预埋φ25镀锌钢管
中心标高248.70
φ800
人孔
预留D=570洞口
顶板平面图
预埋DN100套管
C15素混凝土垫层
C15素混凝土填充
KJ1
KJ2
B－B剖面图
图名
消毒接触池结构图(一)
图号
02-86

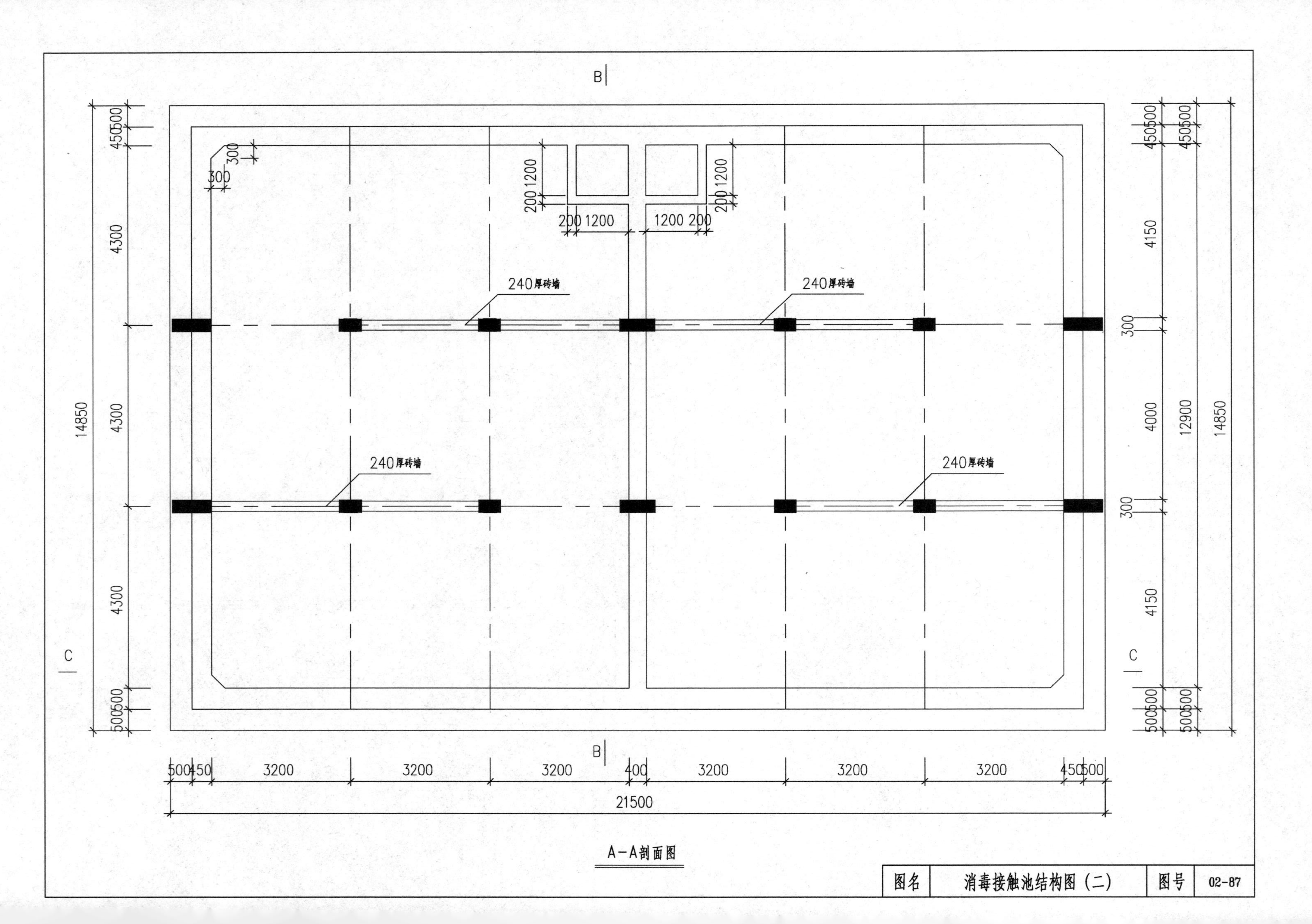

240厚砖墙
240厚砖墙
240厚砖墙
240厚砖墙
21500
14850
12900
A—A剖面图
图名
消毒接触池结构图(二)
图号
02-87

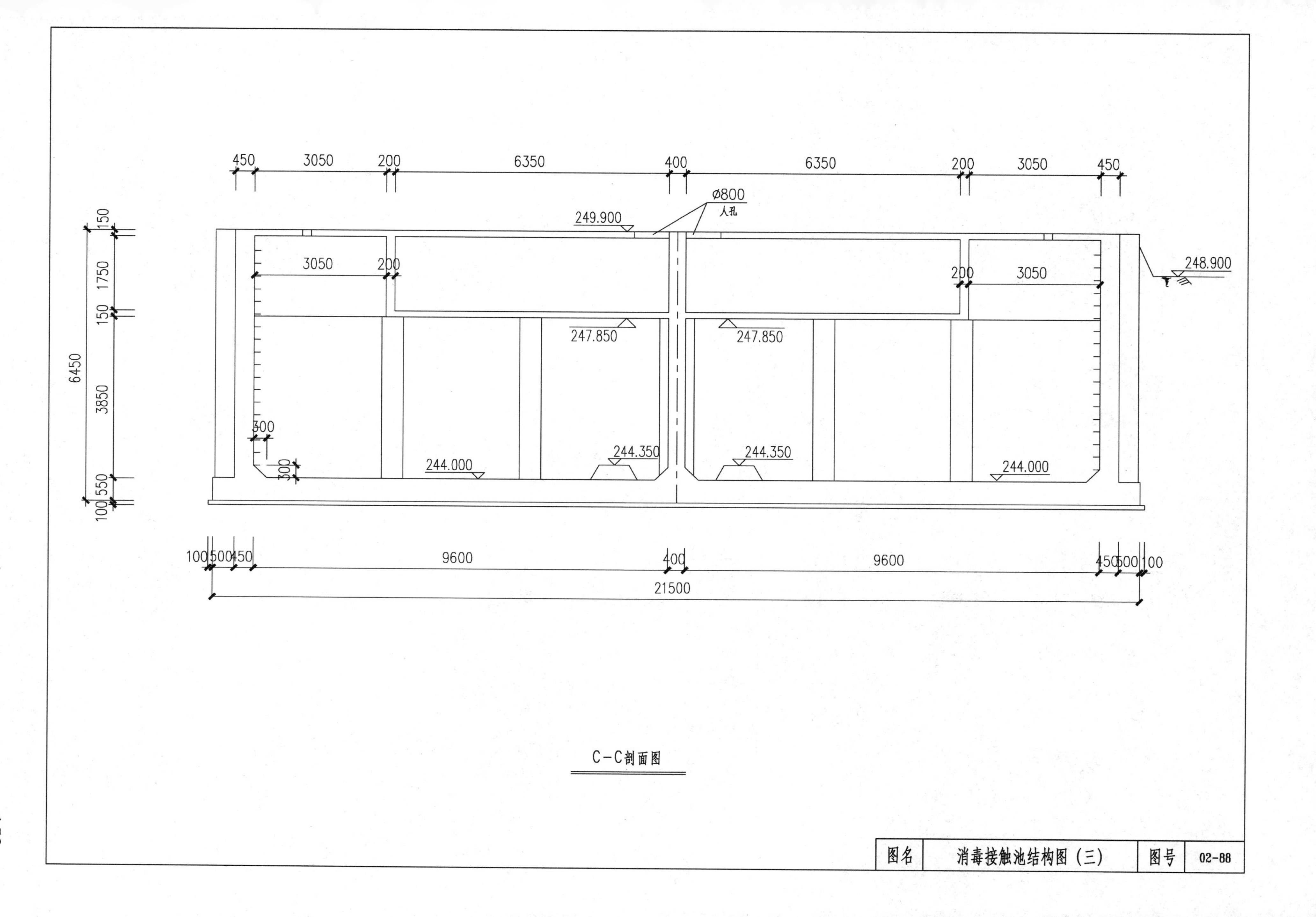

450
3050
200
6350
400
6350
200
3050
450
Ø800
人孔
249.900
248.900
3050
200
200
3050
247.850
247.850
150
1750
150
6450
3850
550
100
300
300
244.000
244.350
244.350
244.000
100
500
450
9600
400
9600
450
500
100
21500
C—C剖面图
图名
消毒接触池结构图（三）
图号
02-88

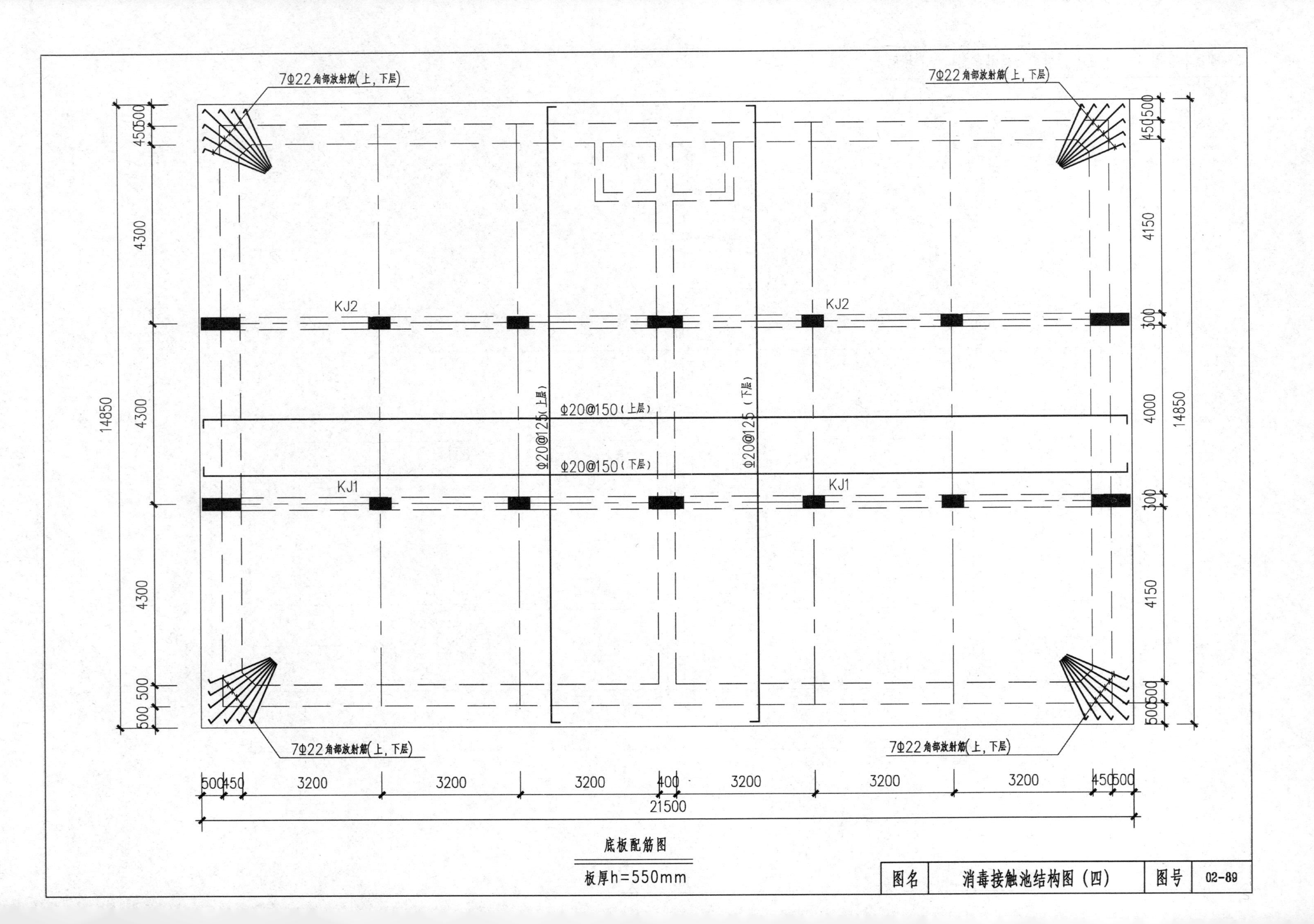

底板配筋图

板厚h=550mm

图名	消毒接触池结构图（四）	图号	02-89

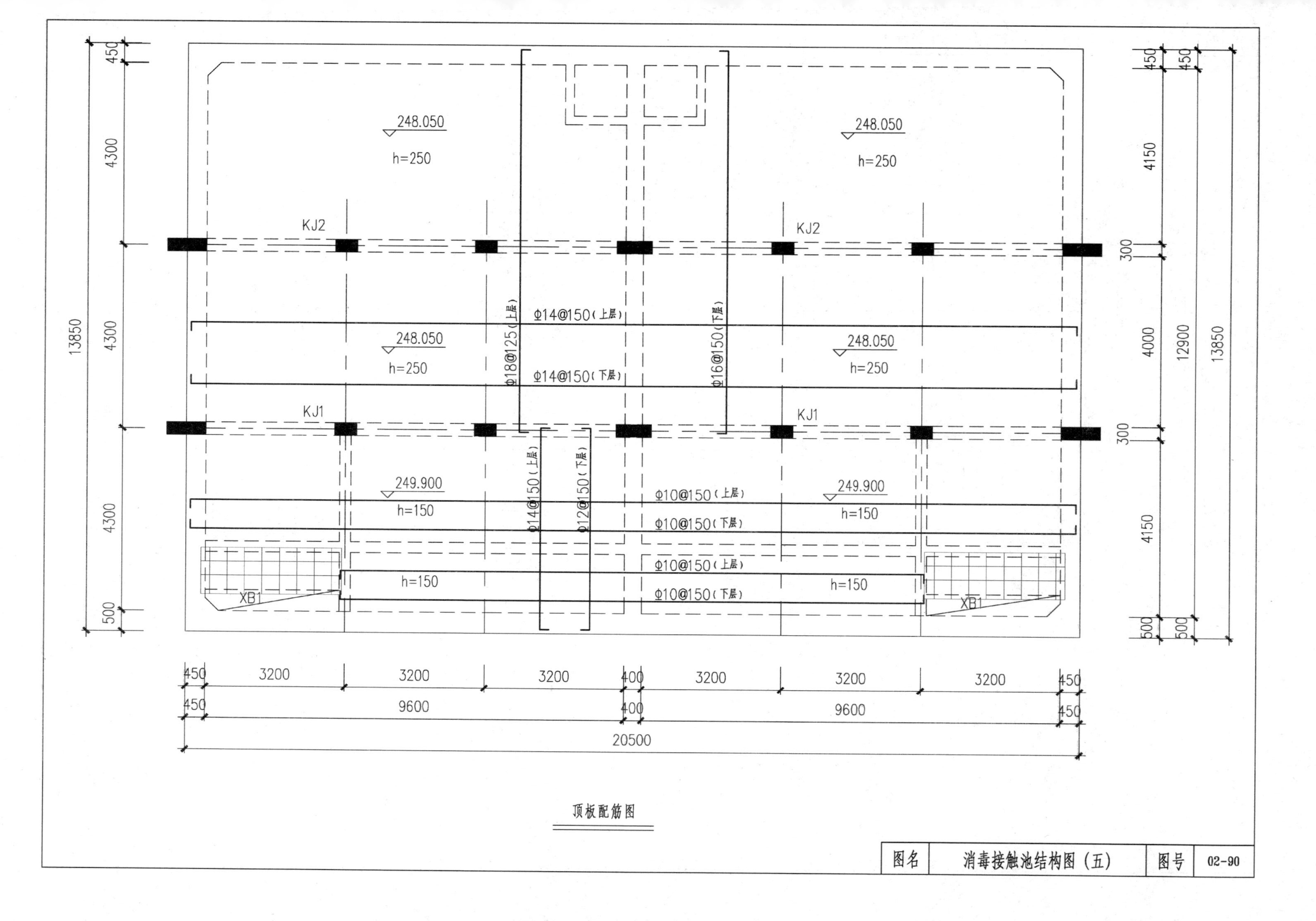

顶板配筋图

图名	消毒接触池结构图（五）	图号	02-90

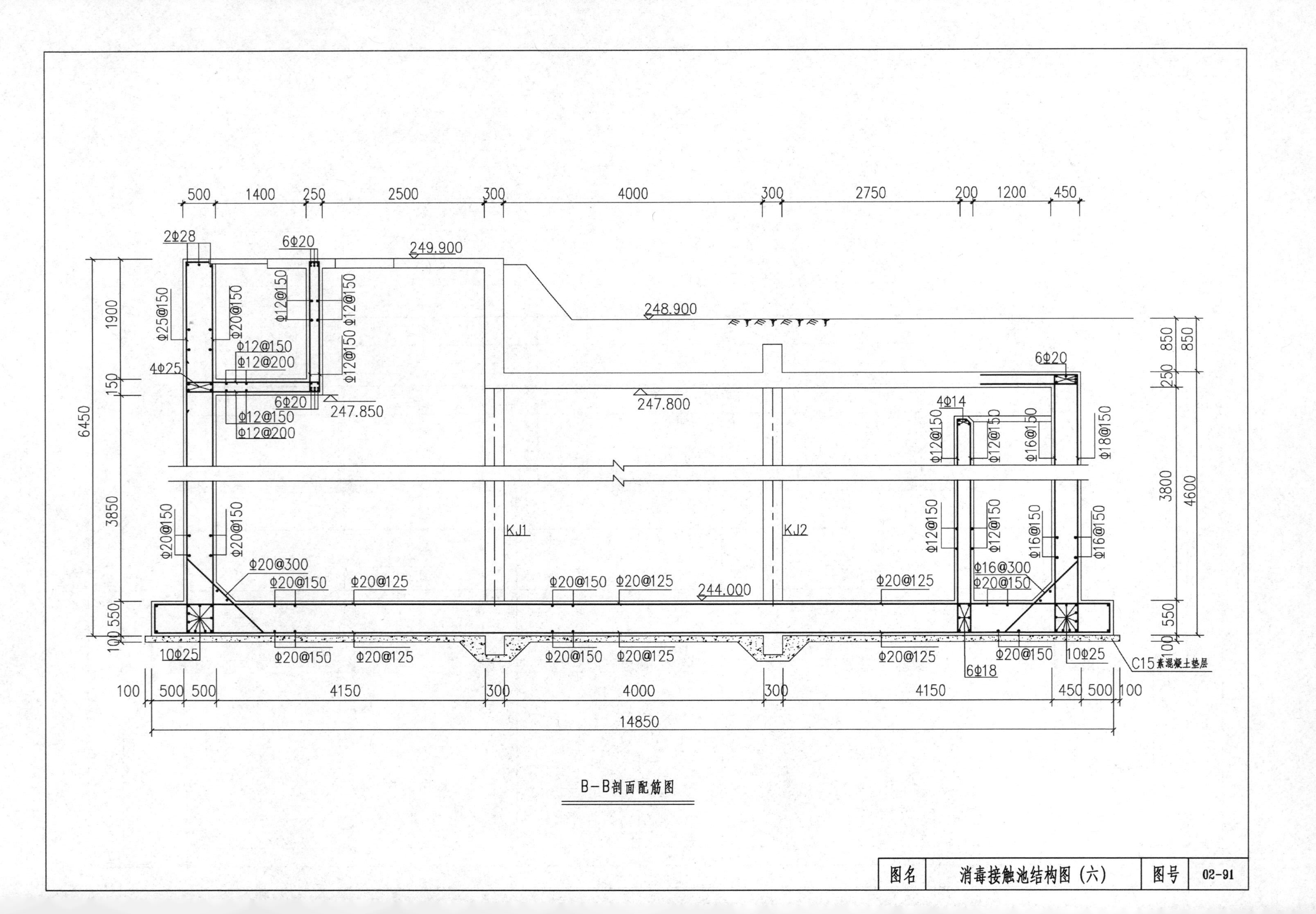

B-B剖面配筋图

图名	消毒接触池结构图（六）	图号	02-91

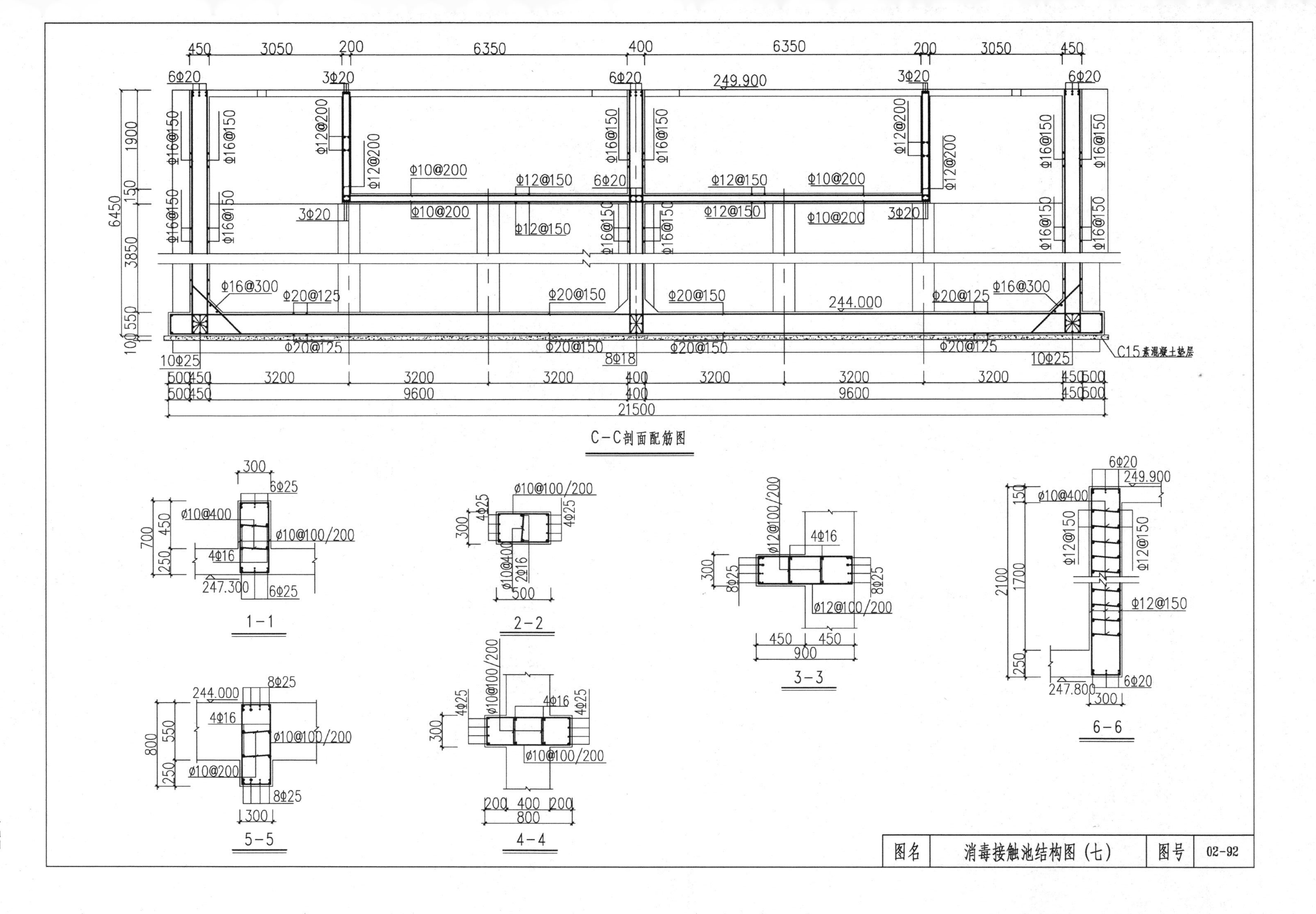

C-C剖面配筋图
C15素混凝土垫层
249.900
244.000
1-1
2-2
3-3
4-4
5-5
6-6
图名
消毒接触池结构图（七）
图号
02-92

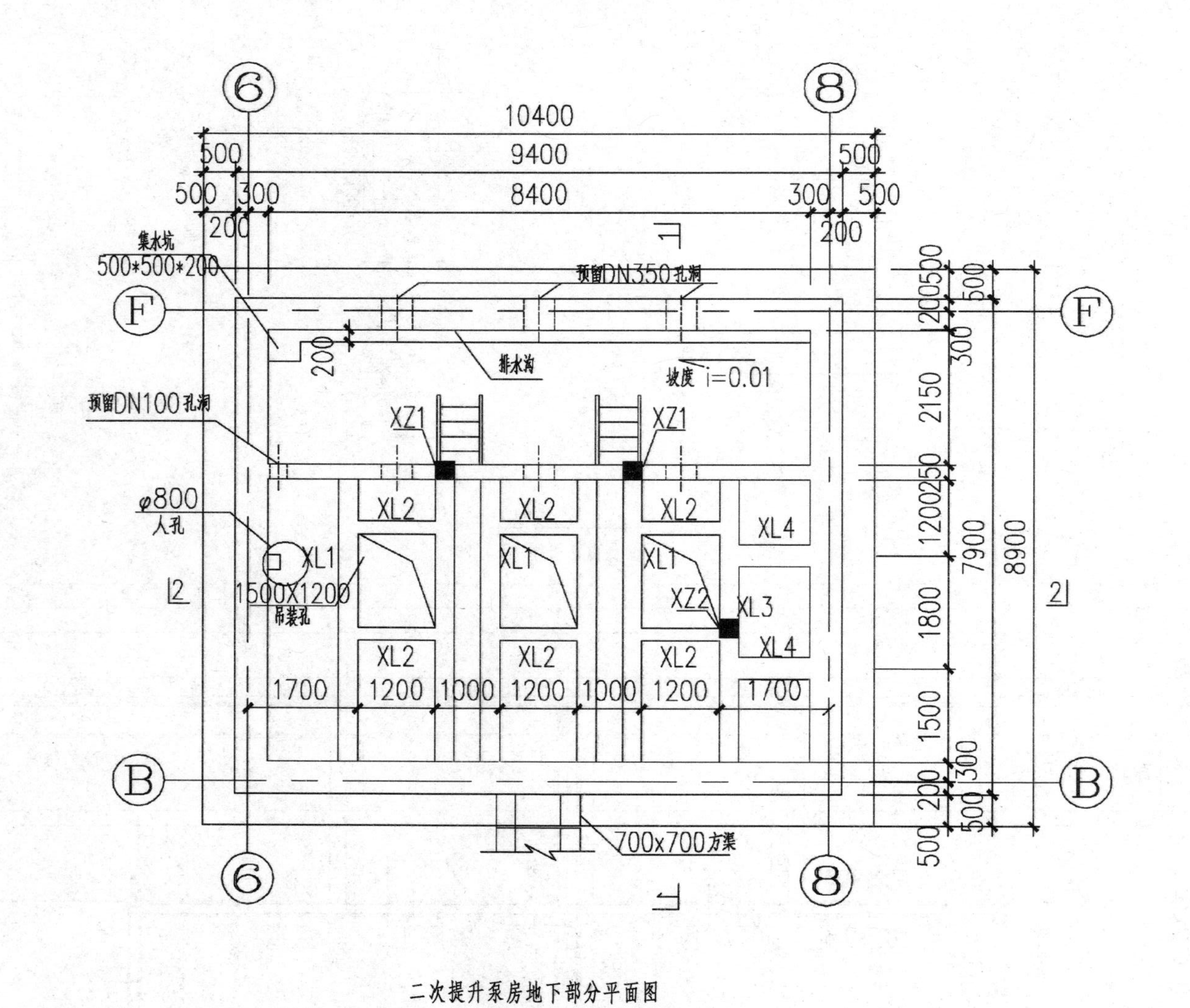

二次提升泵房地下部分平面图

图名	二次提升泵房结构图（一）	图号	02-93

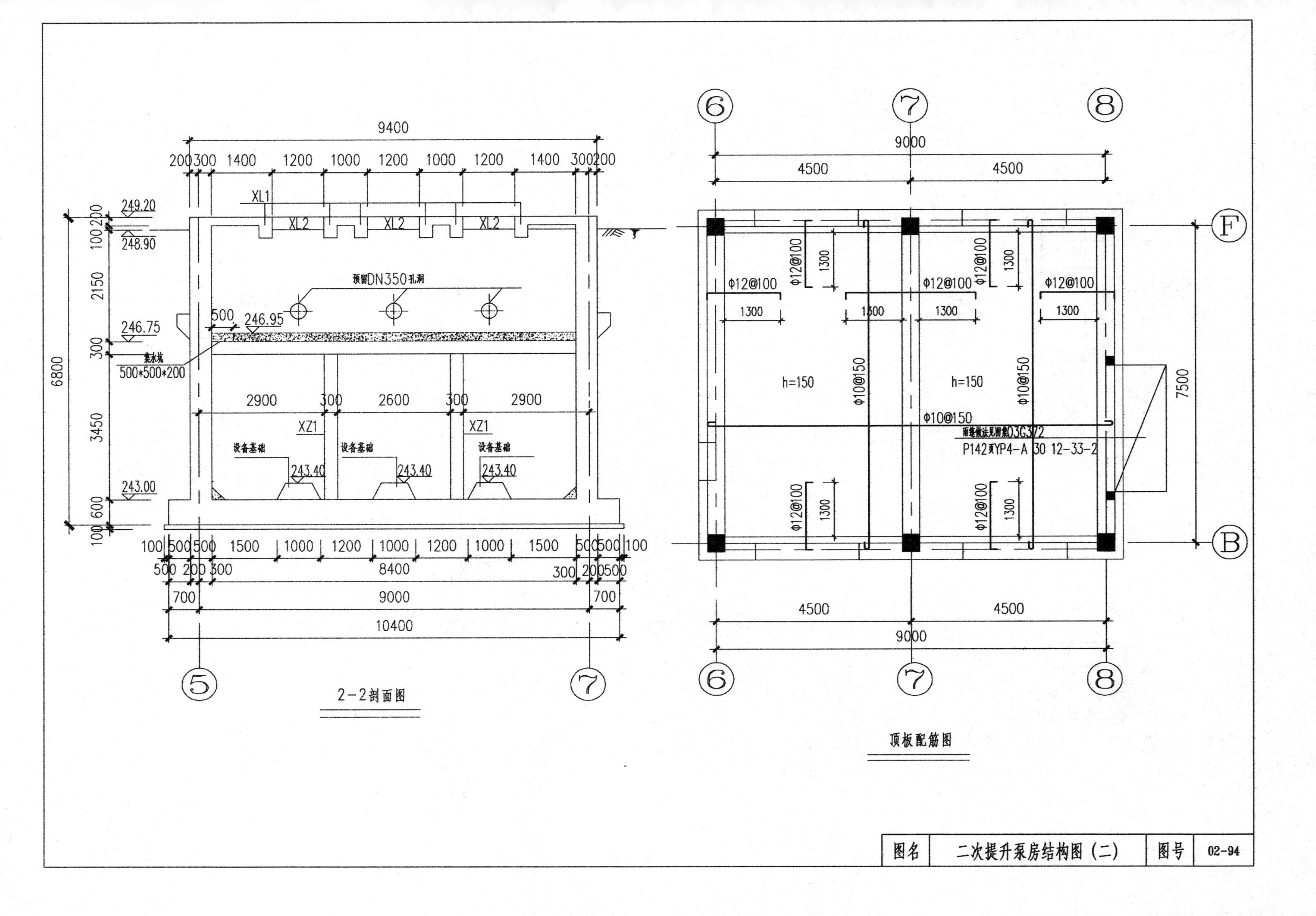

XL1
XL2
预留DN350孔洞
集水坑
500*500*200
XZ1
设备基础
2-2剖面图
h=150
Φ12@100
Φ10@150
P142页YP4-A 30 12-33-2
顶板配筋图
图名
二次提升泵房结构图(二)
图号
02-94

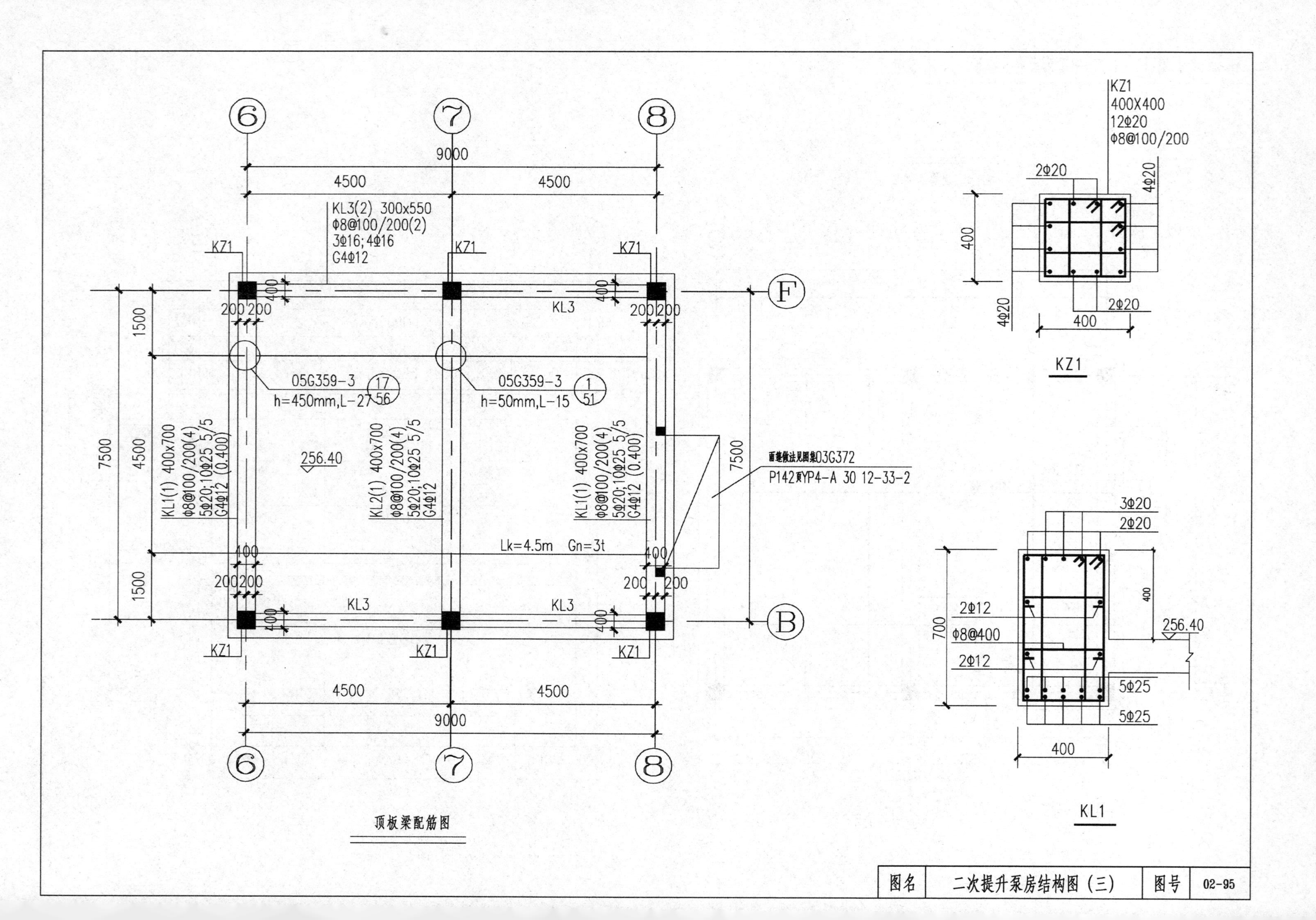

KZ1
400X400
12Φ20
Φ8@100/200
4Φ20
2Φ20
400
KZ1
3Φ20
2Φ20
2Φ12
Φ8@400
2Φ12
700
256.40
5Φ25
5Φ25
400
KL1
KL3(2) 300x550
Φ8@100/200(2)
3Φ16;4Φ16
G4Φ12
KL3
05G359-3
h=450mm,L-27
h=50mm,L-15
KL1(1) 400x700
Φ8@100/200(4)
5Φ20;10Φ25 5/5
G4Φ12 (0.400)
KL2(1) 400x700
Φ8@100/200(4)
5Φ20;10Φ25 5/5
G4Φ12
256.40
Lk=4.5m Gn=3t
P142页YP4-A 30 12-33-2
4500
9000
1500
7500
顶板梁配筋图
图名
二次提升泵房结构图（三）
图号
02-95

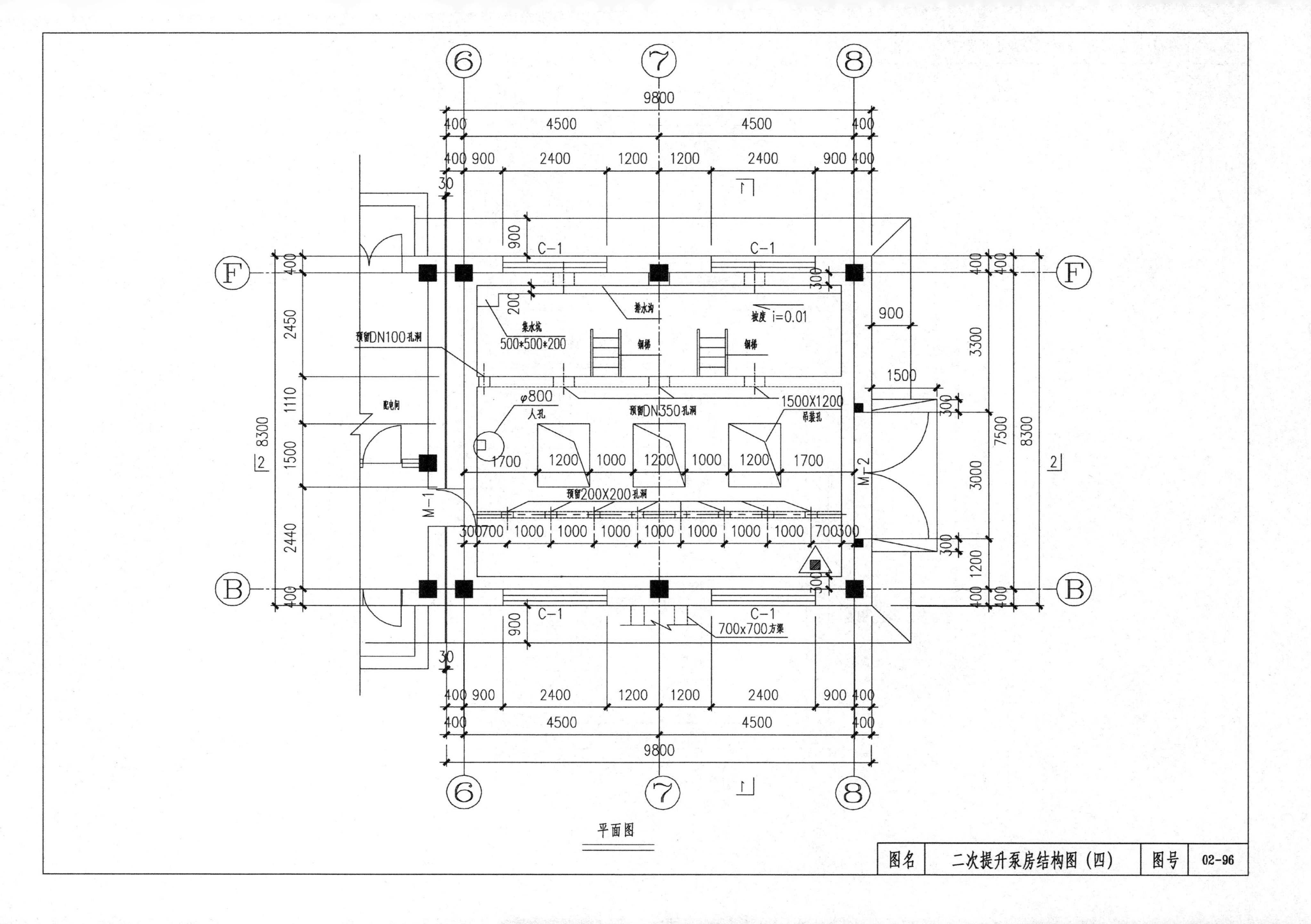

9800
400
4500
900
2400
1200
30
C-1
300
200
排水沟
坡度 i=0.01
集水坑
500*500*200
钢梯
预留DN100孔洞
2450
1110
1500
2440
8300
3300
7500
3000
配电间
φ800
人孔
预留DN350孔洞
1500X1200
吊装孔
1700
1000
预留200X200孔洞
M-1
M-2
700x700方梁
平面图
图名
二次提升泵房结构图(四)
图号
02-96

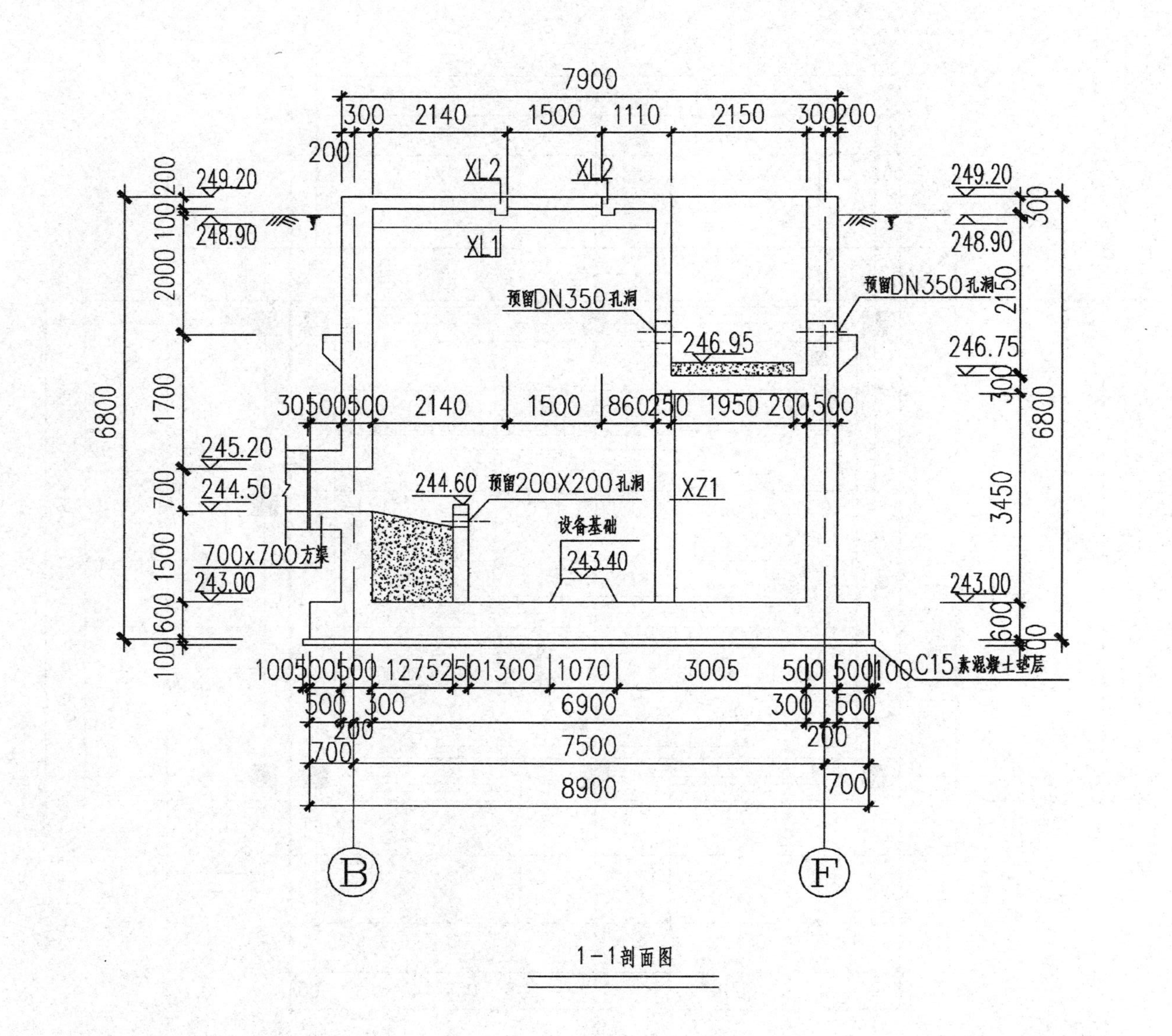

1-1剖面图

图名	二次提升泵房结构图（五）	图号	02-97

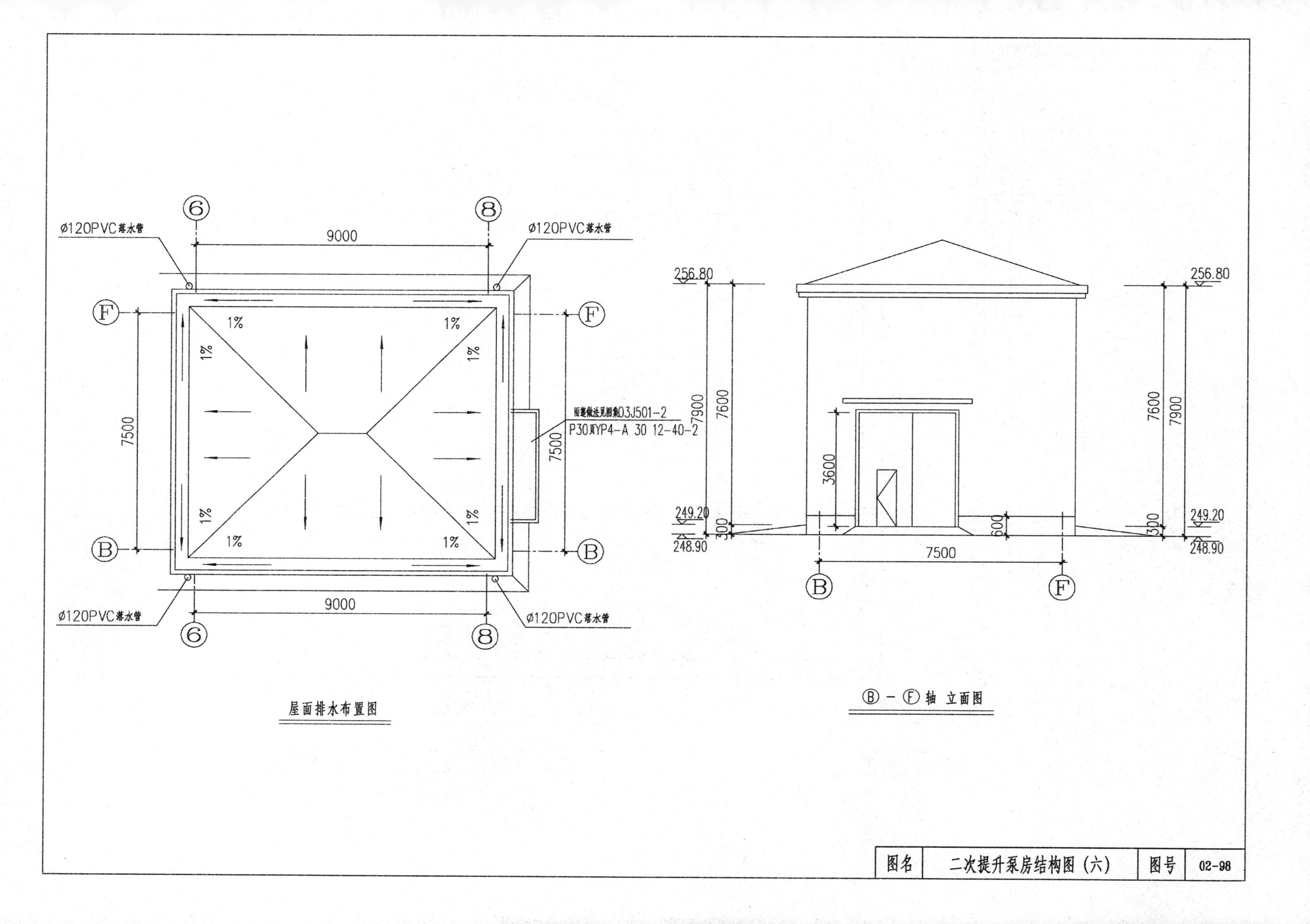

Ø120PVC落水管
9000
7500
1%
雨篷做法见图集03J501-2
P30页YP4-A 30 12-40-2
256.80
249.20
248.90
7900
7600
3600
300
600
屋面排水布置图
Ⓑ－Ⓕ轴 立面图
图名
二次提升泵房结构图（六）
图号
02-98

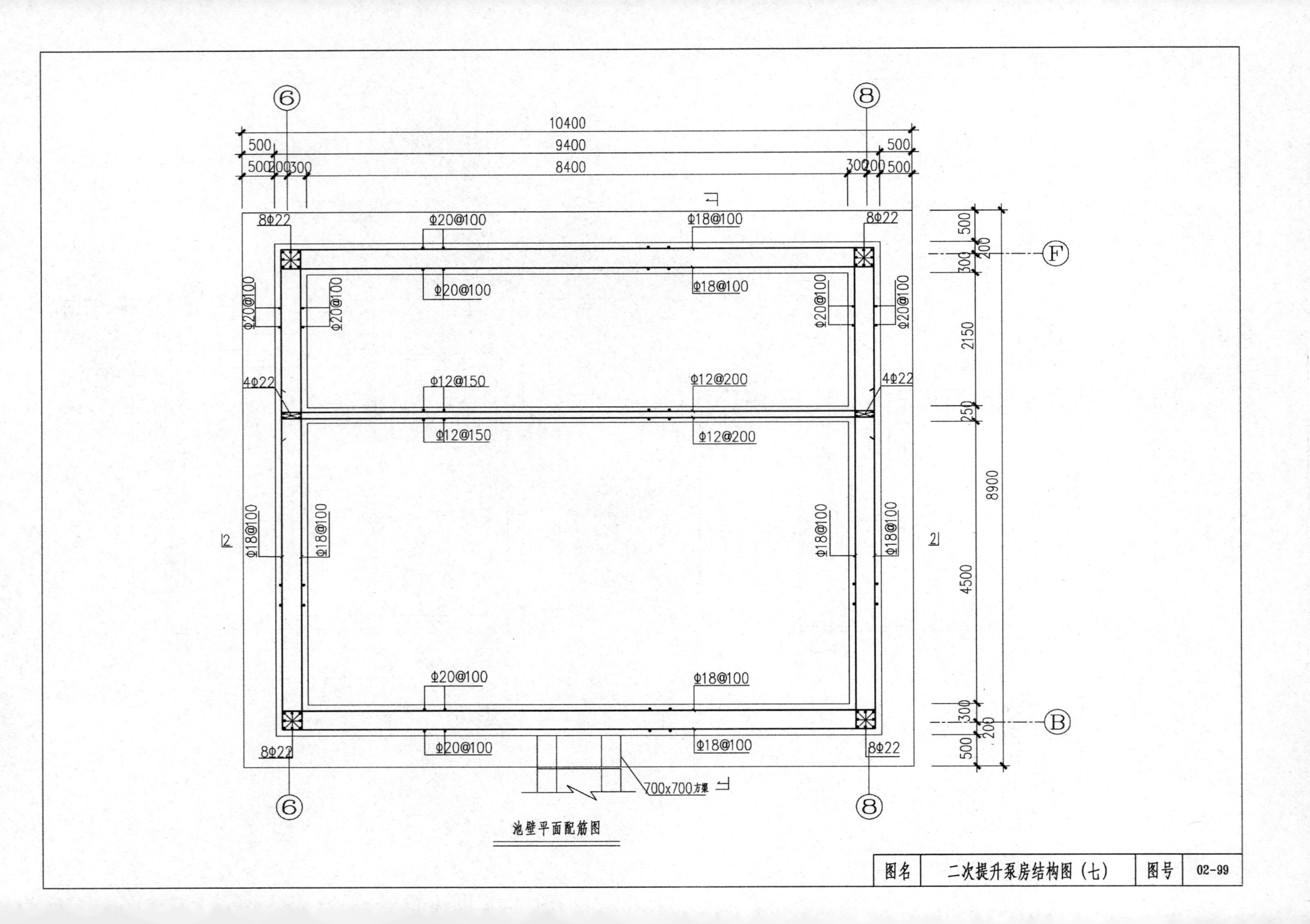
10400
9400
8400
8900
4500
2150
8Φ22
4Φ22
Φ20@100
Φ18@100
Φ12@150
Φ12@200
700x700方渠
池壁平面配筋图
图名
二次提升泵房结构图（七）
图号
02-99

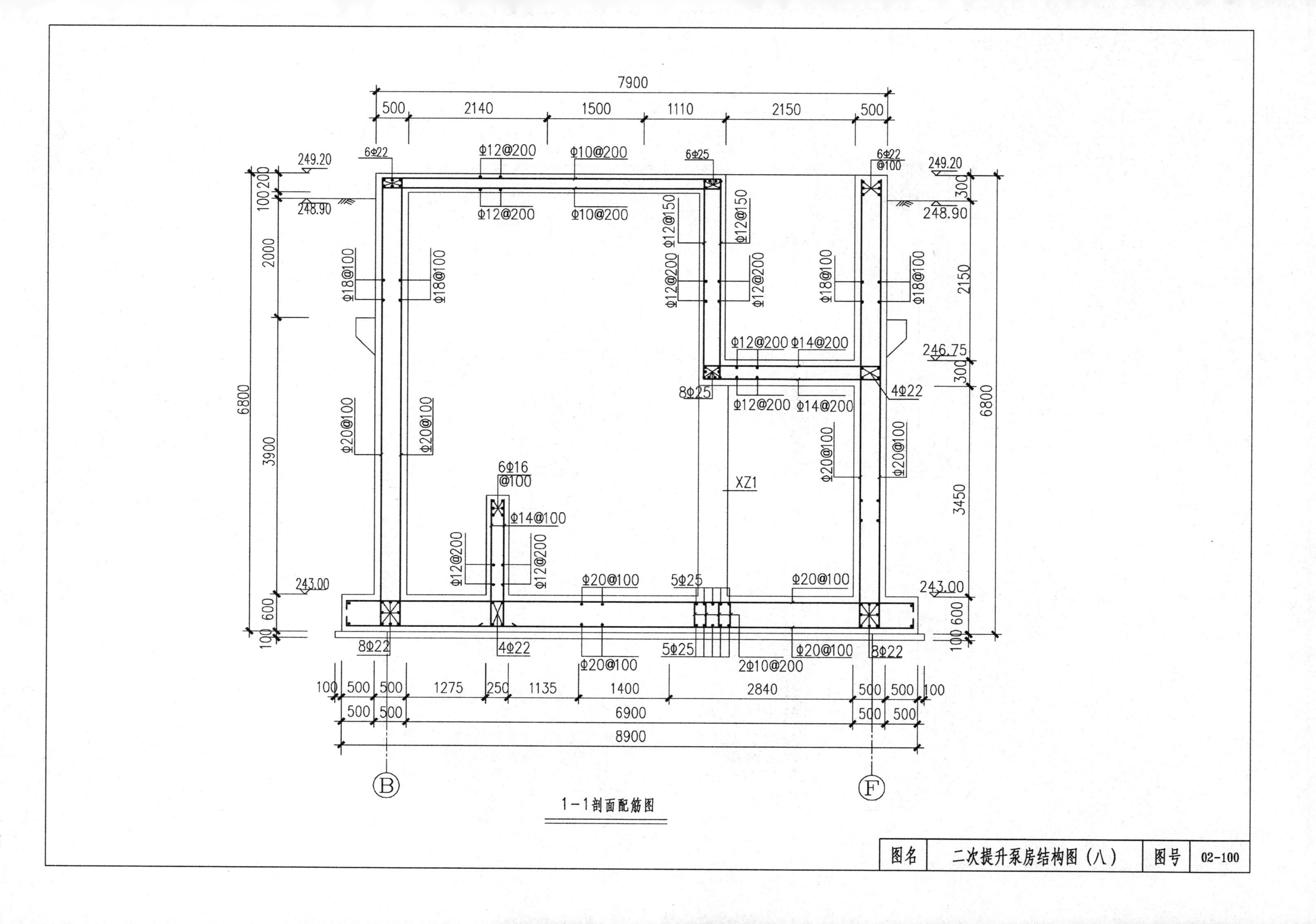

1－1剖面配筋图

图名	二次提升泵房结构图（八）	图号	02-100

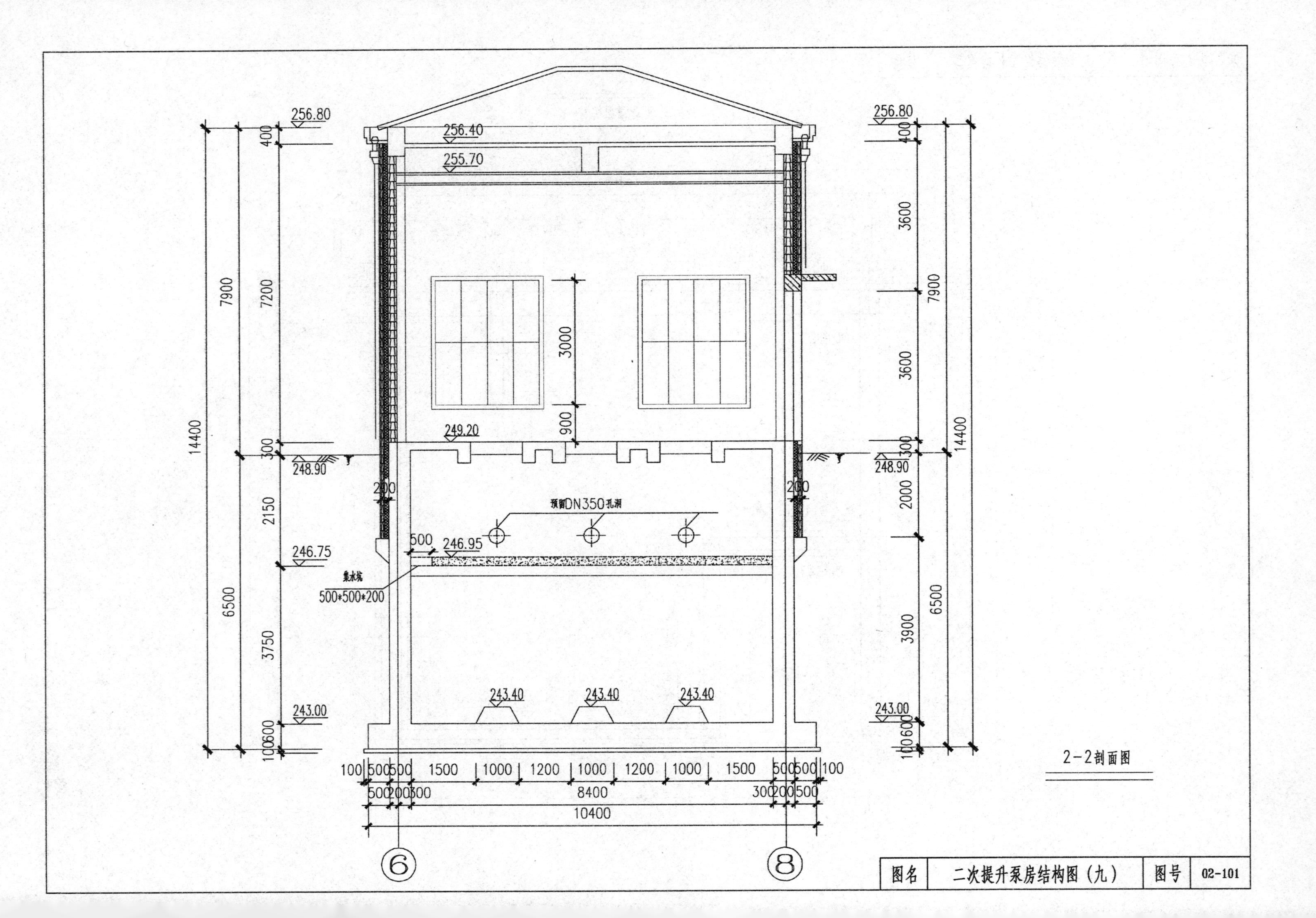
2-2剖面图
预留DN350孔洞
集水坑
500*500*200
256.80
256.40
255.70
249.20
248.90
246.95
246.75
243.40
243.00
14400
7900
6500
7200
3600
3000
900
2150
2000
3750
3900
8400
10400
图名
二次提升泵房结构图（九）
图号
02-101

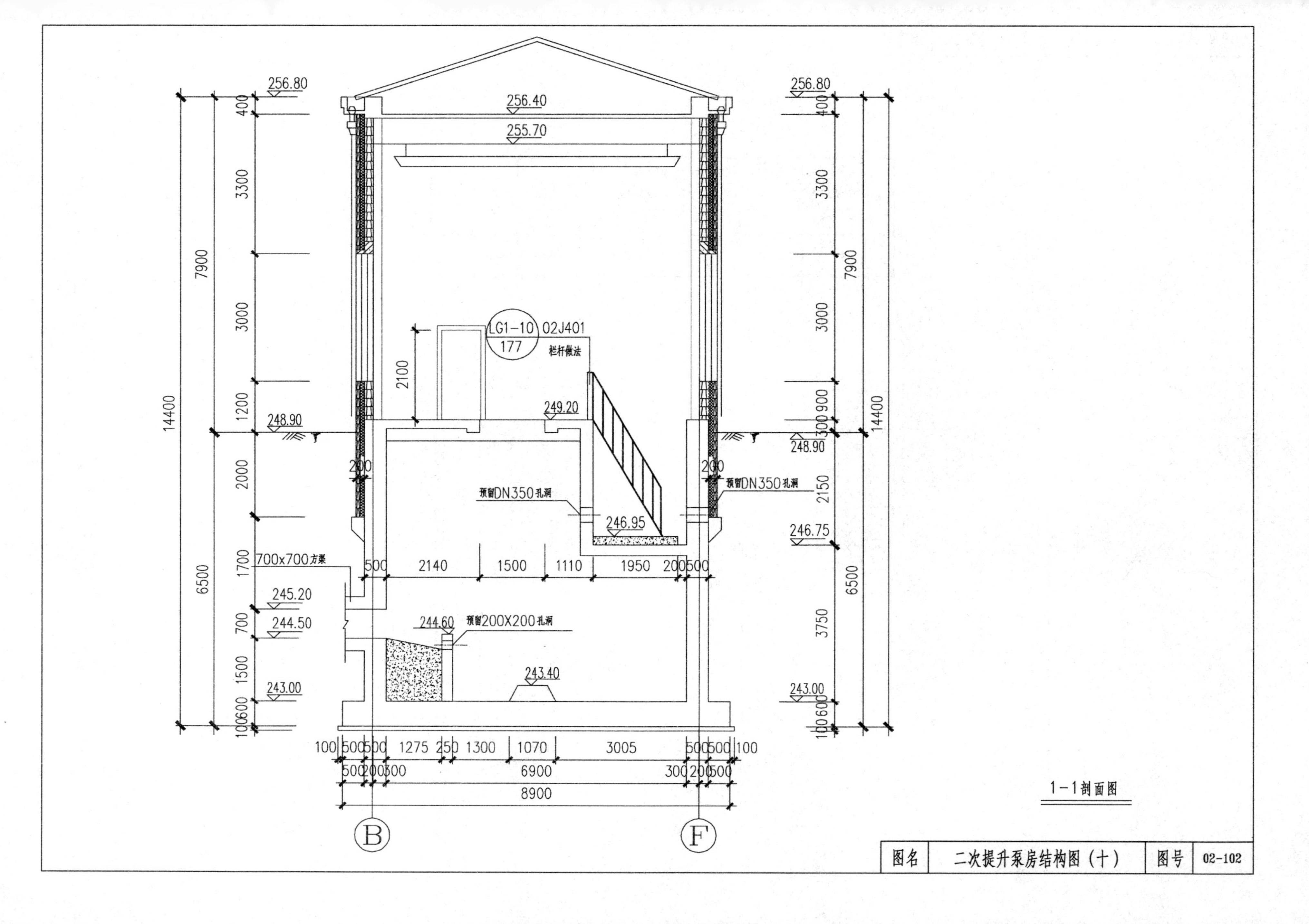
256.80
256.40
255.70
LG1-10
177
02J401
栏杆做法
249.20
248.90
预留DN350孔洞
246.95
246.75
700x700方渠
245.20
244.50
244.60
预留200X200孔洞
243.40
243.00
2100
14400
7900
6500
400
3300
3000
1200
2000
1700
700
1500
600
100
900
300
2150
3750
500
2140
1500
1110
1950
200
1275
250
1300
1070
3005
6900
8900
B
F
1-1剖面图
图名
二次提升泵房结构图（十）
图号
02-102

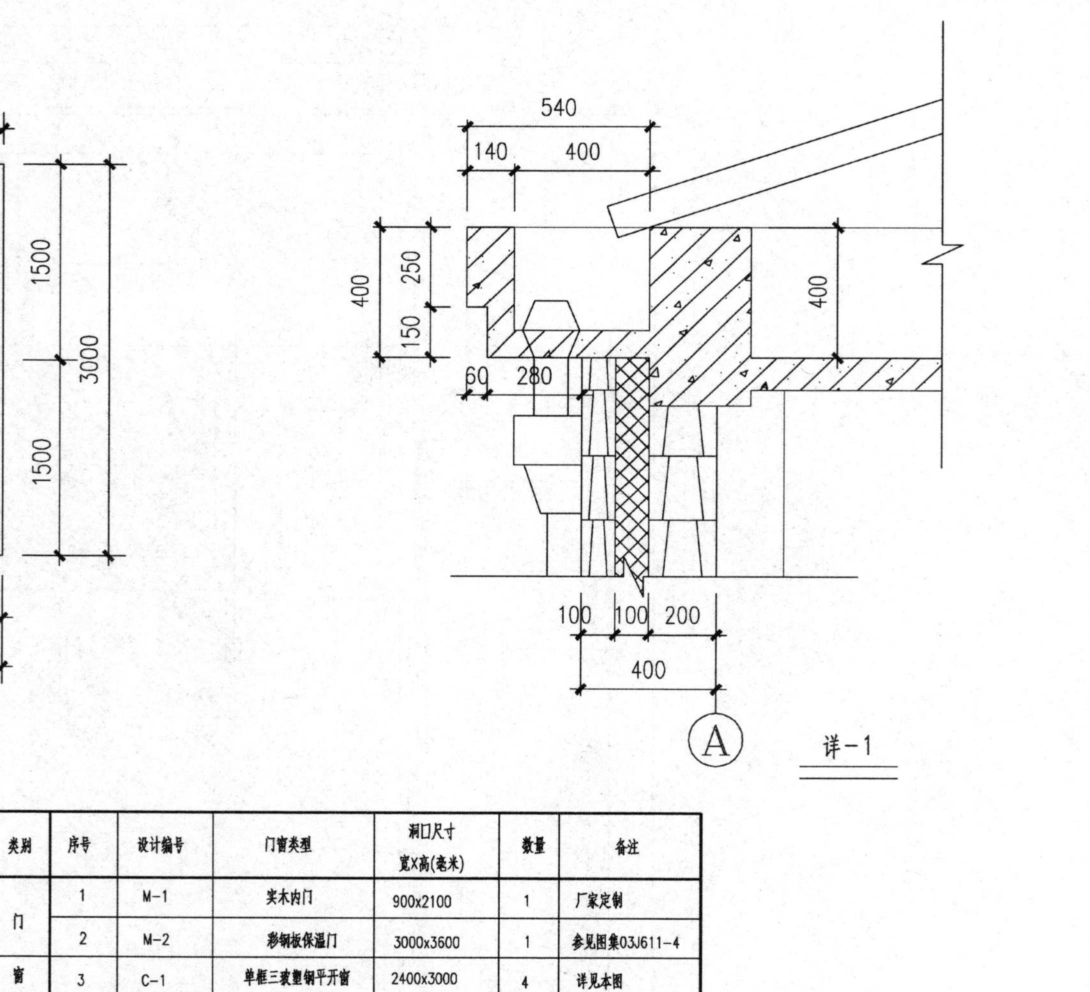

类别	序号	设计编号	门窗类型	洞口尺寸 宽X高(毫米)	数量	备注
门	1	M-1	实木内门	900x2100	1	厂家定制
	2	M-2	彩钢板保温门	3000x3600	1	参见图集03J611-4
窗	3	C-1	单框三玻塑钢平开窗	2400x3000	4	详见本图

图名	二次提升泵房结构图（十一）	图号	02-103

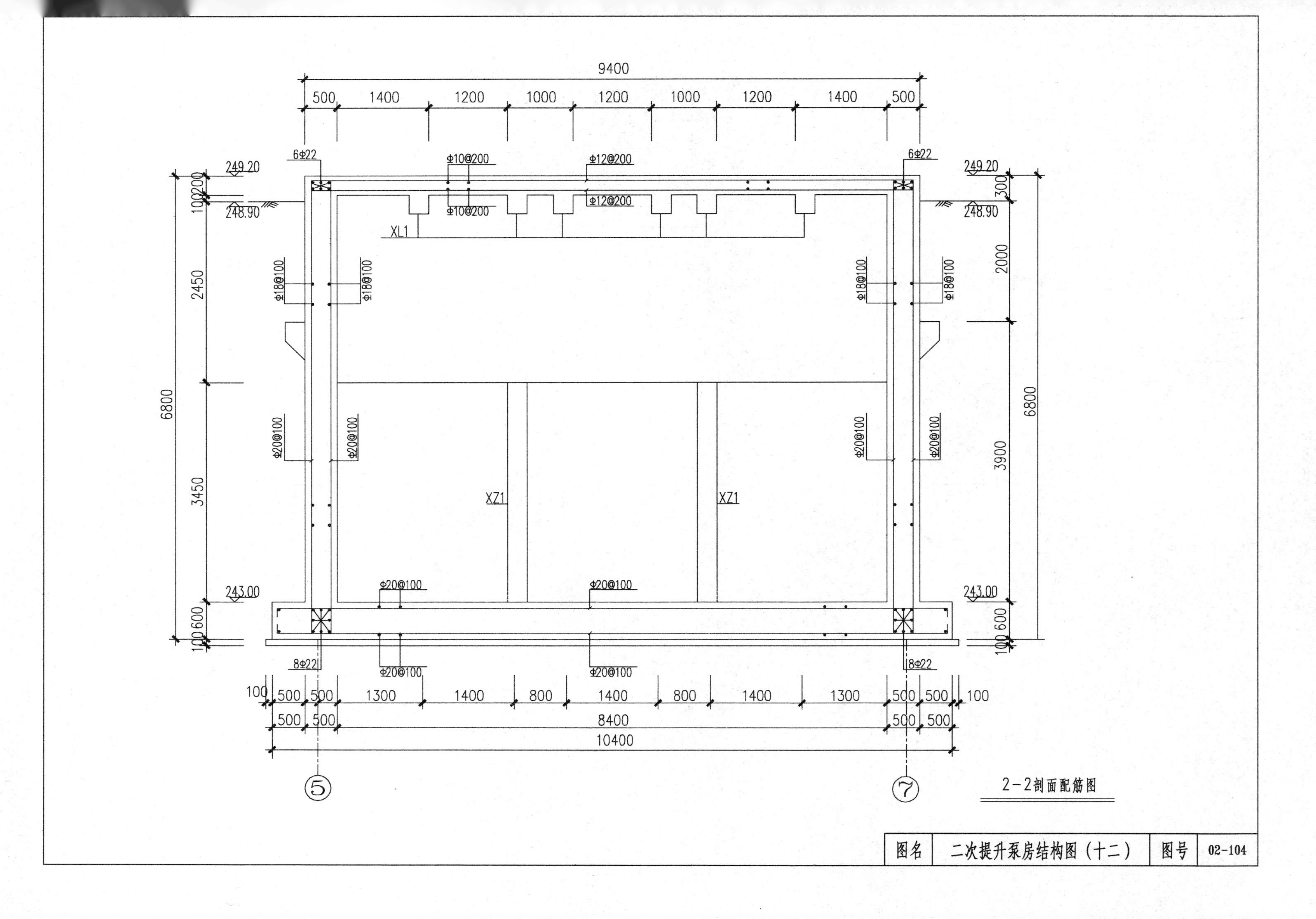

2-2剖面配筋图

图名	二次提升泵房结构图（十二）	图号	02-104

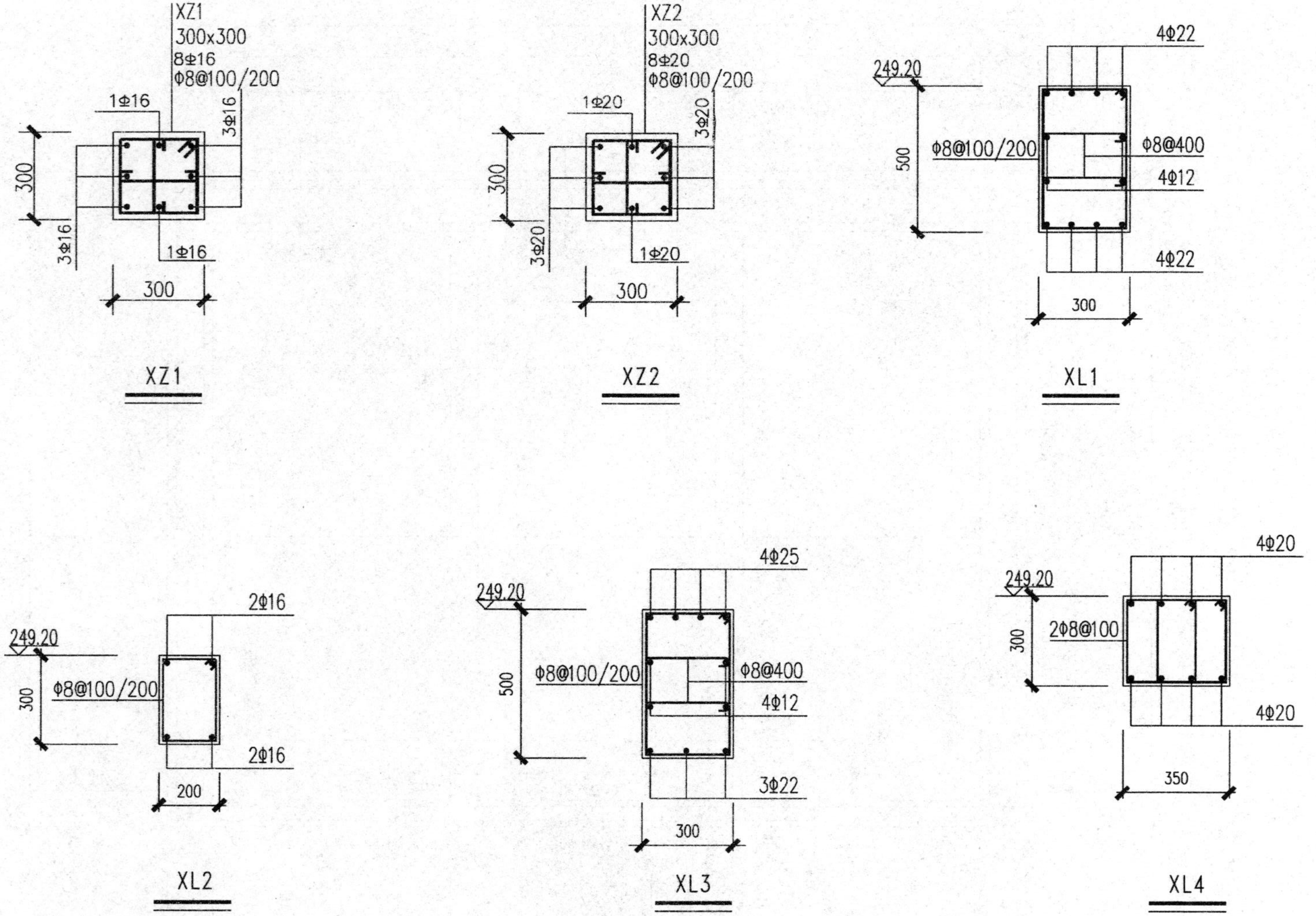

XZ1
300x300
8Φ16
Φ8@100/200
1Φ16
3Φ16
300
3Φ16
1Φ16
300

XZ1

XZ2
300x300
8Φ20
Φ8@100/200
1Φ20
3Φ20
300
3Φ20
1Φ20
300

XZ2

249.20
4Φ22
500
Φ8@100/200
Φ8@400
4Φ12
4Φ22
300

XL1

249.20
2Φ16
300
Φ8@100/200
2Φ16
200

XL2

249.20
4Φ25
500
Φ8@100/200
Φ8@400
4Φ12
3Φ22
300

XL3

249.20
4Φ20
300
2Φ8@100
4Φ20
350

XL4

图名	二次提升泵房结构图（十三）	图号	02-105

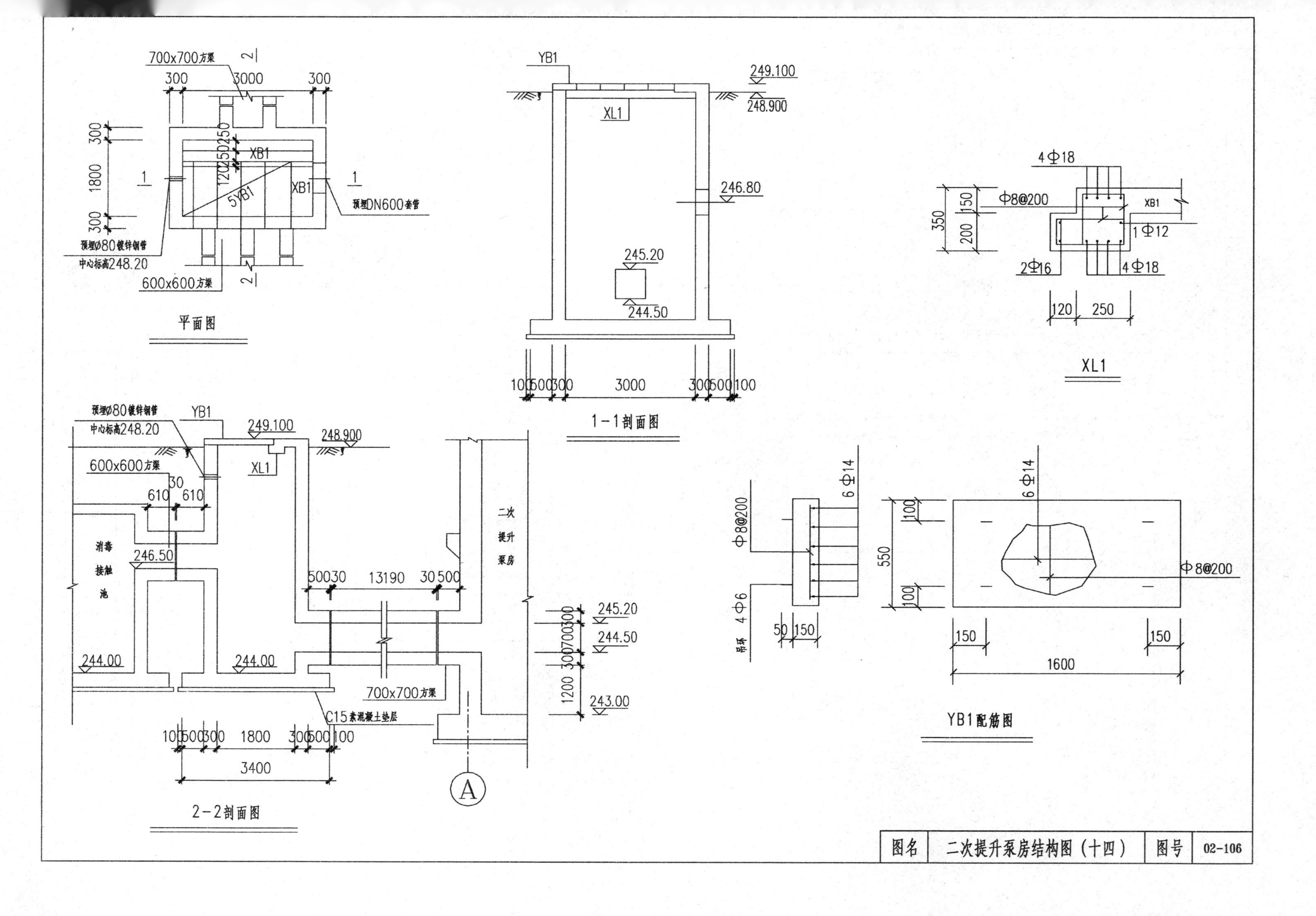

700x700方渠
300
3000
300
1800
XB1
5YB1
预埋DN600套管
预埋Ø80镀锌钢管
中心标高248.20
600x600方渠
平面图
YB1
249.100
248.900
XL1
246.80
245.20
244.50
1-1剖面图
4Φ18
Φ8@200
XB1
1Φ12
2Φ16
350
150
200
120
250
XL1
2-2剖面图
249.100
248.900
30
610
消毒
接触
池
246.50
244.00
二次
提升
泵房
13190
700x700方渠
C15素混凝土垫层
3400
243.00
6Φ14
Φ8@200
4Φ6
吊环
550
1600
YB1配筋图
图名
二次提升泵房结构图（十四）
图号
02-106

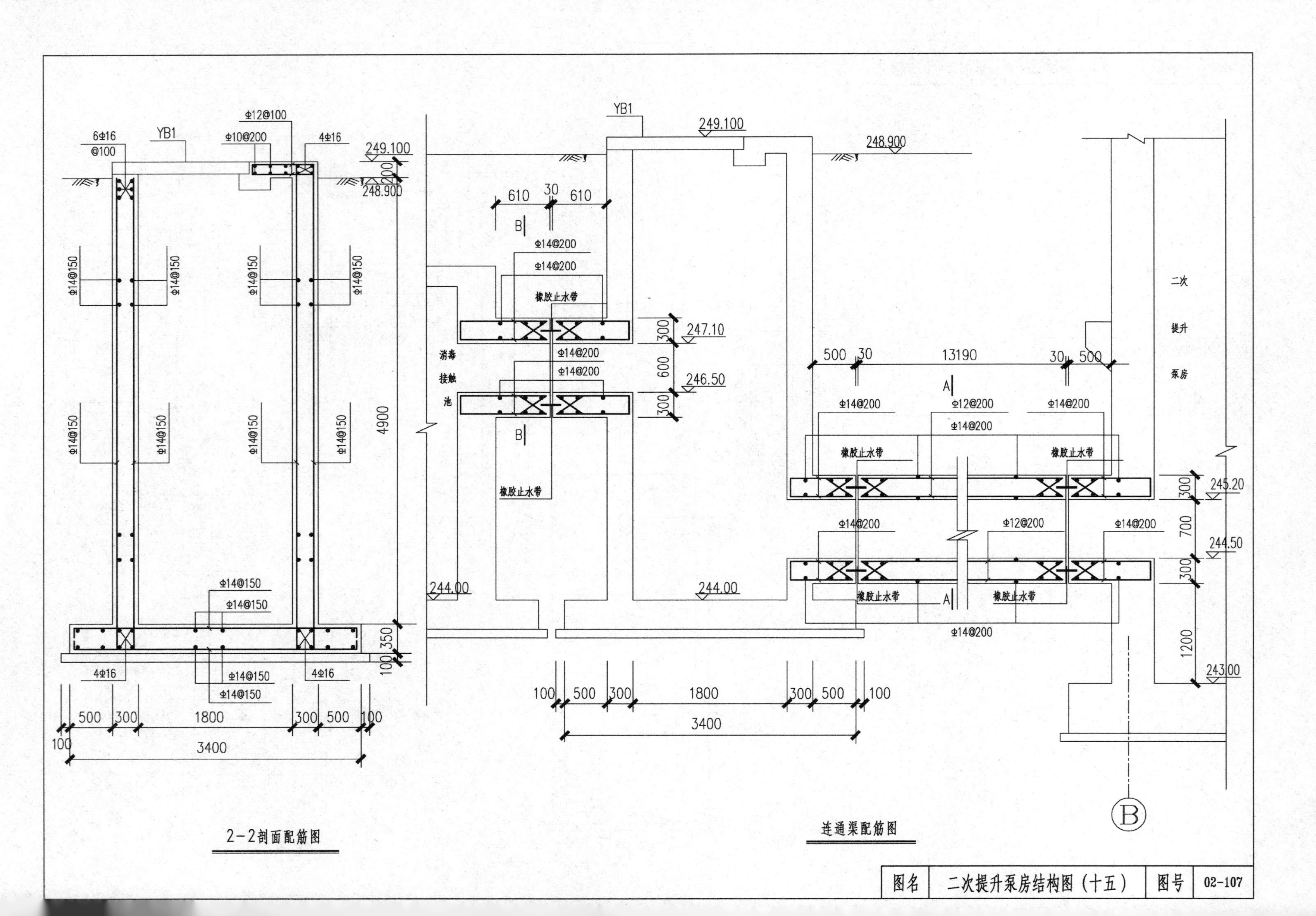
6Φ16
@100
YB1
Φ10@200
Φ12@100
4Φ16
249.100
248.900
200
Φ14@150
4900
350
100
4Φ16
500
300
1800
3400
610
30
B
Φ14@200
橡胶止水带
247.10
246.50
600
消毒
接触
池
244.00
249.100
248.900
13190
A
Φ12@200
245.20
244.50
700
1200
243.00
二次
提升
泵房
B
2-2剖面配筋图
连通渠配筋图
图名
二次提升泵房结构图（十五）
图号
02-107

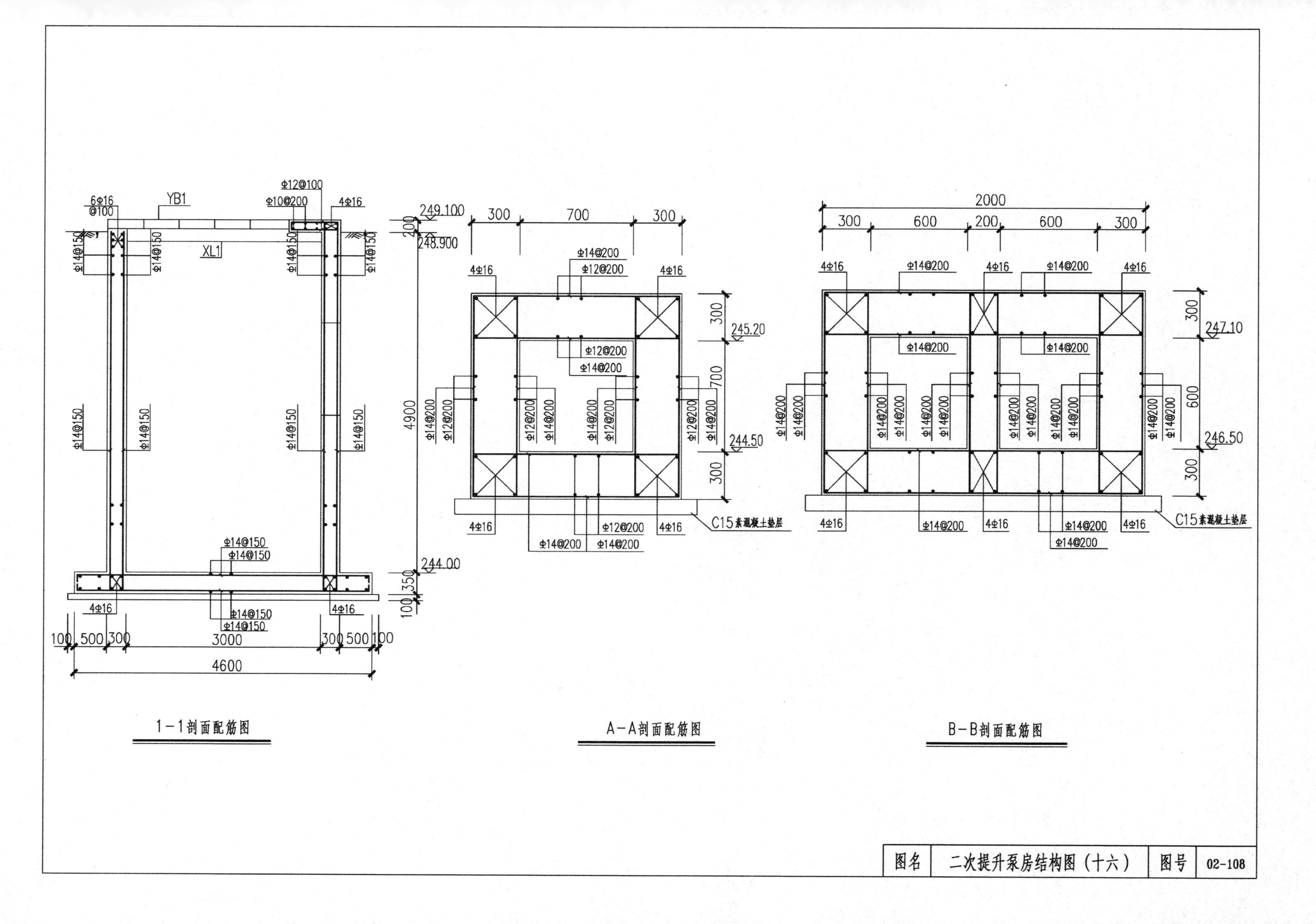

1-1剖面配筋图
A-A剖面配筋图
B-B剖面配筋图
C15素混凝土垫层
图名
二次提升泵房结构图（十六）
图号
02-108